U0185160

低压低氧舱的基础与应用

主　编　徐　斌　任　旷

副主编　金连海　赵东海　范红艳　韩婉娜

编　委（按姓氏拼音排序）

陈　为　范红艳　韩婉娜　金连海

康　晶　骆晓峰　任　旷　孙新奇

万　朋　徐　斌　杨　建　杨树宝

张　巍　赵东海　赵行宇　朱文赫

中国教育出版传媒集团

高等教育出版社·北京

图书在版编目（CIP）数据

低压低氧舱的基础与应用 / 徐斌，任旷主编 . -- 北京：高等教育出版社，2023.8

ISBN 978-7-04-059036-4

Ⅰ. ①低… Ⅱ. ①徐… ②任… Ⅲ. ①真空舱 Ⅳ. ① V444.3

中国版本图书馆 CIP 数据核字（2022）第 151638 号

DIYADIYANGCANG DE JICHU YU YINGYONG

| 策划编辑 李光跃 | 责任编辑 瞿德竑 | 封面设计 张 志 | 责任印制 田 甜 |

出版发行	高等教育出版社	网　　址	http://www.hep.edu.cn
社　　址	北京市西城区德外大街4号		http://www.hep.com.cn
邮政编码	100120	网上订购	http://www.hepmall.com.cn
印　　刷	涿州市京南印刷厂		http://www.hepmall.com
开　　本	787mm×1092mm　1/16		http://www.hepmall.cn
印　　张	14.75		
字　　数	230 千字	版　　次	2023 年 8 月第 1 版
购书热线	010-58581118	印　　次	2023 年 8 月第 1 次印刷
咨询电话	400-810-0598	定　　价	58.00元

前言

1783 年 11 月 21 日，法国的蒙哥尔费（Montgolfier）兄弟完成人类首次热气球旅行，实现了人类的飞天梦想。在大气低压低氧环境下，机体会出现很多医学问题，如冻伤、外伤甚至死亡，人们开始认识到高空和地面环境并不完全一样。法国科学家保罗·伯特（Paul Bert）制造了世界上第一台低压低氧舱，进行高空生理学研究，并于 1878 年出版了航空生理学领域第一部著作《气压：实验生理学研究》（*Barometric Pressure：Researches in Experimental Physiology*），揭示了高空对人体的影响。

1903 年，莱特（Wright）兄弟发明飞机后，高空生理学研究进入了大发展时代。因当时飞机的应用主要在军事领域，因此各国陆续建造了大量低压低氧舱，开展了军事航空航天高空生理学研究。

高原是地球上特殊的地形结构，随着对高原的开发和认识的不断深入，人们发现高原不仅仅是生命禁区，在适当海拔（2 000 ~ 3 000 m）的高原环境生活还有治疗哮喘、提高运动员运动成绩等有益作用。因为高原生活的局限性，不能满足多数人居住于高原的愿望，人们开始用低压低氧舱进行模拟高原环境的医学研究，研究的重点从原来的高原缺氧防护研究，转向了应用适当海拔高原条件改善机体代谢状态的研究，在预防心脑血管疾病、呼吸系统疾病、慢性代谢性疾病等领域取得较好进展。随着对机体低氧调控分子机制认识的不断深入，特别是低氧诱导因子的发现及对其转录调控作用的逐步揭示，机体在适度低氧状态下的生理性应激改变，给机体带来的有益影响越来越受到关注。

为了更好地利用低压低氧舱开展模拟高原环境的医学研究，结合以往高空和高原医学研究成果，我们组织编写了《低压低氧舱的基础与应用》，主要供高原研究人员、模拟高原训练人员、高原工作者及学生等参考使用。

徐 斌 任 旷

2023 年 3 月

目录

绪 论

低压低氧舱是人工模拟低气压和缺氧等高空或高原环境的地面设备，是通过建立不完全密闭的小室，依靠抽气装置造成舱内的低压缺氧状态，并可按照需要调节至几千米或万米以上的模拟"高空"气压的舱体设备。低压低氧舱的用途较多，主要用于航空航天、基础研究、医学治疗、体育训练和高原适应等领域。在一般情况下，低压低氧舱也可作为锻炼缺氧耐力的手段。

一、低压低氧舱历史回顾

低压低氧舱的出现伴随于航空医学。

人们在向往飞行的同时，进行了各种飞行试验。明朝初年，陶成道把 47 个自制的火箭绑在椅子上，自己坐在上面，双手举着 2 只大风筝，然后叫人点火发射，设想利用火箭的推力，加上风筝的力量飞起。不幸火箭爆炸，陶成道也为此献出了生命，被称为"世界航天第一人"。

公元 200 多年的时候，我国发明了孔明灯，这是一个类似热气球的设备，是根据热空气密度比冷空气密度小，相同体积热空气比冷空气轻而产生浮力的原理，带动物体上升。

1783 年 11 月 21 日，蒙哥尔费兄弟请两个法国青年乘坐他们制作的热气球，在巴黎市区起飞，飞行 25 min、11 km，并安全降落在巴黎市郊，从此开创了人类升空的历史。

随后的飞行中，由于飞行高度越来越高，飞行人员开始出现冻伤、机械损伤等报告，1875 年，有三人乘气球升高近 10 km，但因未带足氧气，其中两人不幸死亡。

事故的不断出现提醒人们，高空的环境与地面并不一样，了解高空的环境成了继续飞行的前提。

1869 年，法国生理学家保罗·伯特（Paul Bert）制成低压舱并用以模拟高空环境，这是人类历史上的第一台低压低氧舱，在 8 年时间里通过 670 次多种实验，于 1878 年出版了《气压：实验生理学研究》一书，成为航空医学史上的第一部科学巨著。该书充分阐述了高空与地面的不同及可能对人体造成的影响，使人们对高空环境的认识更加准确。

二、低压低氧舱近代发展

在热气球发明 120 年后，美国莱特兄弟发明了真正意义上的飞机。1900 年至 1902 年他们兄弟进行了 1000 多次滑翔试飞，终于在 1903 年制造出了第一架依靠自身动力进行载人飞行的飞机——飞行者 1 号，并且试飞成功。

在随后的第一次和第二次世界大战中，飞机被广泛应用且作用突出，世界各国开始意识到飞机的重要作用，新飞机不断研发出现，进入了飞机大发展时期。

1961 年 4 月 12 日，加加林乘坐东方一号飞船进入地球轨道，开始了载人航天，对高空环境的深入认识成为各国科研人员的迫切需求。很多国家都建立了低压低氧舱研究高空环境，以推动航空航天研究活动的开展，低压低氧舱由原来模拟低气压缺氧环境，变为还可以模拟温度、湿度等各种复杂环境，不仅制造工艺越来越复杂，制造成本也越来越高，因此低压低氧舱在当时完全属于军用产品。

蔡翘院士是中国航空航天医学发展的奠基人。他在神经解剖、神经传导生理、糖代谢和血液生理等领域有许多重大发现，主要从事特殊环境生理学的研究，并为中国航天航空航海生理科学研究奠定了基础，是中国军事劳动生理学、航空航天医学和航海医学的创始人。

三、低压低氧舱研究现状

气压是随着海拔的升高而逐渐降低的，所以，不同的海拔就意味着不同的气压。

那么，海拔达到多少时，就会使气压降低到对人类生活产生影响的程度呢？临床观察发现，无论是身体健康的人，还是呼吸系统和心血管系统功能紊乱的患者，如果迁移或出差到海拔 1.5 km 以上的高山或高原地区持续停留一段时间后，机体都会发生许多重要的生理变化。

人们往往有这样的错觉：高原气候由于海拔高、气压低，会对人体健康产生不利的影响，因此，患者是绝对不能到高原地区的。而事实并非如此，适当的高海拔、低气压环境，对某些患者是有益的。原来在平原地区的哮喘患者，移到海拔 1.5 km 左右的高山或高原地区，或者相应的低压气候环境中，气喘症状就会减轻，甚至会完全消失。患有上颌瘘管疾病的人，在平原地区会时常感到疼痛难忍，而一旦移到海拔 1.5 km 以上的高山或高原地区，或相应的低压气候环境当中，疼痛就会消失。膈疝患者往往伴有严重的胃病，这类患者如果到了海拔 1.5 km 以上的地区，不仅膈疝会消失，胃病也会有所减轻。

高海拔的低压环境，对于大多数心血管功能紊乱患者也是有利的。因为在海拔高、气压较低的地区中生活，有利于体表血管的舒张，使机体内的血流量增多，手掌和脚底温度相应升高，促使患者的心血管功能恢复正常。

人体的体内热量调节功能也会受到海拔的影响。一个体内热量调节功能较弱的中年人，到了海拔 1.5 km 以上的地区，体内的热量调节功能将会得到显著改善。

人在海拔 1.5 km 以上的高山或高原地区停留的时间长短，对人体生理过程的影响也有差异。如果一个人在高原地区持续停留 1 个月以上，开始时会使血液中纤维蛋白原的含量和红细胞沉降率有所增加，但不久，血液中纤维蛋白原的含量、红细胞沉降率及胃酸含量都会减少，使人体血液中的成分发生相应的改变。

1968 年第 19 届夏季奥林匹克运动会在高原城市墨西哥城举行，来自非洲高原的运动员，获得了中长跑和马拉松项目的 5 项冠军及 5 项亚军、2 项第三名。高原海拔高，气压低，氧气含量少，利用这一低压缺氧环境，可提高人体的体力耐力素质。此后，高原成了世界各国体育界中长跑、马拉松、竞走等耐力项目训练的"宝地"。

从 20 世纪 70 年代起，苏联用低压低氧舱模拟高原进行了一系列实验，先后对哮喘、高血压进行了治疗，取得了满意的效果。随后各国也模拟了低压低氧舱治疗哮喘的实验，都取得了较好的效果。但由于军用低压低氧舱高昂的费用，相关研究也只发表在医学文献上，并没有进行临床应用。在体育运动训练上，有人用低压低氧舱替代高原训练，取得了和高原训练同样的效果。

四、低压低氧舱应用概述

低压低氧舱的用途较多，主要用于航空航天、医学、体育训练等领域及高原适应。

1. 航空航天领域的应用

（1）飞行员、航天员的选拔：研究表明，人的高空耐力是有个体差异的。少部分人在 1.8 km 高度、部分人在 3 km 高度就可能出现胸闷、气喘、头痛、头晕、恶心、呕吐等不良反应（高原反应）。选拔飞行员、航天员时，一般用低压低氧舱上升至 5 km 高度，就能排除低气压敏感者、缺氧敏感者和耳气压功能不良者。

（2）飞行员、航天员的训练：高空缺氧直接影响飞行员、航天员的协调动作和脑力功能，严重缺氧会引起意识障碍，导致飞行事故。飞行员、航天员的高空生理训练包括缺氧耐力训练、加压供氧训练和迅速减压训练。

（3）飞行员、航天员的健康检查鉴定：健康检查鉴定是判断飞行员、航天员身体状况能否适应飞行训练和驾机的重要依据。在航空和航天活动中，座舱及压力服内的气体压力波动可能会引起人体出现耳胀、耳痛、听力障碍等，严重时可引起鼓膜穿孔。低压低氧舱良好地模拟了飞行实际，可进行飞行人员的耳气压功能检查、评定等，为飞行人员停飞、放飞提供科学依据。

（4）航空航天医学体验：低压低氧舱是航空航天医学模拟实验设备，在航空航天医学教学上具有重要意义。只有让航空航天医学人员真正体验低压缺氧的感觉，深刻了解飞行中可能出现的各种生理变化，才能胜任航空航天医学工作，从而更好地服务于飞行员、航天员。

2. 医学领域的应用　世界上许多国家已利用低压低氧舱模拟高原环境做气候治疗、康复训练等，收到了较好的效果。俄罗斯在低压缺氧治疗、治疗适应证和禁忌证等方面有较深入的研究。

（1）支气管哮喘：哮喘患儿每天早 8:00 进入低压低氧舱中，以 3 m/s 的速度进行减压，达到相当于海拔 2.5 km 的高度，维持 2 h，然后再逐渐升压恢复到正常状态，患儿即可出舱。一个治疗过程为 10 天，其临床症状和肺功能得到改善。

（2）术前耐受性训练：低压缺氧环境可以校正患者的情绪、体力和智力状态，提高患者的非特异性抵抗力，用于开胸等大型手术的术前耐受性训练。

（3）坏死性伤口：利用低压氧治疗坏死性伤口，既提高了治愈率，又降低了治愈成本。

（4）噪声对听器的损伤及防护：采用低压低氧舱模拟高原低压缺氧环境，复制了低气压环境下噪声性听觉损伤的动物模型，以听觉脑干反应测试、血液流变学检测、耳蜗病理形态、氧自由基水平及耳蜗谷氨酸免疫组织化学改变等作为判断指标，研究急性低气压环境下噪声对听器的损伤及防治作用和机制。

3. 体育训练领域的应用　低压缺氧环境可以升高人体红细胞（red blood cell，RBC）数量，增加血红蛋白含量，增大血细胞比容，使载氧能力增加，反映出其对人体健康有利的一面。美国著名马拉松选手萨拉萨尔仿高原训练，两次创造马拉松世界最好成绩，多次获得重大国际马拉松赛的冠军。中国"铁人"张健在出征我国最大的内陆咸水湖——青海湖前曾进低压低氧舱适应。

4. 高原适应　青藏铁路的顺利通车使西藏已不再遥远。旅游出发前可以去低压低氧舱进行适应，如果出现高原反应，则吸点纯氧。这样既可以提高耐力，又可以预防高原反应。此外，内地人员到高原工作前，也有必要进行高原适应性体验。

目前，人们对高原的认识程度在增加，利用高原环境进行保健、治疗是未来的医疗方向之一，低压低氧舱在这个转变过程中，可以起到"移动的高原"的作用，必将在防治疾病、改善人类健康方面起到更大的作用。

第一章　大气的基本特性

包绕着地球表面的空气层称大气，亦称地球大气、大气圈或大气层。它是生物赖以生存的环境之一，是地球生命的保护圈，可提供生物能量转化所需的氧，阻隔太阳与宇宙辐射，为生物提供适合的生存环境。大气的各种异常因素，如缺氧、压力降低、温度变化、辐射等，对机体皆有一定的影响。

第一节　大 气 分 层

大气的底界为地表或海平面，离开底界越高，大气越稀薄，逐渐过渡到宇宙空间，大气顶界的高度约为 5 000 km。

大气的分层方法较多，对大气顶界、各层名称及其高度范围的说法也不尽相同，大气的所有分层方法在一定程度上都不完美。而且，随着科学技术的进步，人们发现以前的分层与实际情况不同，但为了保持一致，现在仍沿用以前的分层方式。此外，在不同纬度与不同季节，各层的厚度也是有变化的。

由于大气粒子一方面受太阳热辐射的作用有向空间扩散的趋势，另一方面又受地球引力场的作用而向地球表面集聚，其结果就造成了大气物理和化学特性在垂直方向上的特殊分布。据此可将大气划分为许多层次（图 1-1）。首先，根据大气粒子的密集情况，可将大气划分为内圈大气和外圈大气两部分。外圈大气亦称散逸层，指 700 km 以上至大气顶界的范围。此圈大气粒子稀少，多为带电粒子，彼此距离很远，极少发生碰撞，因而此处大气已不再是连续的物质介质，这些带电粒子的运动受地球磁力线的控制，也称之为磁力圈。因其所受到的地球引力较小，而受到的太阳热辐射的作用强烈，致使大气粒子运动加快，故能过渡到星际空间，无明显上界。内圈大气指地面至 700 km 高度以内的大气。根据其理化特性等，尤其是依据大气温度随高度变化的分布情况，又可将内圈大气分为对流层、平流层和电离层，每层还可细分为几层，各层之间都是逐渐过渡的。

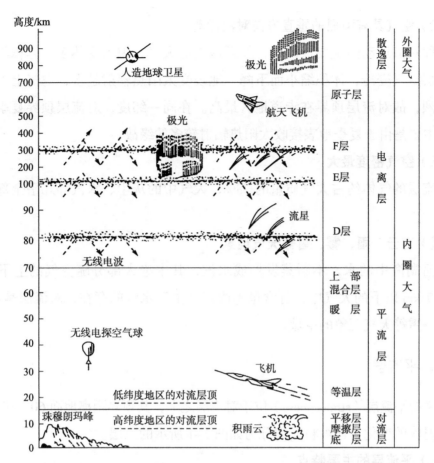

图 1-1 大气的分层

一、对流层

对流层（troposphere；convection zone）位于大气的最底层，底界是地表或海平面，顶界则随纬度、季节等情况而变化。在两极地区，年平均高度为 8 ~ 9 km；在中纬度地区为 10 ~ 12 km；在赤道地区为 17 ~ 18 km。对流层的高度，夏季高于冬季。对流层是最薄的一层大气圈，但却占大气总质量的 78%。该层的主要特点如下。

（一）气温随高度升高而降低

大气温度主要来源于太阳热辐射。但太阳热辐射直接被大气吸收的很少，大部分是透过大气层先被地球表面吸收，变热的地表再反过来对大气加温。由于越是底层的大气受地球表面热辐射的影响越大，故对流层大气离地表越近，温度越高，离地表越远，温度越低。该层的气温沿垂直高度的下降率（气温直降率）平均为 0.65℃ /100 m。

（二）空气具有强烈的垂直方向对流运动

此种对流运动的主要成因是：靠近地表的大气，因为受热多，体积膨胀而上升；上层空气变冷，体积缩小而下降。地表受太阳热辐射越多，空气上下对流运动越强烈，故对流层顶界在赤道地区最高。在同一纬度，对流层顶界夏季高于冬季，也主要是由于夏季地表接收太阳热辐射较多的缘故。

（三）空气密度最大

对流层的气体约占大气质量的78%，大气中的灰尘、水汽等几乎全部存在于该层中。

（四）有云、雨、雾、雪等天气现象

江河湖海中的水，不断蒸发形成水汽，其中绝大部分随空气的上下对流而存在于7 km以下的大气中，且含量不固定。由于水汽的存在，对流层是形成云、雨、雾、雪等天气现象的空域。

二、平流层

广义的平流层（stratosphere）位于对流层之上，其顶界距离地面60～80 km。根据该层温度的变化，还可将其细分为如图1-1所示的三层。

（一）平流层的主要特点

平流层受地表温度影响很小。但是，由于太阳短波紫外线的作用，在该层内不断地有臭氧（O_3）生成和破坏，周围大气得到臭氧破坏时所释放出的热能被加温，而形成该层内特殊的温度变化，其变化情形是：①在11～30 km高度范围，气温几乎不随高度变化而发生变化，年平均值为-56.5℃，故此范围又称"等温层"或"同温层"；②在30～50 km高度范围，由于臭氧的生成和破坏反应最为强烈，使气温随高度的升高而上升，称"逆温"现象，约50 km处达到最大值35℃，故此高度范围又称"暖层"或"逆温层"；③在50～80 km高度范围，气温又随高度增高而降低，使得此高度范围的大气再次发生了强烈的垂直方向运动，故又称"上部混合层"。

在等温层中，很少有大气湍流，暖层的温度随高度的增加而升高，垂直对流也不强，所以除上部混合层外，该层的大气基本上呈水平方向运动。

平流层水汽极少，通常没有云、雨、雾、雪等天气现象。

（二）臭氧的生成与破坏

从地表到70 km高空，大气中皆含有臭氧。自12 km开始，臭氧浓度迅速升

高，但大部分集中在 25 ~ 45 km 高度范围，其中又以 30 km 附近的浓度最高。臭氧在大气中的垂直分布并非固定不变，可因纬度、季节、气象等因素而有一定的变化（图 1-2）。

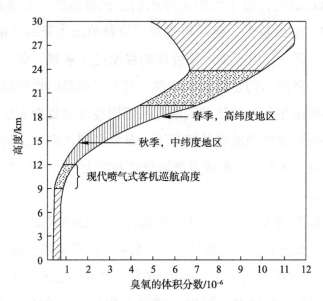

图 1-2　大气中臭氧的垂直分布曲线

大气所含臭氧是太阳电磁辐射中的短波紫外线与氧作用的结果，氧分子对于波长约 200 nm 的短波紫外线具有强烈的吸收作用。氧分子吸收这种紫外线后即被解离为氧原子，其反应式如下：

$$O_2 + 紫外线 1 个光子的能量（波长 200\ nm）\rightarrow 2O$$

一个氧分子和一个氧原子在有另外一个中性气体分子（可以是 N_2 也可以是 O_2，用 M 表示）存在的情况下，发生碰撞时，即可形成一个臭氧分子。

$$O_2 + O + M \rightarrow O_3 + M$$

由于臭氧分子对一定波长的红外线及紫外线都有较强的吸收作用，故很不稳定。尤其是波长为 210 ~ 290 nm 的紫外线，对臭氧有强力的光解离作用，可使其再度分解并生成分子氧。然后，氧原子与臭氧结合再生成氧分子。

$$O_3 + 紫外线 1 个光子的能量（波长 210 ~ 290\ nm）\rightarrow O_2 + O$$

$$O_3 + O \rightarrow 2O_2$$

上述反应系大气中臭氧生成与破坏的主要过程。实际上，两者同时进行，并呈动态平衡。

平流层的特殊温度变化主要与臭氧生成和破坏的反应速率随高度不同有关。

在 50 ~ 60 km 高度，短波紫外线的强度很大，氧分子几乎全部被解离成氧原子，因而氧原子与氧分子发生碰撞的机会很少，难以生成臭氧。因为臭氧的生成量，以及为短波紫外线所立即分解的量都很少，故大气温度很低。

在 30 ~ 50 km 高度，由于太阳紫外线仍然比较强烈，臭氧的生成及破坏速率都进行得很快，生成量多，破坏得也快，故释放出大量的热能，形成暖层。

在 11 ~ 30 km 高度，由于太阳紫外线的强度已经减弱，臭氧的生成及破坏反应速率皆已减慢，释放出的热能逐渐减少，对大气加温的作用减弱。但其所受到的地表加温作用逐渐增强，故该层气温几乎不因高度改变而发生变化（等温层）。又因在太阳紫外线强度已经减弱的情况下，臭氧必须达到一定的浓度才开始进行解离反应，故臭氧浓度升高，形成臭氧浓度较高的大气层，称"臭氧层"，其高度范围为 12 ~ 45 km。

而在等温层以下的大气中，由于太阳短波紫外线的强度大大减弱，氧分子被解离的机会更少，致使氧原子的数量过少，臭氧生成的速率已很缓慢。

臭氧的生成与破坏反应，不仅对高空大气物理现象有上述重要意义，而且可以在太阳电磁辐射通过大气层时，滤过对机体有害的短波紫外线（波长在 200 ~ 290 nm），故对保护地面上的生物及人体的健康有重大意义。

三、电离层

电离层（ionosphere）又称"热成层"，其范围从 50 ~ 80 km 开始延伸至 700 km 高度，下层与平流层的上部相重合，上层逐渐过渡到外圈大气。

在紫外线及宇宙线的作用下，一方面该层内的大气分子被解离为原子状态；另一方面分子和原子又被电离为带正电的离子和自由电子，电离的程度随高度的增高而加强。根据离子的密集程度，又可将该层再分为四层：D 层（80 ~ 85 km）、E 层（85 ~ 140 km）、F 层（140 ~ 400 km）及原子层（400 km 以上）。这几层的高度、厚度、电子密度随昼夜、季节和太阳活动而变化。由于电离层的大气呈带电状态，具有良好的导电性能，能反射无线电波，故对无线电信号环绕地球的传播起着重要的作用。该层的另一特点是大气的温度随高度增加而急剧升高，最高可达 2 000℃，在极高空形成的大气高温，表示大气粒子的运动速度很快，平均动能很大。但物体在这里不会得到明显加温，这是因为大气粒子已极其稀薄，彼此撞击机会很少，物体受到气体微粒撞击的机会亦很少，故能传递给物体的热量也就很少，"温度"一词在这里已失去其一般含义，只是作为微粒运动速度的一种量度，而不对物体产生热效应。这种现象发生在 150 km 以上的高度，此处物体的温度几乎完全取决于太阳辐射能的直接照射。

第二节　大气的组成

地球大气是由干洁空气和少量的水汽、微尘等混合物组成的。干洁空气是指不含水汽和任何固体或液体质点的空气，它是多种气体的混合物，是大气的固定成分。在底层大气里，干洁空气主要是氮、氧和氩的混合气，并含有微量的二氧化碳和一些稀有气体，如氦、氖等。其名称及容积百分比见表 1-1。

表 1-1　干洁空气的成分

气体名称	容积百分比 /%
氮气（N_2）	78.08
氧气（O_2）	20.95
氩气（Ar）	0.93
二氧化碳（CO_2）	0.03
氖气（Ne）	1.80×10^{-3}
氪气（Kr）	1.10×10^{-4}
甲烷（CH_4）	1.80×10^{-4}
氦气（He）	5.24×10^{-4}
氢气（H_2）	5.00×10^{-5}
氙气（Xe）	8.00×10^{-6}

从地表直到 100 km 高度，由于对流、湍流的作用远大于分子扩散作用，大气内部的这种混合作用使得这层大气的组分比例相同，称匀和层。匀和层内干洁空气的平均分子量约为 28.96。干洁空气主要成分的比例几乎没有什么变化，几种主要气体成分的容积百分比基本保持不变。如在 30 km 高空，氧和氮的比例仍保持 1∶4，与海平面相近。通常认为，干洁空气是由 21% 的氧气和 79% 的氮气所组成。高度再高（约 110 km 以上）的大气层，空气垂直运动逐渐减少，分子扩散作用超过湍流扩散作用，开始出现"大气分馏"现象，又称"重力性分离"，即重分子气体向下层、轻分子气体向上层分离的倾向。

在高度达到电离层（100 km 以上）时，大气的化学组成亦会发生显著变化。

例如，在平流层以下，氧以分子的形式存在。达到电离层时，氧开始被解离为原子状态。在 100 km 以上高度，由于太阳紫外线辐射的作用，氧分子几乎都被解离为氧原子或氧离子。到 400 km 高度，氮分子也大部分解离为原子状态。

大气中的非固定成分主要有水汽、臭氧、微尘及其他杂质等。它们的含量不固定，常只限于某一特定高度范围，在不同区域、不同时间会有明显不同。水汽是大气组成成分中含量变化最大的一种，在夏季湿热时，水汽含量可达 4% 以上；而在冬季严寒时，水汽含量可降低到 0.01%。水汽绝大部分存在于 7 km 以下的大气中。微尘是悬浮在空气中的固定微粒（如灰尘、烟粒、细菌、植物孢子等），它的含量随高度增加而减少，在 3 km 以上高度则很少；不同区域含量亦有很大的差别。这些成分含量虽少，但它们对大气物理状况的影响却很大。

第三节　大　气　压　力

一、大气压力概念

大气压力（atmospheric pressure）是由于大气的质量所产生的压强，亦称大气压，简称气压。根据气象学惯用定义，某一高度上的大气压力，系指自该高度起到大气顶界、横截面积为 1 cm^2 的大气柱的质量。这一定义虽不够严密，但目前仍被广泛引用。按照气体分子动力学理论，实际上气压是气体分子运动与地球重力场两者综合作用的结果。在这种作用下，大量运动着的空气分子连续不断地撞击着物体表面，其撞击力即表现为大气对该物体表面所施加的压力。空气分子密度越大，或者空气分子平均动能越大，大气压力就越高。

大气是一种混合气体，因此，其压力是由各种气体的分压所组成的，各气体的分压与大气压间成正比关系，即随大气压降低而降低，其计算公式如下：

$$P_1 = P \, X/100$$

式中，P_1 为所在高度的气体分压，P 为所在高度的大气压力，$X/100$ 为气体的容积百分比（见表 1–1）。

二、气压单位

气压的单位，医学常用汞柱的高度（mmHg，毫米汞柱）来表示。例如，气压为 760 mmHg，即表示此处的大气压力与横截面积为 1 cm^2、高度为 760 mm 的汞柱的质量相等。由于使用大气压力的学科较多，不同学科有着不同的大气压力单位。所以，除 mmHg 外，还有 "atm"（标准大气压）、mbar（毫巴，气象部门使用）和 kg/cm^2（工程大气压，工业上使用）。采用英制单位的国家常用的气压单位则有 psi（磅/英寸^2，工业上使用）及 torr（托，表示真空度）等，国际单位制为 kPa（千帕）。各单位的换算关系见表 1-2。

表 1-2 气压单位换算关系

千帕 （kPa）	标准大气压 （atm）	毫米汞柱 （mmHg）	毫米水柱 （mmH$_2$O）	工程大气压 （kg/cm^2）	磅/英寸^2 （psi）	毫巴 （mbar）
1	0.009 873	7.5	102	0.010 2	0.145	10
101.3	1	760	10 332	1.033 2	14.696	1 013.2
0.133 32	0.001 316	1	13.6	0.001 36	0.019 3	1.333
0.009 8	0.000 097	0.073 6	1	0.000 1	0.001 4	0.098
89.066 5	0.967 867	735.6	10 000	1	14.223	980.7
6.894 9	0.068	51.715	703	0.070 3	1	68.94
0.1	0.000 987	0.75	10.2	0.001 02	0.014 5	1

注：torr 与 mmHg 数值相当，故表中不另行列出。

三、气压与高度

气压既然是单位横截面积上大气柱的质量，那么高度越高，压在上面的大气柱就越短，大气压力也就越低，即气压随高度的变化是：高度升高，气压以近似指数函数规律降低。在不同高度范围，气压降低的幅度不同。例如，0~1 km，气压降低的幅度是 85.9 mmHg；1~2 km 之间，是 77.9 mmHg；2~3 km 之间，是 70.4 mmHg。即气压在底层降低较多，在高层降低较少。

大气压随高度升高而降低的大致规律是：高度每增加 5 km，大气压约降低原来数值的 1/2。例如，在 5.5 km 高度，大气压约为海平面值（760 mmHg）的 1/2（378.7 mmHg）；10 km 处约为 5 km 处的 1/2（198.3 mmHg），即海平面值的 1/4；15 km 处约为 10 km 处的 1/2（90.4 mmHg），即海平面值的 1/8；其余类推（图 1-3）。气压随高度变化的上述特点，是因为底层空气稠密，高层空气稀薄，以致不同高度范围同样长的一段空气柱，其质量并不相同，位于底层的要重于高层。至于高度越高，空气就越稀薄，则是由于地球引力场对大气中气体分子的作用远比太阳热辐射对气体加温的作用大，故绝大部分空气分子被密集在地球表面附近所致。仅对流层就集中了大气质量的 78%，在 32 km 以下约集中了 99%。而 32～5 000 km 范围内的空间只包含全部大气质量的 1%。

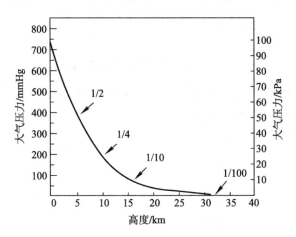

图 1-3　大气压力与高度的关系

（一）标准大气

表明大气状态的各种物理参数，如气压、气温、密度等，除呈现上述垂直方向的基本规律性变化外，还受地区、季节、昼夜等因素影响，而且具有一定的变异范围。

许多实际工作中，如高空生理实验高度和压力的换算，都要求能给出反映大气平均状况的统一大气参数条件，按同一标准的大气物理性质进行换算，便于分析比较。为此，根据大量实验数据的年平均值，规定最接近实际大气的理想大气参数条件称为"标准大气"。根据国际航空界协议规定的大气温度、密度、气压等随高度变化的关系，得出的统一数据，称"国际标准大气"。

（二）气压高度

在低气压实验中，根据一定气压值由"标准大气压表"所查的高度，称为"气压高度"。它与实际高度往往还有一定的差别。例如，海拔 5 km 的高空，是指以海平面为 0 计算的实际高度，若该高度的气压恰好为 54 kPa（405.2 mmHg），则表示其气压高度与实际高度一致。实际上，该高度上的气压经常有一定范围的波动，所以其气压高度也围绕实际高度 5 km 上下有一定范围的变化。在某些领域中，气压高度常常比实际高度更有意义。例如，在高空生理学中研究上升高度对生理功能的影响时，实际上就是研究大气压力（或某一气体成分分压）的降低与生理效应之间的因果关系。

第四节　大气的特性

一、气体的实验定律

　　理想气体的定义是分子本身的体积和分子间的作用都可以忽略不计的气体。只有理想气体才能严格遵守各种气体定律。而实际气体的分子既具有一定的体积，分子间也存在着一定的作用力，因此实际气体只是近似地遵守各种气体定律。如氮、氧、氦等气体，以及它们的混合气只是近似于理想气体。在温度较高、压力较低时，可以把所有气体看作理想气体，而压力增高时，所有气体则明显违反各种气体定律，但是在 100 个大气压下，实际气体与根据理想气体推导出来的定律间的偏差不会超过 5%，所以在一般情况下，可以用理想气体的定律来解决实际气体的问题。

（一）波意耳定律

　　波意耳定律（Boyle's law）也称波意耳 – 马里奥特定律（Boyle-Mariotte's law）。1662 年，英国科学家波意耳（R. Boyle）在他的《关于空气弹性和重量学说的答辩》论文中，首次叙述了这一气体定律，14 年后，法国科学家马里奥特（E. Mariotte）也独立地发现了此定律，并于 1676 年在他的《论空气的性质》一文中公布。该定律表述为：在保持气体温度不变的情况下，一定质量的气体，它的压强与体积成反比。表达式为：

$$P_1 V_1 = P_2 V_2$$

式中，V_1 为初体积，V_2 为终体积，P_1 为初压强，P_2 为终压强。

　　波意耳定律也可以说成：当气体温度不变时，同质量气体压强与体积的乘积是一个恒值。

　　根据气体分子热运动的理论，当气体被压缩时，单位体积内分子数量增多，在相同时间内单位面积容器壁上有更多的气体分子撞击它，因而气体的压强就增大。压强与体积乘积不变。一定质量气体温度不变，压力增加时其体积缩小，而体积缩小时，则其压力增加。

（二）盖吕萨克定律

　　盖吕萨克定律（Gay-Lussac's law）于 1802 年由法国化学核物理学家盖 – 吕萨

克（Gay-Lussac）提出。其表述为：一定质量的气体，在压强保持不变的情况下，温度每升高或降低 1℃，增加或减小的体积等于它在 0℃时的 1/273。若用绝对温度 T 表示，其可表述为：压强不变时，一定质量气体的体积跟绝对温度成正比。表达式为：

$$V_1/T_1 = V_2/T_2$$

式中，T_1 为初绝对温度，T_2 为终绝对温度，V_1 为初体积，V_2 为终体积。

用气体分子热运动理论可解释盖吕萨克定律如下：当一定质量的气体受热而温度增高时，要使其压强不变，就必须让其体积增大。此时，一方面由于温度增高，致使气体分子对单位面积容器壁撞击次数及强度增加而有使压强增大的趋势，另一方面由于体积增大又使气体分子对单位面积容器壁撞击次数减少，从而有使压强减小的倾向，这两种相反的倾向互相抵消，故压强保持不变。

（三）查理定律

查理定律（Charles' law）于 1785 年由法国物理学家查理（J. A. C. Charles）提出。其表述为：一定质量的气体，在其体积保持不变的情况下温度每升高或降低 1℃，增加或减小的压强等于它在 0℃时压强的 1/273。若用绝对温度 T 表示，则可表述为：体积不变时，一定质量的气体的压强跟绝对温度成正比。其表达式为：

$$P_1/T_1 = P_2/T_2$$

式中，T_1 为初绝对温度，T_2 为终绝对温度，P_1 为初压强，P_2 为终压强。

查理定律可用气体分子热运动理论解释如下：当气体温度升高时，气体分子运动速度增大，在相等的时间内，每个气体分子撞击容器壁的次数增多，而且每次撞击的撞击力也增大。所以，当气体体积保持不变时，它的压强与绝对温度成正比。

（四）理想气体定律

理想气体定律（ideal gas law）即气态方程。上述三个定律，是在研究气体压强、体积、温度三个物理量时，假定其中一个量不变的情况下，来推算其他两个量的关系。而实际上气体状态的三个物理量，在一个量发生变化时，其他两个量也都会发生一定的变化，即决定气体状态的压强、体积、温度这三个物理量往往同时都发生变化。表述为：一定质量气体在状态变化过程中，其体积和压强之积除以它的绝对温度所得之商保持恒定。表达式为：

$$P_1 V_1/T_1 = P_2 V_2/T_2$$

式中，P_1 为初压强，P_2 为终压强，V_1 为初体积，V_2 为终体积，T_1 为初绝对温度，T_2 为终绝对温度。

（五）道尔顿定律

道尔顿定律（Dalton's law）也就是气体分压定律，1801 年由英国科学家道尔顿（Dalton）提出，亦称道尔顿分压定律。

由于气体扩散的特性，互相不起化学作用的气体混在一起后，各气体将均匀混合，混合气体产生的压强称总压，组成气体各自产生的压强称分压。

混合气体总压与各组成气体的分压关系是：当温度不变时，混合气体的总压等于各组成气体单独占有同容器所产生的分压之和，混合气体中每一组成气体单独存在，而与其他气体的分压无关。表达式为：

$$P = P_1 + P_2 + P_3 + \cdots + P_n$$

式中，P 表示混合气体总压；P_1，P_2，P_3，$\cdots$，P_n 为混合气体中各气体的分压。

各组成气体在混合气体的含量，通常用体积的百分数来表示，即各组成气体在气体体积中占多少体积数，由此可以求出各种气体的分压。

当计算潮湿气体时（例如呼出气）应考虑水蒸气压（表 1–3）的修正。气体对机体生理的影响直接取决于它的分压值，而不是它在混合气体中所占的体积百分比。低压空气中各组成气体百分比没有变化，但其分压值却随压力降低而降低。

（六）亨利定律

亨利定律（Henry's law）是 1803 年英国化学家亨利（W. Henry）研究气体在液体中的溶解度时总结的规律。其表述为：在一定的温度和压强下，平衡状态时的一种气体在液体中的溶解度与该气体在液面上的分压成正比。该定律适用的条件是其气体的平衡分压不大，气体在溶液中不与溶剂起作用，或虽起一些反应但极少电离。

二、大气密度

大气密度（atmospheric density）的定义是每单位体积内的气体质量。根据理想的气体定律，温度恒定时，随高度增加，密度以指数方式下降。而实际上地球大气的温度并不恒定，且气温随高度、季节和地理位置的变化而变化，故大气密度变化并不是如此迅速。海平面上大气密度的标准值为 $1.225 \times 10^{-3} g/cm^3$。由于地球的引力作用，越往高空大气密度越低，基本按照指数函数规律下降，低高度时

表 1-3　简要标准大气压表

高度 /m	压力 /kPa	压力 /mmHg	温度 /℃	高度 /m	压力 /kPa	压力 /mmHg	温度 /℃
−500	107.5	806.2	18.25	13 000	16.5	123.7	−56.50
0	101.3	760.0	15.00	13 500	15.2	114.3	−56.50
500	95.4	716.0	11.75	14 000	14.1	105.6	−56.50
1 000	89.9	674.1	8.50	14 500	13.0	97.6	−56.50
1 500	84.5	634.2	5.25	15 000	12.1	90.4	−56.50
2 000	79.5	596.2	2.00	15 500	11.1	83.4	−56.50
2 500	74.7	560.1	−1.25	16 000	10.3	77.1	−56.50
3 000	70.1	525.8	−4.50	16 500	9.5	71.2	−56.50
3 500	65.7	493.8	−7.75	17 000	8.8	65.8	−56.50
4 000	61.6	462.2	−11.00	17 500	8.1	60.9	−56.50
4 500	57.7	432.9	−14.25	18 000	7.5	56.2	−56.50
5 000	54.0	405.2	−17.50	18 500	6.9	52.0	−56.50
5 500	50.5	378.7	−20.75	19 000	6.4	48.0	−56.50
6 000	47.2	353.8	−24.00	19 500	5.9	44.4	−56.50
6 500	44.0	330.2	−27.25	20 000	5.5	41.0	−56.50
7 000	41.0	307.8	−30.35	21 000	4.7	35.02	−56.50
7 500	38.2	286.9	−33.75	22 000	4.0	29.90	−56.50
8 000	35.6	266.9	−37.00	23 000	3.4	25.54	−56.50
8 500	33.1	248.1	−40.25	24 000	2.9	21.81	−56.50
9 000	30.7	230.5	−43.50	25 000	2.5	18.63	−56.50
9 500	28.5	213.8	−46.75	26 000	2.1	15.94	−53.50
10 000	26.4	198.3	−50.00	27 000	1.8	13.69	−50.60
10 500	24.5	183.4	−53.25	28 000	1.6	11.79	−47.60
11 000	22.6	169.6	−56.50	29 000	1.4	10.16	−44.60
11 500	20.9	156.7	−56.50	30 000	1.2	8.77	−41.60
12 000	19.3	144.8	−56.50	31 000	1.0	7.59	−38.70
12 500	19.1	143.0	−56.50	32 000	0.9	6.58	−35.70

大气密度的变化尤为剧烈，如 5.5 km 处的密度约为海平面的 1/2，20 km 高度处大气密度约为海平面的 1/10，而 40 km 高度的大气密度不足海平面的 1/100；又如 100 km 高度处的大气密度约为海平面的 $1/10^7$，而 1 000 km 高度处大气密度为 100 km 高度处大气密度的 $1/10^7$。大气密度不但随高度的变化而变化，也随纬度、

季节、昼夜和太阳活动的变化而变化。大气的总质量约为 5.1×10^{17} kg。

三、大气湿度

大气湿度（atmospheric humidity）是大气的另一个重要特性。空气是多种气体的混合物，含有或多或少的水分。湿度是表示大气水分多少及干湿程度的物理量。在大气环境中，水通常以固体或液体的形式存在，大气中的水分是水蒸气。水是大气中的非固定成分，含量不定。大气中水蒸气的分布，按不同高度、不同地区、不同季节而有所不同。由于水蒸气在空气中的饱和含量取决于气温，故其在大气中的含量与气温密切相关。在一定温度下，水蒸气含量低于或等于该温度下的饱和含量。在热带地区，水蒸气饱和含量可达 5% ~ 6%；而在两极地区，空气中的水蒸气含量接近于零。在沙漠地区，空气干燥，空气含水量只有万分之几；而在水网密布的高湿地区，空气含水量可达 4%。

水蒸气绝大部分只存在于对流层中，其随高度变化情况主要取决于大气温度、大气垂直对流程度，同时也取决于热交换、降雨量和凝结程度等。一般认为，随高度增加，空气湿度明显减小，7 km 以上的空气是干燥的，到平流层，空气已经非常干燥，含水量仅为百万分之几。

四、大气温度

大气温度（atmospheric temperature）是指大气的冷热程度。从分子运动论来看，温度代表单个分子的平均动能，与热量并不等同，热量是所有分子的总动能。从地表开始的对流层中，空气温度随高度的增加而稳定下降。平均情况下，由海平面的 15℃降低到对流层顶界的 −56.5℃；从等温层的 11 km 到 30 km 温度保持为 −56.5℃；大约从 25 km 开始，由于臭氧层开始出现，空气温度逐渐升高；从 30 km 开始，温度增高的幅度明显加快，接近 50 km 时，温度可达 35℃。高度超过 55 km，空气温度又重新下降，到 80 km 时，空气温度可低至 −80℃。高度继续增加，由于空气急剧发生电离，在电离过程中释放出大量的热，使空气温度稳定上升。在 120 ~ 300 km 高度，大气温度随高度增加，按指数规律迅速递增，在 400 ~ 800 km 高度，温度可达 400 ~ 2 000℃。此外，大气温度还随昼夜、季节、纬度和太阳活动等因素的变化而变化。大气温度随昼夜变化的特点是：低空昼夜变化只有几十摄氏度，在很高的高空，昼夜变化幅度可达几百摄氏度。

第五节　高原自然环境特点

一、高原的基本知识

在地理学上，海拔在 500 m 以上，顶面平缓、起伏较小，而面积又比较辽阔的高地称为高原。我国有青藏高原、内蒙古高原、黄土高原和云贵高原四大高原。

在医学上，高原是指使人体产生明显生物学效应、海拔在 2 km 以上的地域，是高原病的多发地区。由于生物的个体差异或群体差异，其生物学效应也大不相同。耐受性差的人到达海拔 2 km 时也可能出现明显的高原反应。

根据引起人体生物学效应的不同，医学上将高原分为：

1. 中度高原（moderate plateau）　海拔在 2～3 km，当人进入此高度时，一般无任何症状，或者出现轻度的生理反应，如呼吸和心率轻度加快，运动能力略有降低，肺气体交换基本正常。除有极少数对缺氧特别易感者外，很少发生高原病。

2. 高原（high plateau）　海拔在 3～4.5 km，生物学效应明显。多数人进入这个高度时会出现明显的缺氧症状，如呼吸和心率加快、头痛、食欲缺乏、睡眠差、动脉血氧饱和度低于 90%，易发生高原病。

3. 特高高原（very high plateau）　海拔在 4.5～5.5 km，生物学效应显著。人进入该地区时缺氧症状进一步加重，动脉血氧饱和度一般会低于 80%，运动和夜间睡眠期间出现严重的低氧血症，高原病的发病率和严重程度较高。

4. 极高高原（extreme plateau）　海拔在 5.5 km 以上，人类在此高度难以长期生存。进入此高度时机体的生理功能呈进行性紊乱，常失去机体内环境自身调节功能，出现极严重的高原反应，显著的低氧血症和低碳酸血症。动脉血氧饱和度低于 70%，常需要额外供氧。

二、中国的四大高原

我国是高原面积十分辽阔的国家，高原面积约占全国陆地面积的 26%。我国高原主要分布在西藏、青海、甘肃与新疆的南部、四川和云南的西部、内蒙古和陕西。

（一）青藏高原

青藏高原是世界上海拔最高的高原，号称"世界屋脊"。介于北纬 26°00′—

39°47′，东经73°19′—104°47′，东西长约2 800 km，南北宽300～1 500 km，面积约250万km²，海拔多在3～5 km，个别地区超过6 km，平均海拔为4.5 km左右。世界最高峰珠穆朗玛峰（海拔8.844 km）位于青藏高原南缘的喜马拉雅山脉。青藏高原南起喜马拉雅山脉南缘，北至昆仑山、阿尔金山和祁连山北缘，以4 000 m左右的高差与塔里木盆地及河西走廊相连；西部为帕米尔高原和喀喇昆仑山脉，东北部及东部与秦岭山脉西段及横断山脉相接。

（二）内蒙古高原

内蒙古高原位于阴山山脉之北，大兴安岭以西，北至国界，西至东经106°附近，介于北纬40°20′—50°50′，东经106°—121°40′，东西长约1 000 km，南北宽300～500 km，面积约40万km²，海拔1～1.4 km。广义的内蒙古高原还包括阴山以南的鄂尔多斯高原和贺兰山以西的阿拉善高原。

（三）黄土高原

黄土高原位于北纬30°—40°、东经102°—114°，包括长城以南、秦岭及渭河平原以北、洮河及乌鞘岭以东、太行山以西的广大地区，东西长约900 km，南北宽400～500 km，面积约40万km²，海拔1 000～2 000 km。主要山脉太行山、吕梁山和六盘山把高原分成三部分，即山西高原、陕甘黄土高原和陇西高原。

（四）云贵高原

云贵高原位于我国西南部，包括云南省东部、贵州省全部、广西壮族自治区西北部及四川省、湖南省、湖北省边境一带，面积与黄土高原相近，海拔1～2 km。

三、高原的环境特点

高原环境因素对人体的健康有一定的影响。在高原地区，影响人体健康的主要环境因素有气压、氧浓度、太阳辐射、温度、湿度、风和空气成分等。低气压、低氧、低温、大风和强辐射是高原环境的主要气候特点。

高原自然环境还有昼夜温差大、干燥、自然灾害多等特点，这些环境因素也与人体健康密切相关。

（一）大气压低、氧分压低

在海平面，大气压约为760 mmHg（101.33 kPa）。由于大气越接近地表越稠密，越远离地表越稀薄，因此，随着海拔升高，气压逐渐降低，而空气中的氧分压也随之逐渐下降。通常情况下，无论海拔高低，各种气体所占比例基本不变。由于氧分压等于大气压乘以氧含量，因而海平面的氧分压约为 159 mmHg（21.2 kPa）。当海拔增高时，氧分压就会随大气压的降低而呈规律性地降低。随着海拔的升高和氧分压的下降，肺泡气氧分压和动脉血氧饱和度亦会随之降低（表 1-4），超过一定限度后，将导致机体供氧不足，从而产生一系列生理或病理改变。

表 1-4　不同海拔大气压、氧分压及人体动脉血氧饱和度对照表

海拔 /km	大气压 /mmHg	氧分压 /mmHg	肺泡气氧分压 /mmHg	动脉血氧饱和度 /%
0	760	159	105	95
1	674	141	90	95
2	596	125	72	92
3	530	111	62	90
4	463	97	50	85
5	405	85	45	75
6	355	74	40	66
7	310	65	35	60
8	270	56	30	50
9	230	48	< 25	20 ~ 40

（二）日照时间长、辐射强

太阳辐射强、日照时间长是高原环境的另一特点。地表接收的太阳辐射量随高度的升高而增加。在平原地区，较密集的大气层对太阳辐射可以起到隔离作用；而在高原，由于空气相对稀薄，空气清洁，水蒸气和尘埃含量少，日照时间长，因此所受的辐射量明显高于平原。在高原，海拔每升高 100 m，太阳辐射强度约增加 1%，紫外线的辐射量增加 3% ~ 4%，高度越高增加的量越大（图 1-4）。

高原强紫外线对人体有着明显影响。紫外线是太阳辐射的一个组成部分，其波长为 200 ~ 400 nm。在高原，由于太阳辐射强，紫外线辐射也强，特别是波长为 280 ~ 315 nm 的紫外线增加更多。在海拔 3.6 km，紫外线对皮肤的穿透力是海平面的 3 倍；海拔 5 km 处，紫外线辐射为平原地区的 300% ~ 400%。高原地区夏季臭氧低谷也进一步增加了紫外线的辐射强度。另外，高原地区积雪期时间长，而积雪能反射日光，也是增加太阳辐射的一个重要因素。

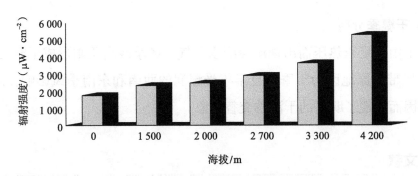

图 1-4　不同海拔地区紫外线辐射强度

（三）寒冷、风大、空气湿度低

在平原，空气密度较大，从阳光中获得的热量不易散失，气温易于保持。而在高原，空气较稀薄，大气热量难以保持。海拔每升高 100 m，气温下降 0.65℃。高寒地区年平均气温 –1 ~ –10℃，极端最低气温 –35 ~ –40℃，即使在夏季，海拔 5 km 以上的积雪也终年不化，最热的 7—8 月份平均气温也仅 3 ~ 10℃，最冷的 1 月份平均气温低至 –11 ~ –21℃。高寒地区不但气温低，而且低温持续时间长，全年冷季可长达 9 个月。低温日（日最低气温低于 –20℃）长达 270 天；严寒日（日最低气温低于 –30℃）长约 60 天。另外，高原地区植被少，太阳直接照射在由石头和沙砾构成的地面，而石头和沙砾吸热多而快，散热也快，因此，高原地区中午温度较高，早晚温度较低，一天之内的温差可达 15 ~ 30℃，故称"年无炎夏、日有四季"。

随海拔升高，气流的速度也增大。在高原地区 50 km/h 的阵风（相当于风速 12 级）并不少见。高原上的风向昼夜不同，在白天，风沿着山坡吹向山顶；夜晚，寒风由积雪的山顶吹向山谷。强风有降低大气温度、加速机体表面水分蒸发的作用，加重了寒冷的程度。

随着海拔的升高，大气中水蒸气的分压降低，空气湿度降低，空气干燥。如以海平面空气中水蒸气的绝对含量为 100%，则在海拔 3 km 高原上，空气中水蒸气含量仅为 20%，不及海平面的 1/3，而海拔 6 km 时，只有海平面的 5%。由于高原地区的相对湿度较平原地区低，正常情况下，通过人的呼吸和汗液蒸发，人体将失去较多水分，却不易被察觉。

（四）灾害性天气多

高原寒潮、雪灾、风暴与沙暴、霜冻和雷暴发生较频繁。例如，青藏高原雷暴经常发生在每年的雨季，常与冰雹同时发生，每年的 4—9 月份发生频率最高。

（五）干湿季分明

高原上由于夏季热压而出现湿暖降水天气，冬季冷高压则形成干寒大风天气。冬半年西风带高原地区为干季；夏半年受湿润的西南和东南季风影响，降水量明显增多，因而出现了明显的干湿季交替现象。

参考文献

［1］Dehart . 航空航天医学基础 .《航空航天医学基础》翻译组，译 . 北京：解放军出版社，1990.

［2］崔建华 . 高原医学基础与临床 . 北京：人民军医出版社，2012.

［3］格日力 . 高原医学 . 北京：北京大学医学出版社，2015.

［4］王国忠，邱传亚 . 高原人群的健康管理 . 北京：中国中医药出版社，2017.

［5］吴建亭 . 航空航天医学工程 . 西安：第四军医大学出版社，2001.

［6］伊道 . 高原养生与保健 . 北京：中医古籍出版社，2013.

［7］于林松 . 航空医学教材 . 北京：人民军医出版社，1991.

2

第二章　低气压对人体的影响

低气压与气压剧变之所以能对机体产生影响，是由于生物机体形态结构方面具有下列内在特点。

1. 空腔器官如胃肠道、肺、中耳及鼻窦内含有气体。环境压力降低时，腔内气体如不能及时排出，就根据器官壁的可扩张程度而发生体积膨胀或者出现器官腔内部压力相对升高的变化。

2. 从低气压环境恢复到常压环境时，人体的空腔器官发生内部压力相对降低的变化。中耳的骨质壁不能胀、缩，与外界相通的管道又具有单向活门样的特殊结构，在低压低氧舱下降的增压过程中，如外界气体不能顺利进入腔内，即发生器官腔内压力处于相对较低状态的变化。鼻窦向鼻腔的开口处发生黏膜肿胀或有赘生物存在的情况下，在低压低氧舱下降的增压过程中，鼻窦内也能发生类似中耳内的压力变化。

3. 组织和体液中溶解有一定量的气体，环境压力降低到一定程度时，这些溶解气体就可能离析出来，在血管内、外形成气泡。

4. 体液主要是由水组成的。当环境压力降低到等于或低于体温条件下的水蒸气压时，水就发生"沸腾"，形成大量水蒸气。

第一节　胃肠胀气

胃肠胀气是低压低氧舱上升过程中一系列胃肠症状的总称，其主要表现为腹胀和腹痛，无明确的发生阈限高度，在较低高度即可发生。多发生在上升过程中，或在到达一定高度以后的最初停留阶段内。若能经口或肛门顺利地排出部分膨胀气体，则短时间内腹胀、腹痛症状即可消失；否则，高度愈高，症状也将愈重。

一、胃肠胀气的原因

1. 波意耳定律。当温度保持一定时，一定质量气体的体积与其压强成反比。在低压低氧舱高度上升时，由于舱内气体压力降低，人体内空腔器官由于气体排出障碍，气体的压力相对舱内是升高的，就可引起气体膨胀。

2. 人体胃肠道内通常含有约 1 000 mL 气体，主要存在于胃与下部肠管中。80% 是随饮食及唾液咽下的空气，20% 是食物分解产生的。

3. 对于干燥气体，气体体积变化的倍数与其压力变化的倍数恰好相等。但胃肠道内气体体积随压力降低而膨胀的倍数，并不完全遵循波意耳定律所表述的理想气体压力与体积的线性关系。①胃肠道内的气体是 6.3 kPa（47 mmHg）的水蒸气所饱和的潮湿气体（37℃水的饱和水气压），而水蒸气是不能膨胀的；②胃肠道器官壁有一定弹性，对气体膨胀有一定的缓解作用，使得在不同高度上器官腔内气体体积膨胀的倍数，比单纯按干燥气体计算的结果要小。

胃肠道内气体膨胀对机体的影响，主要取决于膨胀倍数，但气体体积增大的绝对值也很重要。在膨胀倍数相同时，气体体积增大的绝对值越大，影响也就越大。

二、胃肠胀气的影响因素

低压低氧舱上升过程中，胃肠道内气体膨胀引起的胃肠道管壁扩张而发生腹胀、腹痛的程度，主要是由下述两方面因素决定的。

1. 上升高度与上升速率　高度越高，大气压力降低越多，膨胀程度就越大。上升高度一定时，上升速率越大，膨胀的气体来不及迅速排出，膨胀程度也就越大。

2. 胃肠道的功能状态　在含气空腔器官中，以胃肠道与体外的交通管道为最长，特别是肠内气体的排出，阻碍较多。胃肠道通畅性降低（如便秘等），含气量增加，都能减慢膨胀气体的排出速度。此外，胃肠道管壁的敏感性也有一定意义。刺激性食物作用于胃肠道黏膜能提高其敏感性。敏感性较高的部位（如胃），较少量的气体就可能引起疼痛。

三、胃肠胀气产生的影响

1. 物理机械性影响　由于胃肠道内气体膨胀压迫膈肌使之升高，使正常呼吸运动受到限制，严重时可发生呼吸困难，同时肺活量减少。腹压升高还能影响下肢静脉血液向心脏回流。

2. 反射性影响　胃肠道管壁有接受扩张刺激的拉长感受器，当胃肠道内气体膨胀程度较轻时，拉长感受器接受的刺激较弱，一般不引起主观感觉，或者只有轻度腹胀感。大体上从 10 km 附近的高度开始，由于气体膨胀程度较大，特别是在排气不顺利时，胃肠道就显著扩张。在扩张部位，管壁的拉长感受器接受较强的刺激；在邻近扩张的部位，又可能产生反射性的痉挛收缩，这些都能引起不同程度的腹痛。人在低压低氧舱内做 10～12 km 上升实验时，从 5～6 km 开始就有人发生轻度腹胀，此时气体膨胀已达到海平面时的 2 倍左右；较明显的腹胀一般发生在 10 km 以上，有时因严重腹痛不能忍受而不得不中途停止实验，下降高度。但最大上升高度如不超过 7.6～8.5 km，胃肠胀气对于健康人来说，至多是出现短时间的不适感。

在拉长感受器受到的刺激还不太强，只有腹胀或轻度腹痛时，胃肠道管壁的扩张已能反射性地引起呼吸、循环系统等方面的功能改变。当腹痛严重时，个别敏感的人将产生一系列的自主神经功能障碍症状，如面色苍白、出冷汗、脉搏徐缓、动脉血压下降，以至发生血管迷走性晕厥，此时将严重影响入舱安全。

四、防护原则

遵守饮食制度，严格控制饮食，低压低氧舱上升前应做到：

1. 进餐不可太快，以减少所吞咽的气体。

2. 进餐要定时、定量，使胃肠活动能保持正常，以利消化而少产气。

3. 入舱前的主餐，甚至前一日晚餐，应不吃或少吃不易消化的食物，如含纤维多的食物。动物性食物虽较易消化，但应控制食用含脂肪多或油炸的食物。禁止饮用汽水、啤酒等产气饮料，少吃有刺激性的食物。

4. 防止便秘，入舱前排空大、小便，保持胃肠道的良好通畅性。

5. 做好卫生宣传教育，使入舱人员能主动配合做好上述各项工作。

第二节　减　压　病

减压病是低压低氧舱上升时在组织、体液中溶解的氮超出溶解量而离析出来形成气泡而引起的疾病。其主要表现为关节疼痛，有时出现皮肤刺痛或瘙痒感觉，以及咳嗽、胸痛等，严重时还可有中枢神经系统症状，甚至发生神经循环虚脱。减压病病例绝大多数都是到 8 km 以上高度，停留一段时间以后发病的，发病率随高度增高而增大。发病没有阈限高度，因为发病阈限高度不是一个绝对固定的值，而是一个范围，它受许多因素的影响而有一定的变异。8 km 以下减压病的发生率较低。

在第二次世界大战期间，在低压低氧舱内进行高空锻炼的机会增多，减压病发生较多（其中少数是严重与死亡病例）。随着对该病的研究深入，其预防问题虽已基本解决，但现在本病仍有一定的实际意义。因为在低压低氧舱内做模拟高空生理实验和生理训练有发病可能；低压低氧舱年龄大使用者比例在增加，而年龄愈大，对减压病的易感性也增大。

一、减压病的病因

减压病产生的原因，是大气压力降低时，在组织、体液中溶解的氮气呈过量状态而离析出来形成气泡。在各种组织内形成的气泡压迫、刺激局部组织；血管内的气泡，则可成为气体栓子堵塞血管或与血液成分发生相互反应。根据形成气泡的多少，压迫或栓塞部位的不同，以及与血液成分发生相互反应的性质，引起继发性反应特点的各异，从而导致各种不同症状。

氮气泡理论在很大程度上是由于潜水病研究成果的启示而提出的。潜水病是潜水员在水中处于几个大气压的压缩空气环境中工作一段时间后，重新上升到水面时发生的，故亦称为"高压 – 减压病"。低压低氧舱内发生的减压病则可相对地称为"低压 – 减压病"。

（一）氮气泡形成的机制

1. 亨利定律　在一定温度的密封容器内，气体的分压与该气体在溶液内的摩尔浓度（溶解量）成正比。低压低氧舱上升过程中，由于舱内压力降低，体内组织或体液中溶解的气体就呈现出过量的状态。

2. 溶解气体离开液体的倾向　在低压低氧舱活动中，环境压力降低，由于体内不能溶解过多的气体，过多的气体要排出体外。由于环境减压速率较快，从而机体组织绝对压力（指大气压与流体静压之和）的下降速率比组织中溶解气体（主要是氮）张力的下降速率为大，使过量气体的排出过程不能顺利完成，过量溶解的气体在体内有形成气泡的倾向。气体张力越高，或组织绝对压力越低，形成气泡的倾向越大。可用下式表示此倾向的大小及其影响因素：

$$\Delta P = t - P$$

式中，ΔP 为压力差，表示某溶解气体脱离液体倾向的大小，ΔP 为负值时，溶解气体不具备脱离液体的倾向，零或正值时，此倾向增大；t 为组织或体液中该溶解气体的张力；P 为组织绝对压力。

环境压力迅速降低后，形成气泡倾向的大小除可用上述压力差表示外，航空医学中还常用减压前组织氮气分压（PN_2）与减压后环境压力（PB）之比表示，此比值称为氮气安全系数（factor of safety，FS）。

随着减压终高度的升高，FS 逐渐增大。Haldane（1906）证明，高压暴露后再减压时，若压力降低不超过 50%，例如减压值为 $4 \rightarrow 2$ atm 或 $2 \rightarrow 1$ atm 时，则不会发生减压病。在这种条件下，人体对于过量的氮气是可以耐受的，不形成气泡。

由于氮气在不同组织的溶解度不同，以及各组织的胶体特性不同，对氮气的约束力则不同，使得各组织的氮气安全系数存在一定的差别（表 2-1）。

表 2-1　不同组织中的氮气安全系数

组织	氮气安全系数
淋巴液、浆液和滑液	2.2 ~ 2.4
血液	2.4 ~ 2.8
骨骼	2.8 ~ 3.2
脂肪组织	≥3.2

由于各组织的氮气安全系数不同，体内最易形成气泡的是淋巴液、浆液和滑液，其次是血液，脂肪组织最不易形成气泡。当减压程度较大，在最终高度的停留时间较长时，脂肪组织内也能形成气泡。

3. 气核　在低气压条件下体内气泡形成的机制颇为复杂，迄今尚未完全阐明。除上述条件外，还需要许多其他条件。例如，要有一定数量的气核存在。气核指在组织或体液中以气相形式存在的极微量气体质量集合，在机体活动过程中处于不断产生、不断消失的变动之中。它主要产生于有湍流的血液、因肌肉收缩而受到过度牵拉的组织体液，以及受关节面之间摩擦影响的滑液中。减压前如液体中无气核存在作为"初始气相"，则很难形成气泡。有气核存在时，体内氮气超过组织或体液氮气安全系数时，多余的溶解气体才能脱离溶解状态，以气核为中心，向内不断弥散气体，最终形成气泡。

4. 其他因素　气泡的形成、发展还要受到组织变形压力的限制。这是因为各种组织具有不同的结构和大小不一的弹性，对气泡膨胀有一定限制作用，必须克服这种阻力，气泡才能发展增大。

气泡形成后，要经历一段潜伏期才出现症状。这可能因症状或体征之出现，需要气泡的数量及体积达到一定程度，或者需要气泡栓塞重要部位的血管。

在体内溶解的气体中，氧及二氧化碳可转变为化学结合状态，而且氧可以较快地被组织利用，故在一般情况下不会形成过多的溶解状态。唯有完全呈溶解状态的、生理上的惰性气体——氮气，在减压速率较快的情况下，才能形成过多溶解状态。101.3 kPa（760 mmHg）、38℃条件下，氮气在橄榄油中的溶解度为 0.667 mL/mL，约为其在水中溶解度的 5 倍。在各种组织中，以脂肪组织溶解的氮量最多，其血液循环又较差，使氮不能迅速通过血液运输到肺，完成排出过程。所以，减压速率较快时，氮在体内就可能离析出来形成气泡。氮气泡一旦形成，周围的溶解氧及二氧化碳亦可离析出来向气泡内弥散，所以气泡的成分最后又与空气类似。在高空做剧烈的肌肉活动使二氧化碳产生过多时，则二氧化碳也可成为促使气泡形成的因素。

（二）气泡的病理作用

1. 直接的机械性作用　使组织发生变形与断裂，可引起疼痛和局部循环障碍，局部循环障碍又可导致组织缺血或梗死。血管外气泡难以融合增大，但它可使组织内部压力增加，引起疼痛。据研究，人肌肉组织内压力超过 1.5 kPa（11 mmHg）时即可引起严重疼痛。在疼痛发展的过程中，还可由气泡引起炎症，包括发生水肿等病理变化。血管内气泡容易融合增大，它的机械性影响即血管栓塞，属于原发性机制。

2. 在气 – 血界面上发生生物化学变化　这是气泡的间接影响，属于继发性机制。气 – 血界面上发生的生物化学变化引起血小板聚集，释放血管活性物质 5– 羟色胺和肾上腺素，导致血管收缩。血小板第三因子的释放进一步加速血小板聚集，增加血栓形成。血液黏度增加使毛细血管血液阻力和压力增高。这些作用加上缺氧引起的毛细血管壁破坏，使大量体液从血管内转向组织间隙，导致血液的进一步浓缩。

二、影响减压病发病率的因素

1. 上升高度　少数病例发生在 8 km 以下，个别病例发生在 5.6 km，绝大多数病例都发生在 8 km 以上。在 8 km 以上，高度越高，发病率就越高。

2. 暴露时间（高空停留时间） 应当明确，高空减压病很少在上升到 8 km 以上后立即发生。有文献报道，在低压低氧舱内做 10 km 上升的实验中，发生屈肢症（bends）的人员中 88% 的病例在停留 20 min 以后才发生，在 20 min 以前发生的例数只占 12%。

3. 上升速率 根据理论上的推断，上升速率越快，发病率应越高。

4. 反复低气压暴露 24 h 内重复暴露于低气压，容易发病。

5. 高压条件下活动 低压低氧舱上升前 24 h 内曾做水下运动或潜水等活动者，上升后容易发病。因为水深每增加 10 m，压力即增加 1 atm，在高压下体内溶解有较多氮气，返回水面后一定时间内，可能还残留有过多氮气甚至若干气泡。有报道潜水活动后立即乘坐飞机，在 1.5 km 高度发病。

6. 缺氧 急性高空缺氧时，呼吸、循环功能增强，有助于氮气排出；但若缺氧程度较重，则因气压降低超过一定限度，又可增加体内气泡形成。慢性缺氧发生习服后，可增强对减压病的耐力；红细胞代偿性增加过多，使血黏度增大，则又可能有促进气泡形成的作用。

7. 年龄 随着年龄的增长，发病率也有所增加。这可能与身体发胖、脂肪组织增多，以及心血管功能降低影响氮气脱饱和的速率等有关。

8. 性别 有些实验观察发现女性发病率高于男性。如有的文献报道，在低压低氧舱内上升的 12 456 人次中，男性的发病率为 0.15%，女性的发病率为 0.54%。这可能与女性脂肪多于男性有关。

9. 体力活动 低气压暴露中运动能增加发病率，影响的程度与运动强度、持续时间等有关。其机制较为复杂：①在运动时，局部组织中发生复杂的力学变化过程，有降低亦有增加局部流体静压的因素；②活动组织中产生大量二氧化碳，使局部溶解的气体量增多；③活动组织中血流增加，有利于局部组织氮气脱饱和，但全身血流分配的变化又使脂肪组织中的血流更为减少，而不利于脂肪组织中氮气脱饱和过程的进行。故体力活动对发病的影响，是上述各种因素综合作用的结果。

三、减压病的症状与体征

（一）屈肢症（肢体关节痛）

这是减压病最常见的症状，占全部症状的 65% ~ 70% 或以上。一般为单独发生，也有少数病例合并发生。疼痛多发生在四肢的关节内或其周围的骨和肌肉等深部组织，以膝、肩等大关节为最多。疼痛的程度，一般在刚发生时很轻，以后逐渐加重，严重时达到肢体不能运动的程度。发生此症状时，患者常因剧烈疼痛而将肢体屈曲，故称此症状为"屈肢症"。屈肢症可能是关节周围的韧带及肌肉产生的氮气泡对局部组织的压迫引起的。气泡栓塞小动脉引起局部缺血，也可能是其部分原因。疼痛的性质为弥漫性的深部疼痛，自己往往不能准确地确定发生疼痛的局限部位。疼痛发生、发展的特点也很不相同，有的是缓慢的，有的则呈"闪电式"；反复上升高空时，有的人只发生一次，有的人则反复发生，且疼痛更重。活动疼痛部位，有时能使疼痛加重；而局部加压，例如用气囊压迫或浸入水中，则能使疼痛减轻或消失。

疼痛一般在下降中或下降到地面后均能很快消失，但有时遗留有无力感。个别也有遗留疼痛数小时乃至数日的。还有的屈肢症在下降过程中虽已消失，但在地面经过一段时间后又复发。屈肢症的大多数病例发生于高空，但也有些患者高空无症状，而是下降到地面以后才发生的。

（二）皮肤症状

此类症状在潜水病中较常见，低压低氧舱内减压病中较为少见。症状表现为皮肤痒感、刺痛、蚁走感及异常的冷、热感觉等，多为一时性的。痒感有时和屈肢症同时发生，也可单独出现；其发生部位主要是在脊背和肩部的皮肤。此外，也有局部皮肤出现斑点的。斑点出现在上胸部及上臂者，多属严重病例。曾有资料报道皮肤出现斑点后几小时内发生神经循环虚脱者。无其他原因而发现有皮肤斑点时，可以认为是皮下组织的血管发生了气体栓塞，或者是自主神经系统发生了功能障碍。皮肤症状在下降到地面后多能完全恢复。

（三）呼吸系统症状

呼吸系统症状包括胸骨后不适或疼痛、咳嗽及呼吸困难三种症状，常以"气哽"（choke）一词表示。三种症状常同时出现，有时只出现一种或两种。其发生率虽较低，仅为全部症状的20%，但可危及生命；多与屈肢症同时存在，但比屈肢症发生晚，也比屈肢症表现的病情为重。胸骨后不适主要表现为压迫感，有时也有干燥感、灼热感，甚至刺痛感。当已发展成胸骨后疼痛时，呼吸变为浅快，吸气受限制，并有窒息感；深吸气时常常引起干咳，继续发展下去，可能导致晕厥。气哽可能是肺小动脉、毛细血管发生气栓，刺激肺组织引起的反射现象，也有人认为是呼吸道黏膜中产生气泡所造成的。

（四）神经系统症状

在减压病症状中，神经系统症状所占比例远远低于屈肢症，但在下降后仍未完全消除的症状中，它所占比例则较大。其临床表现主要是头部症状或体征，表现复杂多样，包括视觉、感觉、运动、前庭及意识等多方面的功能障碍。

四、减压病的诊断与处置原则

诊断与处置原则是低压低氧舱从业者应重点做好的工作。

（一）诊断与分型

由于预防措施得当，减压病不是常见病、多发病，人们对其认识程度不够，容易发生误诊、漏诊，有时造成严重后果。所以，早期发现、正确诊断显得尤为重要。

低压低氧舱减压病的诊断一般从以下几个方面着手。

1. 诊断

（1）首先应该详细询问低气压暴露史，包括低压低氧舱上升高度、低气压下暴露时间等。

（2）分析发病经过，询问临床症状，进行全面体检尤其是神经系统的检查。对有过低压低氧舱上升史（特别是 8 km 以上暴露史）的人员进行全面体检，并询问主诉。重点检查四肢大关节处是否疼痛，以及疼痛的特点。在减压病的诊断中，症状与体征同等重要。

（3）分析影响发病率的因素，这对诊断有重要参考意义。如是否反复受低气压影响，两次或多次低气压暴露的时间间隔；是否为潜水后进行低压低氧舱上升；患者的年龄，体重（肥胖情况），低气压暴露前、暴露中体力活动情况；骨、关节创伤史等。

（4）用各种方法诊断均有困难时，若加压治疗有效，亦可作为确诊的依据。

2. 分型　确诊后，根据症状和体征所表示的病情轻重及发展为严重程度的可能性，一般多将具有症状及体征中某些表现的减压病分为如下两种类型：①Ⅰ型减压病，不伴有其他症状的屈肢症，不伴有全身症状的皮肤症状；②Ⅱ型减压病，除四肢外其他部位的疼痛，大理石样皮肤，心血管、呼吸系统、神经系统症状。

（二）处置原则

在低压低氧舱上升实验中，若遇到一时不能分辨是高空减压病还是缺氧症症状的情况时，应按高空减压病考虑，立即下降。已发生气哽或休克者，在下降过程中，应使之平卧，抬高下肢，保持呼吸道通畅，吸纯氧。发生呼吸暂停时，进行人工呼吸。

五、减压病的治疗

对高空减压病的治疗，总的原则是加压治疗辅以其他疗法。加压治疗的原则是：将患者放入高压氧舱内，舱内气体增压到 2~6 atm（一般主张 3 atm），使体内残存的氮气泡能充分地重新溶解，一直到症状已消失，再用阶段减压的方法回到常压环境。在高压气体环境中氮气泡重新溶解的机制是：①气泡被压缩，体积变小，于是气泡内氮气分压增加，有利于向气泡外弥散；②气泡的表面张力与其半径成反比，当气泡体积减小到临界值以下时，表面张力即增加到足以使气泡萎陷的程度，加速其重新溶解。阶段减压的原理是：每减压到一定程度，即做一定时间停留，使脱饱和过程得以进行；然后再减压，再停留；最后，恢复到常压环境。各国已研制了许多针对不同情况的加压治疗法，其阶段减压方案各有特点：各停留站间的压力梯度，在压力较高时多为 0.6 atm，压力较低时多为 0.3 atm；吸用的气体因舱内气体压力及各站停留时间不同而异，压力较高或在某站停留时间较长时应吸用空气，在压力较低且停留时间较短的站可连续或间断地吸纯氧。

吸纯氧比吸空气的效果好。因为高压氧不仅能加速体内氮的排出，而且能通过提高正常毛细血管内血液的氧张力，使氧在组织内的弥散距离增大，对邻近组织因气栓或血液停滞而发生的缺氧状态起到纠正作用。但应注意正确使用，以避免高压氧的毒性作用。

六、减压病的后遗症

减压病的后遗症极少见。有个别病例发病数月乃至数年后仍遗有四肢无力、麻木、视觉功能降低、记忆力减退及容易疲劳等症状。此外，早期文献报道，X线检查发现，有极少数飞行员及低压低氧舱舱内工作人员长骨发生"无菌性骨坏死"，可能是由于多年反复受低气压的影响，患处骨骼的血管发生栓塞，血液供应受影响所致，故亦称"缺血性坏死"。应当指出，上述患者有的从未有高空减压病的主诉，故应定期对低压低氧舱舱内工作人员做长骨 X 线检查。据文献报道，因定期暴露而发生"无菌性骨坏死"者迄今只有 3 例，其中 2 例在座舱高度超过 9 km 飞行时，曾反复发生过严重的屈肢症。

七、预防措施

预防主要采用吸氧排氮的方法。吸氧排氮是上升前先在地面吸用一段时间纯氧。吸纯氧时，由于肺泡气中的氮分压降低，溶解在静脉血中的氮气就可不断通过肺毛细血管弥散到肺泡中被呼出。这样，血液中的氮气分压也就降低了，于是溶解在身体各种组织、体液中的氮气，又向血液中弥散，最后被弥散到肺泡中呼出体外。在地面吸纯氧排出体内氮气的过程，以开始的 0.5～1 h 进行得最快，之后逐渐缓慢下来。人体内溶解氮气的平均量为 1 200 mL，在最初 30 min，排出体内氮气量多于 350 mL；60 min 排出近 2/3；60 min 以后的排出速率逐渐减慢。吸氧排氮过程这个先快后慢的特点，是由下述情况决定的：血液中及血管丰富的组织中的氮气较易排出，初期排出的主要是这部分氮气；脂肪及其他血液供应较差或氮溶解量较多的组织，则需要较长的排氮时间。

吸氧排氮的预防效果，不仅与体内排出的氮气总量有关，还与不同组织的排氮情况有关。例如，在做 10～11 km 低压低氧舱上升实验之前，在平原地面吸氧排氮 1 h 的预防效果，不如在 3～4 km 高山上的低气压环境中停留数日（呼吸空气）的效果好。在前一种排氮条件下，虽然体内、外氮气分压差很大，体内氮气被排出了 50% 以上，但因时间较短，从排氮条件较差、排氮过程缓慢的组织（如脂肪组织）中排出的氮气比例则小得多；而在后一种条件下，尽管体内、外氮分压差较小，排氮总量只有 35%，但因时间长，各种组织包括脂肪组织等排氮的比例则可能皆近于 35%。所以，凡是要做高度较高而停留时间又较长的暴露时，上升前应将排氮较困难的那些组织中的氮气尽可能多地排出，这对于提高预防效果非常重要。但应注意，预减压的程度不可过大，否则，体内如有气泡形成，反而对最后减压时减压病的预防不利。

体内氮气被排出的速率与一些因素有关。肺通气量及心输出量增加，可以促其加快排出，体力活动即有此效果。

合理安排反复低气压暴露之间，以及高气压暴露与随后的低气压暴露之间的间隔时间，低压低氧舱两次上升之间至少要间隔 48 h 或更长。轻潜水活动后，通常 24 h 内禁止作低压低氧舱上升。

第三节 体液沸腾

在低压低氧舱内迅速上升到 19 km 及以上高度时，环境气压达到 6.3 kPa（47 mmHg），体内的水迅速蒸发，大量形成水蒸气的现象称为体液沸腾（ebullism）。

一、体液沸腾的机制

任何液体的内部都有一个蒸气压力，同时，外部有一个大气压力的作用，当液体蒸气压力大于或等于作用于其表面的大气压力时，该液体就发生沸腾。如在海平面，当水被加温到 100℃ 时，其蒸气压力增为 101.3 kPa（760 mmHg），和大气压值相等，即发生沸腾；随着高度的增加，水的沸点亦愈来愈低。而水在 37℃ 时，其蒸气压力为 6.3 kPa（47 mmHg），若外界大气压力降低为 6.3 kPa 时，37℃ 的水也就应当发生沸腾。人或者恒温动物的体温约为 37℃，因此在 19 200 m 高度，当大气压力为 6.3 kPa 时，体液就会发生沸腾现象。

极低气压所致的体液沸腾、形成大量水蒸气的现象，不仅发生于皮下，在胸膜腔、腹腔、心包腔等体腔亦可发生。此外，心脏和血管内的血液中，肌肉组织内部，甚至肝、肾等的组织实质，也都能发生体液沸腾现象。体液沸腾现象还受下列因素影响：①体液中含有电解质、蛋白质等化学成分；②皮肤、筋膜、血管壁等有一定限制作用；③血压、组织压力的存在；④身体各部温度不是绝对相等的。故不同部位发生体液沸腾的实际高度可能介于 18.3 ~ 24 km。一些组织张力较低的部位，如胸膜腔、口腔黏膜、肠腔内，以及温度较高的部位，如胸、腹腔的大血管中，在较低高度即可发生；反之，如左心室、脏器组织实质内、浅在的血管中及眼的前、后房水等，则需在较高高度才能发生。例如，胸膜腔内形成蒸气的阈限高度为 18.3 km，眼房水中蒸气形成的高度则为 24 km 附近。

二、体液沸腾的影响

实验表明，将动物暴露到只有 0.13 ~ 0.27 kPa（1 ~ 2 mmHg）压力、接近真空的环境中，这种压力环境对机体的最大危害显然是暴发性高空缺氧，以及体液沸腾所致心血管系统内大量形成水蒸气造成循环停滞所引起的严重后果，约 10 s，循环即可停止。犬在这种环境中停留，其意识时间为 9 ~ 12 s，暴露时间再延长，就发生弛缓性麻痹，但停留时间不超过 1.5 min 时，下降后都不致死亡，可以完全恢复其功能；如超过 2 min，则可造成死亡。猴、猩猩在这种环境中的救援允许暴露时间为 1.5 ~ 2.5 min，不超过此时间限度时，呼吸、循环功能可自行恢复。这种极端严重的减压有时还可以造成实验动物脑及脊髓的损伤，损伤的表现与潜水病有些近似。减压前吸氧排氮除能减轻上述损伤外，还能推迟动物在高空发生虚脱的时间，缩短下降后的恢复时间并降低死亡率。极端严重的减压还可使心脏内形成大量蒸气使心脏扩张，可能造成心肌纤维断裂；"蒸气胸"会影响呼吸、循环功能等。

三、防护原则

对极低气压暴露的防护仍应以预防暴发性高空缺氧为主，其有效措施是：在 19 km 以上飞行，当增压座舱发生迅速减压时，机上配备的应急加压供氧装备应自动开始工作进行加压供氧，以提高吸入纯氧的压力。而在这种高度以上，只能进行有体表对抗加压的加压供氧，由加压头盔、部分加压服、代偿手套和代偿袜子对全部体表施加机械性对抗压力。当体表对抗压力与大气压之和大于 6.3 kPa（47 mmHg）时，即可有效地预防体液沸腾。我国现在使用的加压供氧标准，在 19 km 以上高度发生迅速减压时，体表对抗压力与大气压之和都在 17.3 kPa（130 mmHg）以上，故体液沸腾的防护问题也已一并得到较好解决。更好的解决办法是穿全加压服和戴密闭头盔，对全部体表施加更高的均匀气体压力。

第四节　中耳和鼻窦的气压性损伤及牙痛

中耳鼓室及鼻窦均属于含气空腔器官，腔内气体也受气压改变的影响。由于器官壁大部分由坚硬的骨质所构成，故气压改变的影响，主要不在于腔内气体体积的缩、胀，而是引起内、外气体压力差的变化。鼓室借以与外界相通的咽鼓管在结构上有其特殊性，鼻窦向鼻腔开口处也可为病理性变化所阻塞，使它们具有单向活门样作用。中耳及鼻窦的气压性损伤，主要是在外界气压增高、气体因上述单向活门作用又不能进入腔内，使腔内形成较大的负压造成的。

一、中耳的气压性损伤

（一）中耳的解剖结构特点

中耳（图 2-1）鼓室内气压必须与外界保持平衡，才能保证鼓膜振动、传导

声波的功能正常进行，维持鼓室内、外气体压力平衡的通道即咽鼓管。咽鼓管
（亦称耳咽管或欧氏管）为一斜行管道，外端开口于鼓室前壁上方，称为鼓口；管
道向前、下、内侧方向走行，管腔逐渐变窄，最狭窄处称为峡部；自峡部以后，
管腔又再逐渐变宽，最后其内端开口于鼻咽部外侧壁，称为咽口。咽鼓管全长为
3.1～3.5 cm。峡部以前的一段，约占全长的 1/3，位于颅骨内，管壁为骨质，此部
分管腔永远开通。峡部以后部分，占 2/3，位于颅底下面，由韧带悬挂于颅底，故
可活动。此部分管壁由软骨及纤维组织膜构成，软骨管不完整，其横截面呈钩状，
分为较宽的内板及较窄的外板两部分，缺乏软骨之前下部分管壁，即为纤维组织
膜。此部分管腔因受周围软组织的挤压，平时处于闭合状态，其咽口呈一线形皱
折，仅在做吞咽、咀嚼、呵欠、打喷嚏等动作时暂时开放。吞咽动作平均每分钟
发生一次，熟睡时每 4～5 min 一次，借以平衡中耳内、外压力。做吞咽等动作时，
软骨纤维组织膜部管腔能够开放。

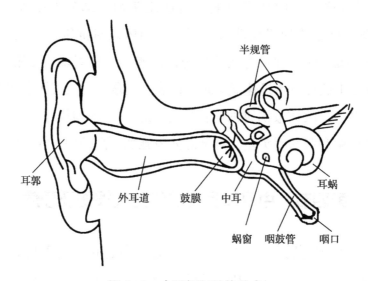

图 2-1　中耳解剖结构特点

（二）损伤机制

在低压低氧舱上升时，外界气压降低，鼓室内气压相对增高，腔内形成正压。
正压达到 1.3～2.7 kPa（10～20 mmHg），亦有报道 0.4～6.7 kPa（3～50 mmHg）
时，咽鼓管可被冲开，部分气体自腔内排出，内、外压力基本恢复平衡，此时腔
内尚遗留有一定正压；在接着的继续上升过程中，外界气压只须再降低得略低一
些，咽鼓管即可再开放一次；随着上升，此过程可反复发生。由于气压随高度上
升而降低的情况大致是指数式的，所以高度越高，达到同样程度开管压力所需上

升的高度距离亦越大。

一般情况下，鼓室内形成的正压，在达到 0.4 ~ 0.7 kPa（3 ~ 5 mmHg）时，即可感到耳内有轻度的胀满感，此时鼓膜略有向外膨隆现象；0.7 ~ 1.3 kPa（5 ~ 10 mmHg）时，耳内胀满感明显，并有轻度的听力减退；如果咽鼓管由于某种原因不通畅，2.0 kPa（15 mmHg）的压力尚不能将其冲开，以至压力升到 2 ~ 4 kPa（15 ~ 30 mmHg）时，耳内将有很不舒服的感觉，并有耳鸣、耳痛和轻度眩晕感；若压力增加到 6.7 ~ 13.3 kPa（50 ~ 100 mmHg）时，疼痛、耳鸣和眩晕便逐渐加重，最后达到不能忍耐的程度。在上升减压过程中，除非咽鼓管有严重阻塞，一般都不会引起气压性损伤。

低压低氧舱下降时，外界气压不断增高，鼓室内形成负压，使鼓膜向内凹陷，产生耳压感及听力减退。此时，咽鼓管不能自行开放，必须主动做咽鼓管通气动作，才能使之开放。开放后，外界气体进入鼓室，内、外压力平衡，鼓膜复位，耳压感及听力减退现象乃消失。如不主动做咽鼓管通气动作，则随着大气压力的继续升高，鼓室内负压不断增加，就可产生耳痛、耳聋及鼓室内液体渗出，形成气压性损伤。耳痛与鼓室内负压累积程度有直接关系，其压力阈值有明显的个体差异，为 2.2 ~ 25.1 kPa（16.5 ~ 188 mmHg）。负压值越大，症状亦越重。达到 10.7 ~ 12.0 kPa（80 ~ 90 mmHg）时，主动通气动作已难以使咽鼓管开放，必须重新上升减压，才能奏效。压力再高，可能发生鼓膜破裂。发生于低压低氧舱或航空中的中耳损伤，称为"航空性中耳炎"。

（三）低压低氧舱影响鼓室内、外压力差的主要因素

1. 高度　不同高度的大气密度不同，越接近地表，密度越大，故下降速率相同时，越接近地表，气压增加率就越大。中耳气压伤多发生在 4 km 以下，尤以 1 ~ 2 km 高度为多。

2. 下降率　单位时间内的下降高度愈大，鼓室内、外压力差也愈大，在低压低氧舱应急减压时，极易发生耳痛。对于缺乏主动做咽鼓管通气动作训练的体验者来说，此时较易发生中耳气压性损伤。

3. 感冒　此时有上呼吸道炎症发生，咽鼓管的咽口周围黏膜组织肿胀，咽鼓管开放困难。

（四）预防

1. 如有影响咽鼓管通气功能的疾病存在，入舱前应及时进行矫治，痊愈后方可入舱，感冒时不得入舱。

2. 主动做咽鼓管通气动作。低压低氧舱下降增压过程中，应断续地做咽鼓管通气动作。低压低氧舱实验证明，这种损伤多发生于 4 km 以下高度的下降过程中。所以在低压低氧舱下降开始后，就应注意做咽鼓管通气动作，这对初次低压低氧舱上升者来说尤为重要。因为如在较高高度发生了即使是轻度耳痛以后才开始做此动作，虽也能使症状缓解，但当下降到较低高度时，往往又可能发生较重的气压性损伤。入舱前，应使人员充分了解中耳气压性损伤的产生机制，并学会做咽鼓管通气动作。

若已发生耳痛，而进行咽鼓管通气动作又不能使咽鼓管开放，可重新上升高度，降低周围环境压力，继续做咽鼓管通气动作。待咽鼓管已通气，耳痛已消失，即有了一定适应时，再缓慢下降高度。

（五）常用的咽鼓管通气方法

常用的咽鼓管通气方法主要有以下四种。

1. 吞咽法   简单易做，入舱人员使用此法的较多。其缺点是使用此法须吞咽唾液，多次吞咽常感唾液不足，而且并非每次吞咽动作均能使咽鼓管开放。应用此法，要保证入舱人员携带不含气的水。

2. 捏鼻鼓气法（瓦尔萨瓦法）   低压低氧舱内体验结束后，仍觉耳部不适而做补充通气时，此法用得最多。方法要领是用手指捏紧鼻孔，闭口用力向鼻咽腔鼓气，以增加鼻咽腔气体压力，而冲开咽鼓管。正确的鼓气动作应在短时间内运用比较猛烈的空气冲力去冲开咽鼓管。如经过两三次鼓气仍不能冲开咽鼓管，可稍停一会，正常呼吸几次，使胸膜腔内压降至正常，再重新进行。这种方法使用不当时，由于胸膜腔内压过高，可使回心血量减少，血压降低，或因肺过度扩张引起心律等变化，最后导致脑缺氧而发生晕厥，故一般不强调使用这种方法。捏鼻鼓气动作，特别是突然猛烈鼓气，可使镫骨底板运动，刺激迷路而发生一过性眩晕（压力性眩晕）。

3. 运动下颌法   是用张大口、闭口、下颌前伸、下颌左右运动或用力咬牙等动作，使咽鼓管开放。

4. 运动软腭法（紧张提升软腭法）   腭帆张肌和腭帆提肌的收缩，能促使咽鼓管开放，同时亦能引起软腭的运动，故可利用运动软腭的办法使以上二肌收缩，而引起咽鼓管开放。干咽（即不吞咽唾液做吞咽动作）、模拟呃逆动作、模拟打呵欠动作等，都是运动软腭的方法。

（六）耳气压功能检查方法

1. 听诊管（器）法　此法主要以听诊为依据。系用一条两端带有接耳器（听诊器耳塞）的听诊管，一端接耳器插入被检查者的外耳道内，另一端插入检查者的外耳道内，而后令被检查者依次做吞咽、捏鼻吞咽、捏鼻鼓气三个动作。如果被检查者咽鼓管通畅，检查者便可通过听诊管（听诊器）听到咽鼓管开张音或空气经过咽鼓管进入鼓室时所发出的柔和吹气音。正常可听到"喀哒""噗噗"或"嘶嘶"样的声音，并以"+"表示。如果在被检查者做吞咽动作时，听不到开张音，则做捏鼻吞咽动作，若还听不到，可做捏鼻鼓气动作。如三种动作均听不到，为耳气压功能不良，以"-"表示。

注意事项：此法易与吞咽动作本身所产生的声音相混淆，要求检查环境安静，认真区别，并可参考其他的检查方法，综合评定。

2. 波氏球吹张法　被检查者先清除鼻涕，然后含一口水。检查者将听诊管（听诊器）接耳器分别插入被检查者和自己的外耳道内，右手握住波氏球，左手将橄榄头插入被检查者的一侧鼻孔内（不得漏气），并捏闭对侧鼻孔。嘱咐被检查者将水咽下，与此同时，检查者迅速挤压波氏球，将球内气体经鼻腔压入咽鼓管，同时注意听有无咽鼓管开张音或通气音。

检查者在将波氏球内空气挤入被检查者鼻腔的同时，能听到咽鼓管的开张音或通气音的，为耳气压功能正常，以"+"表示。反之则为耳气压功能不良，以"-"表示。

注意事项：有上呼吸道感染者，禁止进行此项检查。挤压波氏球与吞咽动作必须同步进行，否则，不能将空气压入咽鼓管，误判为耳气压功能不良，影响检查结果。

3. 血压计通气压力测定法　水银血压计除去袖带和打气球，在连接水银柱的橡皮管的一端装一橄榄头，紧塞于被检查者的一侧鼻孔。令被检查者做捏鼻鼓气动作，同时用听诊管（听诊器）进行听诊。此时咽鼓管的吹张力可以通过水银柱测定。当检查者听到咽鼓管通气音时，记录水银柱高度，此即为咽鼓管的通气度。正常咽鼓管的通气度在 4 kPa（30 mmHg）以下，超过此值，通常为咽鼓管通气功能不良或较差。

4. 低压低氧舱检查法　在低压低氧舱内，以 15～20 m/s 的速度上升至 3 km 高度，停留数分钟，然后以 15 m/s 的速度下降。

注意事项：①上升前询问被检查者的主观感觉，检查被检查者鼻、咽部情况及咽鼓管通气功能。凡患有上呼吸道急性或亚急性炎症时，暂不做此项检查；清理被检者外耳道耵聍，检查被检查者鼓膜情况，以便与上升后对照。②上升和下降过程中，要密切观察被检查者情况，并随时询问被检查者主观感觉，督促其不定时地做咽鼓管通气动作。③下降后询问被检查者有无耳痛、耳堵塞感及听力减退情况，并检查鼓膜变化。

耳气压功能结果判定如下。

0度（耳气压功能良好）：在整个下降过程中，无耳痛、耳鸣、耳堵塞、听力减退等主诉，检查鼓膜无充血。

Ⅰ度（耳气压功能尚可）：在下降过程中，无不适主诉，仅在下降后检查鼓膜沿锤骨柄及松弛部有轻度充血。

Ⅱ度（耳气压功能较差）：在下降过程中，主诉有耳痛、耳鸣、耳堵塞及听力减退，下降后检查鼓膜松弛部、紧张部和边缘部有充血。

Ⅲ度（耳气压功能不良）：在下降过程中，主诉有耳剧痛，下降后检查鼓膜呈弥漫性充血，甚至中耳内有渗出或出血。

二、鼻窦的气压性损伤

鼻窦是与鼻腔相通的骨内含气空腔，左右对称，共有4对，包括额窦、上颌窦、筛窦及蝶窦各1对。鼻窦向鼻腔的开口处于正常情况时，无论在上升减压或下降增压过程中，空气都可以自由出入，保持窦腔内、外气压平衡。如果窦口黏膜发生肿胀或有赘生物存在而造成阻塞时，外界气压改变即引起窦腔内、外压力的不平衡。上升减压时，窦腔内形成正压，一般能冲开阻塞，使部分气体逸出，故较少发生严重影响。下降增压时，窦腔内形成负压，窦口附近的阻塞物被吸附于窦口，发生阻塞，阻塞物呈活瓣作用，外界气体不能进入窦腔内，即可发生窦腔内黏膜充血、肿胀、液体渗出、黏膜剥离，甚至出血等变化，并产生疼痛的感觉，这种气压性损伤称为"航空性鼻窦炎"。它主要发生于额窦，因为额窦不仅含气量大，而且与鼻腔相通的鼻额管细而长；上颌窦的含气量虽比额窦还多，但向鼻腔的开口比前者大，且呈短管型，故较少发生损伤；筛窦含气量既少，开口又多，很少损伤；蝶窦开口最大，故不发生损伤。同航空性中耳炎相比较，航空性鼻窦炎的发生率要低得多。

三、牙痛

牙痛主要发生在低压低氧舱上升减压过程中，下降增压时发生者少。一般是牙齿充填过，或牙齿内残留小空腔时才发生。可能是在修补处的下面或龋齿中有小气泡。填充不严密时，气压改变也可能使混有气泡的唾液进入其中。

发生牙痛的高度范围为 1.5～12 km，多发生在 6～8 km。牙髓有急性炎症者，2 km 就可能发生牙痛，多为尖锐性刺痛，持续时间短，短至数秒，下降后疼痛消失。有慢性炎症者，多在较高的高度发生，牙痛性质为钝痛，持续时间较长，在接近地面时疼痛大多消失，如果出舱疼痛仍持续一段时间，多为"死髓牙"。牙髓炎是引起疼痛的主要原因，但下列疾病也可以引起症状：新近深龋充填的深龋盖髓术后立即上舱，充填物下无基底或与洞壁间不密合，髓腔充填不良，根尖周围炎，重型牙本质过敏，外伤性牙折后牙本质暴露，牙周炎，冠周炎，干髓术等。如果在舱内发生牙痛症状，出舱后根据病史，很容易确定疼痛原因。

参考文献

[1] 陈宇明. 航空性中耳炎的发病机理及预防措施 [J]. 航空航天医学杂志，2016（9）：47-48.

[2] 贾司光. 航空航天缺氧与供氧：生理学与防护装备 [M]. 北京：人民军医出版社，1989.

[3] 徐先荣，张扬，马晓莉，等. 飞行人员耳气压伤的诊治和医学鉴定 [J]. 中华航空航天医学杂志，2010，21（3）：209-214.

[4] 张汝果. 航天中压力应急防护措施的发展 [J]. 航天医学与医学工程，1995（3）：163-166.

[5] 中华人民共和国卫生部. 职业性航空病诊断标准：GBZ 93—2010 [S]. 北京：人民卫生出版社，2010.

[6] Papadopoulou V, Eckersley R J, Balestra C, et al. A critical review of physiological bubble formation in hyperbaric decompression [J]. Adv Colloid Interface Sci, 2013, 191-192（1）：22-30.

3

第三章　缺氧对人体的影响

氧是人体进行新陈代谢不可缺少的物质，是人体生命活动的要素之一，参与机体的生物氧化过程。正常成人静息状态下，耗氧量约为 250 mL/min，剧烈运动时可增加 8～9 倍，正常成人每日需氧量约为 500 L。而人体内储氧量极少，仅有 1 500 mL，只能依赖外界环境供给氧，并通过血液、呼吸、循环系统不间断完成氧的摄取和运输，以确保细胞生物氧化的需要。一旦机体组织得不到正常的氧气供给，或者不能充分利用氧进行代谢活动，导致组织代谢、功能和形态结构异常变化，这一病理过程称为缺氧（hypoxia）。机体数分钟内就可能死于缺氧。在许多疾病的发病机制中，都涉及缺氧问题，这是医学中最具有普遍意义的共性问题。如心功能不全、呼吸功能不全、脑功能不全、休克、贫血、中毒及一些疾病等都可能引起缺氧，另外高原活动、高空飞行、潜水、密闭舱及坑道作业等也有可能引起缺氧，是许多疾病导致死亡的重要原因。

第一节　氧气的生理作用和常见的血氧指标

人体的生命活动依赖于机体细胞的氧化代谢，氧化代谢所消耗的氧必须随时通过呼吸获得，机体不断进行新陈代谢活动时，所需要的能量和维持体温的热能，都来自体内营养物质的氧化。而氧化所需的氧气是通过呼吸运动和血液循环从外界空气中摄取的，同时组织产生的二氧化碳必须通过血液循环和呼吸运动排出体外，从而确保机体新陈代谢过程的正常进行。若人体所处的气压环境发生改变，如暴露到高空，呼吸和血液循环生理发生变化，机体的新陈代谢就会受到影响，严重时机体内环境的相对稳定受到破坏，器官的功能将发生障碍，生命就会受到威胁。故无论外界气压环境发生何种变化，保证呼吸循环生理活动摄取氧气是维持生命活动所必需的和最基本的生理活动之一。

一、氧气的生理作用

（一）氧气在细胞代谢中的作用

人体的能量代谢主要是在细胞内的线粒体中进行的。人体摄入的三大类营养物质（糖、脂质和蛋白质）转化成能量，必须以得到充分的氧气供应为前提，人体各个组织器官才能得到能量供给，确保生命运动的延续。营养物质在分解代谢的过程中，必须通过氧化作用才能产生和释放出化学能。其中 50% 左右的能量用来维持体温，同时以热能的形式不断向体外散失；其余约 46% 的化学能则优先形成高能磷酸基团，与腺苷二磷酸（ADP）结合生成高能化合物腺苷三磷酸（ATP），将能量储备起来。ATP 这种储能物质作为载体传输能量，再通过分解 ATP 而得到利用，供给人体各个部位细胞生命活动所需要的能量，氧对于 ATP 的生成起着关键作用。足够的氧是分解代谢实现的前提条件，各种营养物质必须同氧结合，才能完成生理氧化过程，产生能量，并且把生成的化学能充分转化成为 ATP；给人体的各个部分提供充足的"供给装置"，为人的生命活动提供不间断的能源。因此，氧是人体进行新陈代谢不可缺少的物质，是人体生命活动的第一需要。

如果人体处于缺氧的特殊环境，或者虽然环境中氧气充足，但由于自身的生理、病理原因而导致不能摄入足够量的氧气，人体就会缺氧。人体处于缺氧的状况下，细胞能量代谢减慢，亦可能引起在细胞能量代谢过程中起催化作用的生物酶活性受到抑制，使产生能量的效率降低，ATP 的生成不足，能量供应降低。同时，缺氧可引起人体发生代谢性酸中毒，是由于代谢过程中产生的大量酸性物质蓄积。缺氧还可能引起代谢紊乱，影响细胞内、外电解质和人体内部酸碱度的平衡，反映出来的现象则是不同程度的缺氧症状。

（二）氧气对大脑的作用

大脑是支配人体的中枢，在机体功能调节中起主导作用，充足的氧气是保证 145 亿个脑细胞正常进行活动的必要条件。肌肉的耗氧量在活动时和静止时是有很大差别的，而大脑却始终需要大量的氧气，在机体的所有器官中，大脑对低氧最敏感，氧耗也最高。应大脑的氧气需求，有大量的血液在大脑中循环，每天约 2 000 L，接近人体总血液量的 400 倍。若机体处于缺氧状态，当动脉血氧饱和度降低至 75%～85% 时，即产生判断错误与意识障碍等症状；而降至 51%～65% 时，即可引起昏迷；若氧气供应中断，大脑的活动则立即停止，持续 30 s 时，大脑细胞开始被破坏，持续 2～3 min 时，大脑细胞将发生不可逆损伤的危险。

（三）氧气对肺和心的作用

肺内约有 7 亿个肺泡，使肺循环面积增大。在肺泡内，体外的氧气输送到血液中，代谢产生的二氧化碳从血液中排出到肺泡，再经气管排出到体外。如果肺缺氧，就会影响氧气进入血液，排出二氧化碳发生障碍，发生呼吸性酸中毒。

心脏的泵作用将血液运输到全身。心脏缺氧，就无法将氧及营养物质运往体内的各个组织器官，也影响代谢废物的排出，使机体的缺氧状态更加严重。

二、常见的血氧指标

临床上通过血气分析测定血氧指标，反映组织的供氧和耗氧情况。

$$组织的供氧量 = 动脉血氧含量 \times 组织血流量$$

$$组织耗氧量 = （动脉血氧含量 - 静脉血氧含量）\times 组织血流量$$

常用的血氧指标有氧分压、血氧容量、血氧含量和血红蛋白氧饱和度等。

（一）氧分压

氧分压（partial pressure of oxygen，PO_2）为物理溶解于血液中的氧所产生的张力，又称血氧张力。动脉血氧分压（PaO_2）正常约为 100 mmHg，其高低主要取决于吸入气的氧分压和肺的通气与弥散功能。静脉血氧分压（PvO_2）正常约为 40 mmHg，其变化反映组织、细胞对氧的摄取和利用状态。

（二）血氧容量

血氧容量（blood oxygen capacity，CO_2max）是指在氧分压为 150 mmHg、温度为 38℃时，100 mL 血液中的血红蛋白（hemoglobin，Hb）所能结合的氧量，即 Hb 充分氧合后的最大携氧量，取决于血液中 Hb 的含量及其与 O_2 结合的能力。1 g Hb 充分氧合时可结合 1.34 mL 氧，正常成人 Hb 为 150 g/L，血氧容量为 200 mL/L。

（三）血氧含量

血氧含量（blood oxygen content，CO_2）为 100 mL 血液中实际含有的氧量，包括物理溶解的和化学结合的氧量，正常时物理溶解的氧量仅为 3 mL/L，可忽略不计。血氧含量取决于氧分压和血氧容量。正常动脉血氧含量（CaO_2）约为 190 mL/L，静脉血氧含量（CvO_2）约为 140 mL/L。动 – 静脉血氧含量差（CaO_2-CvO_2）反映组织的摄氧能力，正常时约为 50 mL/L。

（四）血红蛋白氧饱和度

血红蛋白氧饱和度（hemoglobin oxygen saturation，SO_2）简称血氧饱和度，是指血液中氧合 Hb 占总 Hb 的百分数，约等于血氧含量与血氧容量的比值。正常动脉血氧饱和度（SaO_2）为 95% ~ 98%，静脉血氧饱和度（SvO_2）为 70% ~ 75%。SO_2 主要取决于 PO_2，两者之间的关系曲线呈 S 形，称为氧合血红蛋白解离曲线，简称氧解离曲线（图 3-1）。

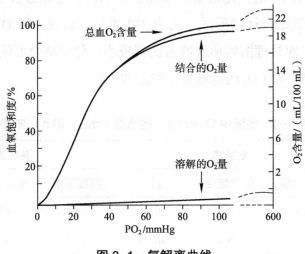

图 3-1　氧解离曲线

此外，SO_2 还与血液 pH、温度、CO_2 分压，以及红细胞内 2,3- 二磷酸甘油酸（2,3-diphosphoglyceric acid，2,3-DPG）的含量有关。血液 pH 下降、温度升高、CO_2 分压升高或红细胞内 2,3-DPG 增多时，Hb 与氧的亲和力降低，氧解离曲线右移；反之，氧解离曲线左移，表示 Hb 与氧的亲和力增高。Hb 与氧的亲和力可用 P50 来反映，它是指血红蛋白氧饱和度为 50% 时的氧分压，正常为 26 ~ 27 mmHg。P50 增大反映 Hb 与氧的亲和力降低，反之 Hb 与氧的亲和力增高。

第二节　气体在血液中的运输

血液是运输 O_2 和 CO_2 的媒介。经肺换气摄取的 O_2 通过血液循环运输到机体各器官和组织，供细胞利用；细胞代谢产生的 CO_2 经组织换气进入血液循环，运输到肺排出体外。

O_2 和 CO_2 均以物理溶解和化学结合两种形式进行运输。根据亨利定律，温度为 38℃时，1 个大气压下，O_2 和 CO_2 在 100 mL 血液中溶解的量分别为 2.36 mL 和 48 mL。按此计算，动脉血 PO_2 为 100 mmHg，每 100 mL 血液含溶解的 O_2 0.31 mL；静脉血 PCO_2 为 46 mmHg，每 100 mL 血液含溶解的 CO_2 2.9 mL。安静时，正常成年人心输出量约为 5 L/min，因此，物理溶解于动脉血液中的 O_2 流量约为 15 mL/min，物理溶解于静脉血液中的 CO_2 流量约为 145 mL/min。然而，即使在安静状态下，机体耗 O_2 量约为 250 mL/min，CO_2 生成量约为 200 mL/min；运动时机体的耗 O_2 量和 CO_2 生成量将成倍增加。显然，单靠物理溶解的形式来运输 O_2 和 CO_2 远不能适应机体的代谢需要。实际上，机体在进化过程中形成了非常有效的 O_2 和 CO_2 的化学结合运输形式。由表 3-1 可见，血液中的 O_2 和 CO_2 主要以化学结合形式存在，而物理溶解形式所占比例极小；化学结合可使血液对 O_2 的运输量增加 65～140 倍，对 CO_2 的运输量增加近 20 倍。

表 3-1　血液中 O_2 和 CO_2 的含量（mL/100 mL 血液）

	动脉血			混合静脉血		
	物理溶解	化学结合	合计	物理溶解	化学结合	合计
O_2	0.31	20.0	20.31	0.11	15.2	15.31
CO_2	2.53	46.4	48.93	2.91	50.0	52.91

虽然血液中以物理溶解形式存在的 O_2 和 CO_2 很少，但很重要，起着"桥梁"作用。在肺换气或组织换气时，进入血液的 O_2 或 CO_2 都是先溶解在血浆中，提高其分压，再发生化学结合；O_2 或 CO_2 从血液释放时，也是溶解的先逸出，降低各自的分压，化学结合的 O_2 或 CO_2 再解离出来，溶解到血液中。物理溶解和化学结合两者之间处于动态平衡。下面主要讨论 O_2 和 CO_2 化学结合形式的运输。

一、氧气在人体内运输

血液中所含的 O_2 仅约 1.5% 以物理溶解的形式运输，其余 98.5% 则以化学结合的形式运输。红细胞内的血红蛋白是有效的运输 O_2 的工具，也参与 CO_2 的运输。

（一）Hb 的分子结构

1 个 Hb 分子由 1 个珠蛋白和 4 个血红素（又称亚铁原卟啉）组成（图 3-2）。每个血红素又由 4 个吡咯基组成一个环，其中心为一个 Fe^{2+}。珠蛋白有 4 条多肽链，每条多肽链与 1 个血红素相连接，构成 Hb 的单体或亚单位。Hb 是由 4 个单体构成的四聚体。不同 Hb 分子珠蛋白多肽链的组成有所不同。成年人 Hb（HbA）由 2 条 α 链和 2 条 β 链组成，为 $\alpha_2\beta_2$ 结构。

胎儿 Hb（HbF）由 2 条 α 链和 2 条 γ 链组成，为 $\alpha_2\gamma_2$ 结构。每条 α 链含 141

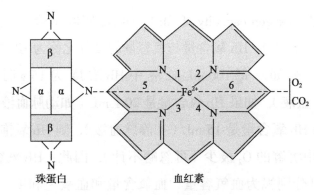

图 3-2 血红蛋白组成示意图

个氨基酸残基，每条 β 链或 γ 链含 146 个氨基酸残基，HbF 的 γ 链与 HbA 的 β 链的区别在于其中有 37 个氨基酸残基不一样。出生后不久，HbF 即为 HbA 所取代。血红素基团中心的 Fe^{2+} 可与 O_2 结合，使 Hb 成为氧合血红蛋白（oxyhemoglobin，HbO_2），没有结合 O_2 的 Hb 称为去氧血红蛋白（deoxyhemoglobin，通常简写为 Hb，因此 Hb 既可以是血红蛋白的一般称谓，也可以指去氧血红蛋白）。

Hb 的 4 个亚单位之间和亚单位内部由离子键连接。Hb 与 O_2 的结合或解离将影响离子键的形成或断裂，使 Hb 发生变构效应，并使之与 O_2 的亲和力也随之而发生变化，这是 Hb 氧解离曲线呈 S 形和波尔效应的基础。

（二）Hb 与 O_2 结合的特征

1. 迅速而可逆　Hb 与 O_2 的结合反应快，不到 0.01 s，可逆，解离也很快。结合和解离不需要酶的催化，但可受 PO_2 的影响。当血液流经 PO_2 高的肺部时，Hb 与 O_2 结合，形成 HbO_2；当血液流经 PO_2 低的组织时，HbO_2 迅速解离，释出 O_2，成为 Hb，可用下式表示：

$$Hb + O_2 \underset{PO_2 低（组织）}{\overset{PO_2 高（肺部）}{\rightleftharpoons}} HbO_2$$

2. 是氧合而非氧化　Fe^{2+} 与 O_2 结合后仍是二价铁，因此，两者结合的反应是氧合（oxygenation），而不是氧化（oxidation），结合 O_2 的 Hb 称为氧合 Hb，而不是氧化 Hb；未结合 O_2 的 Hb 相应地称为去氧 Hb，而不是还原 Hb。

3. Hb 结合 O_2 的量　1 分子 Hb 可结合 4 分子 O_2，成年人 Hb 的分子量为64 458，因此在 100% O_2 饱和状态下，1 g Hb 可结合的最大 O_2 量为 1.39 mL。由于正常时红细胞含有少量不能结合 O_2 的高铁 Hb，所以 1 g Hb 实际结合的 O_2 量低于 1.39 mL，通常按 1.34 mL 计算。在 100 mL 血液中，Hb 所能结合的最大 O_2

量称为 Hb 氧容量（oxygen capacity of Hb），而 Hb 实际结合的 O_2 量称为 Hb 氧含量（oxygen content of Hb）。Hb 氧含量与氧容量的百分比称为 Hb 氧饱和度（oxygen saturation of Hb）。例如，每 100 mL 血液中 Hb 浓度为 15 g 时，Hb 氧容量为 20.1 mL/100 mL（血液），如果 Hb 氧含量是 20.1 mL（如动脉血液），则 Hb 氧饱和度为 100%；如果 Hb 氧含量是 15 mL（如静脉血液），则 Hb 氧饱和度约 75%。通常情况下，血浆中溶解的 O_2 极少（可忽略不计），因此，Hb 氧容量、Hb 氧含量和 Hb 氧饱和度可分别视为血氧容量、血氧含量和血氧饱和度。HbO_2 呈鲜红色，Hb 呈紫蓝色。当血液中 Hb 含量达 5 g/100 mL（血液）以上时，皮肤、黏膜呈青紫色，这种现象称为发绀（cyanosis）。出现发绀常表示机体缺氧，但也有例外，如红细胞增多时（如高原性红细胞增多症），Hb 含量可达 5 g/100 mL（血液）以上，机体可出现发绀但并不一定缺氧；相反，严重贫血或 CO 中毒时，机体有缺氧但并不出现发绀。

4. 氧解离曲线呈 S 形（sigmoid shape）　与 Hb 的变构效应有关。Hb 有两种构型：Hb 为紧密型（tense form，T 型），HbO_2 为疏松型（relaxed form，R 型），两者相互转换。据测算，在红细胞一生中，Hb 要发生 108 次这样的构型转换。当 Hb 与 O_2 结合时，离子键逐步断裂，其分子构型逐渐由 T 型变为 R 型，对 O_2 的亲和力逐渐增加；反之，当 HbO_2 释放 O_2 时，Hb 分子逐渐由 R 型变为 T 型，对 O_2 的亲和力逐渐降低。R 型 Hb 对 O_2 的亲和力为 T 型的 500 倍。无论在结合 O_2 还是释放 O_2 的过程中，Hb 的 4 个亚单位彼此之间有协同效应，即 1 个亚单位与 O_2 结合后，由于变构效应，其他亚单位更易与 O_2 结合；反之，当 HbO_2 的 1 个亚单位释出 O_2 后，其他亚单位更易释放 O_2。因此，氧解离曲线呈 S 形。

（三）氧解离曲线

氧解离曲线（oxygen dissociation curve）是表示血液 PO_2 与 Hb 氧饱和度关系的曲线，也称为氧合血红蛋白解离曲线（oxyhemoglobin dissociation curve）。该曲线既表示在不同 PO_2 下 O_2 与 Hb 的解离情况，也反映在不同 PO_2 时 O_2 与 Hb 的结合情况。根据氧解离曲线的 S 形变化趋势和功能意义，可人为地将曲线分为三段。

1. 氧解离曲线的上段（右段）　相当于 PO_2 在 60~100 mmHg 时的 Hb 氧饱和度，其特点是比较平坦，表明在此范围内 PO_2 对 Hb 氧饱和度或血氧含量影响不大。例如，PO_2 为 100 mmHg（相当于动脉血 PO_2 时），Hb 氧饱和度为 97.4%，血氧含量约为 19.4 mL/100 mL（血液）。如果将吸入气的 PO_2 提高到 150 mmHg，即提高了 50%，而 Hb 氧饱和度最多为 100%，只增加了 2.6%，物理溶解的 O_2 量也只增加约 0.5 mL/100 mL（血液），此时血氧含量约为 20.0 mL/100 mL（血液）。这就是为何 VA/Q 不匹配时肺泡通气量的增加几乎无助于 O_2 摄取的道理。反之，当 PO_2 从 100 mmHg 下降到 70 mmHg 时，Hb 氧饱和度为 94%，也仅降低 3.4%，血氧含量下降并不多。即使在高原、高空或在某些肺通气或肺换气功能障碍性疾病患者中，吸入气 PO_2 有所下降，只要动脉血 PO_2 不低于 60 mmHg，Hb 氧饱和度仍能维持在 90% 以上，血液仍可携带足够量的 O_2，不致引起明显的低氧血症。

2. 氧解离曲线的中段　相当于 PO_2 在 40~60 mmHg 时的 Hb 氧饱和度，其特点是曲线较陡。PO_2 为 40 mmHg 时，相当于混合静脉血的 PO_2，Hb 氧饱和度约 75%，血氧含量约 14.4 mL/100 mL（血液），即每 100 mL 血液流经组织时释放 5 mL O_2。血液流经组织时释放出的 O_2 容积占动脉血氧含量的百分数称为氧利用系数（oxygen utilization coefficient）。安静时，心输出量约 5 L，每分钟耗氧量约 250 mL，因此氧利用系数为 25% 左右。中段曲线可以反映安静状态下机体的供 O_2 情况。

3. 氧解离曲线的下段（左段）　相当于 PO_2 在 15~40 mmHg 时的 Hb 氧饱和度，其特点是最为陡直。在组织活动增强（如运动）时，组织中的 PO_2 可降至 15 mmHg，HbO_2 进一步解离，Hb 氧饱和度降至更低水平，血氧含量仅约 4.4 mL/100 mL（血液）。这样，每 100 mL 血液能供给组织 15 mL O_2（包括曲线中段部分的释 O_2 在内），氧利用系数可提高到 75%，是安静时的 3 倍。可见，下段曲线可反映血液供 O_2 的储备能力。

（四）影响 O_2 运输的因素

O_2 的运输障碍可导致机体缺氧。许多因素均可影响 O_2 的运输，即影响 Hb 与 O_2 的结合或解离。氧解离曲线的位置发生偏移则意味着 Hb 对 O_2 的亲和力发生了变化。通常用 P50 来表示 Hb 对 O_2 的亲和力。P50 是使 Hb 氧饱和度达 50% 时的 PO_2，正常约为 26.5 mmHg（图 3-3）。

P50 增大时氧解离曲线右移，表示 Hb 对 O_2 的亲和力降低，需要更高的 PO_2 才能使 Hb 氧饱和度达到 50%；P50

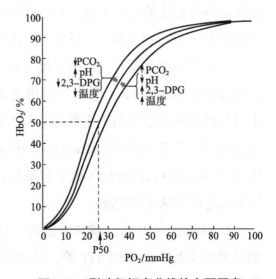

图 3-3　影响氧解离曲线的主要因素

降低时氧解离曲线左移，则表示 Hb 对 O_2 的亲和力增加，达 50% Hb 氧饱和度所需要的 PO_2 降低。pH、PCO_2、温度、有机磷化合物、CO、Hb 的质和量等因素均可影响血液对 O_2 的运输。

1. 血液 pH 和 PCO_2 pH 降低或 PCO_2 升高时，Hb 对 O_2 的亲和力降低，P50 增大，曲线右移；而 pH 升高或 PCO_2 降低时，则 Hb 对 O_2 的亲和力增加，P50 降低，曲线左移。血液 pH 和 PCO_2 对 Hb 与 O_2 的亲和力的这种影响称为波尔效应（Bohr effect）。波尔效应主要与 pH 改变时 Hb 的构象发生变化有关。pH 增加时，H^+ 与 Hb 多肽链某些氨基酸残基结合，促进离子键形成，使 Hb 分子向 T 型转变，对 O_2 的亲和力降低；而 pH 降低时，则促使离子键断裂并释放出 H^+，使 Hb 向 R 型转变，对 O_2 的亲和力增加。当 PCO_2 发生改变时，可通过 pH 的改变产生间接效应；同时，CO_2 可与 Hb 结合而直接降低 Hb 与 O_2 的亲和力，不过这种作用很小。

波尔效应具有重要的生理意义，它既可促进肺泡毛细血管血液摄取 O_2，又有利于组织毛细血管血液释放 O_2。当血液流经肺部时，CO_2 从血液向肺泡净扩散，血液 PCO_2 随之下降，H^+ 浓度也降低，两者均使 Hb 对 O_2 的亲和力增大，促进对 O_2 的结合，使血氧含量增加。当血液流经组织时，CO_2 从组织向血液净扩散，血液 PCO_2 和 H^+ 浓度随之升高，Hb 对 O_2 的亲和力降低，促进 HbO_2 解离，从而为组织提供 O_2。

2. 温度   温度升高时，Hb 对 O_2 的亲和力降低，P50 增大，氧解离曲线右移，促进 O_2 的释放；而温度降低时，曲线左移，不利于 O_2 的释放而有利于结合。温度对氧解离曲线的影响可能与 H^+ 的活度变化有关。温度升高时，H^+ 的活度增加，可降低 Hb 对 O_2 的亲和力；反之，则增加其亲和力。

体温升高或运动时，组织温度升高，且 CO_2 和酸性代谢产物也增加，这些因素都有利于 HbO_2 解离，使组织获得更多 O_2，以适应细胞代谢增加的需要。临床上进行低温麻醉手术是因为低温有利于降低组织的耗氧量。然而，当组织温度降至 20℃ 时，即使 PCO_2 为 40 mmHg，Hb 氧饱和度仍能维持在 90% 以上，此时可因 HbO_2 对 O_2 的释放减少而导致组织缺氧，而血液却因氧含量较高而呈红色，因此容易疏忽组织缺氧的情况。

3. 红细胞内 2,3-二磷酸甘油酸   红细胞内含有丰富的磷酸盐，如 2,3-二磷酸甘油酸（2,3-DPG）、ATP 等，其中 2,3-DPG 在调节 Hb 与 O_2 的亲和力中具有重要作用。2,3-DPG 浓度升高时，Hb 对 O_2 的亲和力降低，P50 增大，氧解离曲线右移；反之，曲线左移。这种作用可能是由于 2,3-DPG 与 Hb 的 β 链形成离子键，促使 Hb 向 T 型转变的缘故。此外，红细胞膜对 2,3-DPG 的通透性较低，当红细胞内 2,3-DPG 生成增多时，还可提高细胞内 H^+ 浓度，进而通过波尔效应降低 Hb 对 O_2 的亲和力。

2,3-DPG 是红细胞无氧糖酵解的产物。在慢性缺氧、贫血、高山低氧等情况下，糖酵解加强，红细胞内 2,3-DPG 增加，氧解离曲线右移，有利于 HbO_2 释放较多的 O_2，改善组织的缺氧状态；但也会降低 Hb 在肺部对 O_2 的结合。在血库中用抗凝剂枸橼酸 – 葡萄糖液保存 3 周后的血液，糖酵解停止，红细胞内 2,3-DPG 浓度降低，使 Hb 与 O_2 的亲和力增加，O_2 不容易解离而影响对组织供氧。如果用枸橼酸盐 – 磷酸盐 – 葡萄糖液作抗凝剂，则这种影响要小些。因此，临床上在给患者输入大量经过长时间储存的血液时，医护人员应考虑到这种血液对组织释 O_2 较少的影响。

4. CO 可与 Hb 结合形成碳氧血红蛋白（carboxyhemoglobin，HbCO），占据 Hb 分子中 O_2 的结合位点，严重影响血液对 O_2 的运输能力。CO 与 Hb 的亲和力约为 O_2 的 250 倍，这意味着在极低的 PCO 下，CO 即可从 HbO_2 中取代 O_2。肺泡 PCO 为 0.4 mmHg（肺泡 PO_2 100 mmHg 的 1/250）时，CO 即可与 O_2 等量竞争，使 Hb 与 O_2 的结合量减半；肺泡 PCO 为 0.6 mmHg（空气中 CO 浓度低于 1/1 000）即可致人死亡。另一方面，当 CO 与 Hb 分子中 1 个血红素结合后，将增加其余 3 个血红素对 O_2 的亲和力，使氧解离曲线左移，妨碍 O_2 的解离，所以 CO 中毒既可妨碍 Hb 与 O_2 的结合，又可妨碍 Hb 与 O_2 的解离，危害极大。

Hb 与 CO 结合后呈樱桃色，因而 CO 中毒时，机体虽有严重缺氧却不出现发绀，在临床实际工作中必须高度关注。此外，CO 中毒时，血液 PO_2 可能是正常的，因而机体虽然缺氧，但不会刺激呼吸运动而增加肺通气，相反却可能抑制呼吸中枢，减少肺通气，进一步加重缺氧。因此，在给 CO 中毒患者吸 O_2 时，常同时加入 5% CO_2，以刺激呼吸运动。

5. 其他因素 Hb 与 O_2 的结合还受其自身性质和含量的影响。如果 Hb 分子中的 Fe^{2+} 被氧化成 Fe^{3+}，Hb 便失去运 O_2 能力。胎儿 Hb 与 O_2 的亲和力较高，有助于胎儿血液流经胎盘时从母体摄取 O_2。异常 Hb 运输 O_2 的功能则较低，Hb 含量减少（如贫血）也会降低血液对 O_2 的运输能力。

二、二氧化碳在人体内运输

（一）CO_2 的运输形式

血液中所含的 CO_2 约 5% 以物理溶解的形式运输，其余 95% 则以化学结合的形式运输。化学结合的形式主要是碳酸氢盐（bicarbonate）和氨基甲酰血红蛋白（carbaminohemoglobin），前者约占 88%，后者约占 7%。

1. 碳酸氢盐　在血浆或红细胞内，溶解的 CO_2 与水结合生成 H_2CO_3，H_2CO_3解离为 HCO_3^- 和 H^+。该反应是可逆的，其方向取决于 PCO_2 的高低，在组织，反应向右进行；在肺部，则反应向左进行。

在组织，经组织换气扩散入血的 CO_2 首先溶解于血浆，其中小部分 CO_2 经上述过程生成 HCO_3^- 和 H^+，HCO_3^- 主要与血浆中的 Na^+ 结合，以 $NaHCO_3$ 的形式对 CO_2 进行运输，而 H^+ 则被血浆缓冲系统所缓冲，血液 pH 无明显变化。在血浆中，这一反应过程较缓慢，需要数分钟才能达到平衡。红细胞内含有较高浓度的碳酸酐酶（carbonic anhydrase），在其催化下，CO_2 与 H_2O 结合生成 H_2CO_3 的反应极为迅速，其反应速率可增加 5 000 倍，不到 1 s 即达平衡。因此，溶解于血浆中的绝大部分 CO_2 扩散入红细胞内。进入红细胞内的 CO_2 经上述反应生成 HCO_3^-和 H^+，H^+ 主要与 Hb 结合而被缓冲；小部分 HCO_3^- 与 K^+ 结合，以 $KHCO_3$ 的形式对 CO_2 进行运输，大部分 HCO_3^- 顺浓度梯度通过红细胞膜扩散进入血浆，红细胞内负离子因此而减少。因为红细胞膜不允许正离子自由通过，而允许小的负离子通过，所以 Cl^- 便由血浆扩散进入红细胞，这一现象称为 Cl^- 转移（chloride shift）（图 3–4）。

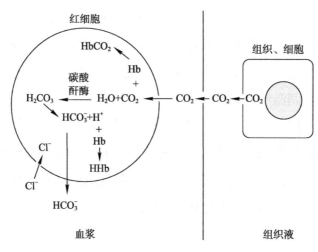

图 3–4　CO_2 在血液中的运输示意图

红细胞膜中有特异的 $HCO_3^- - Cl^-$ 交换体，有助于这两种离子的跨膜交换。这样，HCO_3^- 不会在红细胞内堆积，也有利于上述反应的进行和 CO_2 的运输。随着 CO_2 的进入，红细胞内的渗透压由于 HCO_3^- 或 Cl^- 的增多而升高，H_2O 便进入红细胞以保持其渗透压平衡，使静脉血中的红细胞轻度"肿胀"。同时，因为动脉血中的一部分液体经淋巴而不是经静脉回流，所以静脉血的血细胞比容要比动脉血的血细胞比容高约 3%。

在肺部，上述反应向相反方向进行。因为肺泡气 PCO_2 比静脉血低，所以血浆中溶解的 CO_2 扩散入肺泡，而血浆中的 $NaHCO_3$ 则不断产生 CO_2，溶解于血浆中。红细胞内的 $KHCO_3$ 解离为 HCO_3^- 与 H^+，进而生成 H_2CO_3，后者又经碳酸酐酶的作用而加速分解为 CO_2 和 H_2O，CO_2 从红细胞扩散入血浆，而血浆中的 HCO_3^- 便进入红细胞以补充被消耗的 HCO_3^-，Cl^- 则扩散出红细胞。这样，以 $NaHCO_3$ 和 $KHCO_3$ 形式运输的 CO_2 便在肺部被释放出来。

由上述可见，碳酸酐酶在 CO_2 的运输中具有非常重要的意义，因此，在使用碳酸酐酶抑制剂（如乙酰唑胺）时，应注意可能会影响 CO_2 的运输。有动物实验资料表明，乙酰唑胺可使组织 PCO_2 由正常的 46 mmHg 升高到 80 mmHg。

2. 氨基甲酰血红蛋白　进入红细胞的一部分 CO_2 可与 Hb 的氨基结合，生成 $HbCO_2$（见图 3-4），这一反应无须酶的催化，而且迅速、可逆，影响这一反应的主要因素是氧合作用。HbO_2 与 CO_2 结合形成 $HbCO_2$ 的能力比 Hb 小。在组织中，部分 HbO_2 解离释出 O_2，变成 Hb，与 CO_2 结合成 $HbCO_2$。此外，Hb 的酸性比 HbO_2 弱，易与 H^+ 结合，也促进反应向右进行，并缓冲血液 pH 的变化。在肺部，HbO_2 生成增多，促使 $HbCO_2$ 解离，释放 CO_2 和 H^+，反应向左进行。氧合作用的调节具有重要意义，虽以 $HbCO_2$ 形式运输的 CO_2 仅占 CO_2 总运输量的 7% 左右，而在肺部排出的 CO_2 中却有 17.5% 是由 $HbCO_2$ 释出的。

此外，溶解在血浆中的 CO_2 也可与血浆蛋白的游离氨基结合，以 $HbCO_2$ 的形式运输，但其量极少。

（二）CO_2 解离曲线

CO_2 解离曲线（carbon dioxide dissociation curve）是表示血液中 CO_2 含量与 PCO_2 关系的曲线（图 3-5）。血液中 CO_2 含量随 PCO_2 的升高而增加。与氧解离曲线不同，CO_2 解离曲线接近线性而不呈 S 形，无饱和点，故 CO_2 解离曲线的纵坐标不用饱和度而用 CO_2 含量表示。

图 3-5 中的 A 点是静脉血的情况，即 PO_2 为 40 mmHg、PCO_2 为 45 mmHg 时

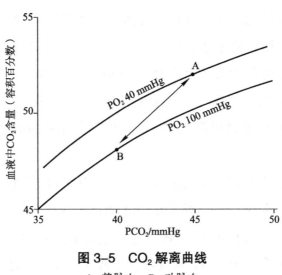

图 3-5 CO_2 解离曲线

A. 静脉血；B. 动脉血

血液中的 CO_2 含量，约为 52 mL/100 mL（血液）；B 点是动脉血的情况，即 PO_2 为 100 mmHg、PCO_2 为 40 mmHg 时血液中的 CO_2 含量，约为 48 mL/100 mL（血液）。可见，血液流经肺部时，每 100 mL 血液可释出 4 mL CO_2。CO_2 运输障碍可导致机体 CO_2 潴留，出现代谢性酸中毒。

（三）影响 CO_2 运输的因素

Hb 是否与 O_2 结合是影响 CO_2 运输的主要因素。Hb 与 O_2 结合可促进 CO_2 释放，而释放 O_2 之后的 Hb 则容易与 CO_2 结合，这一现象称为何尔登效应（Haldane effect）。在相同的 PCO_2 下，HbO_2 含量较多的动脉血所携带的 CO_2 比 Hb 含量较多的静脉血少。因为 HbO_2 酸性较强，而 Hb 酸性较弱，所以 Hb 容易与 CO_2 结合，生成 $HbCO_2$，也容易与 H^+ 结合，使 H_2CO_3 解离过程中产生的 H^+ 能被及时中和，有利于反应向右进行，提高血液运输 CO_2 的量。因此，在组织中，HbO_2 释出 O_2 而成为 Hb，可通过何尔登效应促进血液摄取并结合 CO_2；反之，在肺部，则因 Hb 与 O_2 结合，何尔登效应可促进 CO_2 释放。

由此可见，O_2 和 CO_2 的运输不是孤立进行的，而是相互影响的。CO_2 通过波尔效应影响 O_2 的运输，而 O_2 通过何尔登效应影响 CO_2 的运输。

第三节   缺氧的症状、分类和特点

大气中的氧通过呼吸进入肺泡，弥散入血，与血红蛋白结合，由血液循环输送到全身，被组织、细胞摄取利用。其中任一环节发生障碍都可引起缺氧。根据

原因和血氧变化的特点，缺氧一般分为四种类型：低张性缺氧、血液性缺氧、循环性缺氧和组织性缺氧。

一、低张性缺氧

以动脉血氧分压降低、血氧含量减少为基本特征的缺氧称为低张性缺氧（hypotonic hypoxia），又称乏氧性缺氧（hypoxic hypoxia）。

（一）发生原因

1. 吸入气氧分压过低　多发生于海拔 3 km 以上的高原、高空，或通风不良的坑道、矿井，或吸入低氧混合气体等。体内供氧的多少，首先取决于吸入气的氧分压。在高原，随着海拔的升高，大气压下降，吸入气氧分压也相应降低，致使肺泡气氧分压降低，弥散进入血液的氧减少，动脉血氧饱和度降低。

2. 外呼吸功能障碍　肺通气功能障碍可引起肺泡气氧分压降低；肺换气功能障碍时经肺泡弥散到血液中的氧减少，PaO_2 和血氧含量降低。外呼吸功能障碍引起的缺氧又称呼吸性缺氧（respiratory hypoxia）。

3. 静脉血分流入动脉　多见于存在右向左分流的先天性心脏病患者，如房间隔或室间隔缺损伴有肺动脉狭窄或肺动脉高压，或法洛四联症，由于右心的压力高于左心，未经氧合的静脉血掺入左心的动脉血中，导致 PaO_2 和血氧含量降低。

（二）血氧变化的特点及缺氧的机制

低张性缺氧发生的关键是进入血液的氧减少或动脉血被静脉血稀释，因此血氧变化的特点主要是：①进入血液的氧减少，PaO_2 降低。②血液中与血红蛋白结合的氧量减少，动脉血氧含量降低。③动脉血氧饱和度降低。氧分压在 60 mmHg 以上时，血氧饱和度的变化幅度较小；当 PaO_2 降至 60 mmHg 以下时，动脉血氧含量和血氧饱和度显著降低，引起组织、细胞缺氧。④血氧容量正常或增高。急性低张性缺氧时，因血红蛋白无明显变化，故血氧容量一般在正常范围；但慢性缺氧者，可因红细胞和血红蛋白代偿性增多而使血氧容量增加。⑤动 - 静脉血氧含量差降低或正常。驱使氧从血液向组织弥散的动力是两者之间的氧分压差。低张性缺氧时，氧分压降低，氧弥散的驱动力减小，血液向组织弥散的氧量减少，动 - 静脉血氧含量差降低。但在慢性缺氧时，由于组织利用氧的能力代偿性增强，则动 - 静脉血氧含量差的变化可不明显。

正常毛细血管血液中去氧血红蛋白浓度约为 20 g/L。低张性缺氧时，动、静脉血中的去氧血红蛋白浓度增高。当毛细血管血液中去氧血红蛋白浓度达到或超过 50 g/L 时，皮肤和黏膜呈青紫色，称为发绀。血红蛋白正常的人，发绀与缺氧同时存在，可根据发绀的程度大致估计缺氧的程度。当血红蛋白过多或过少时，发绀与缺氧常不一致。例如重度贫血患者，血红蛋白可降至 50 g/L 以下，出现严重缺氧，但不会出现发绀。红细胞增多者，血中去氧血红蛋白超过 50 g/L，出现发绀，但可无缺氧症状。

二、血液性缺氧

由于血红蛋白含量减少，或血红蛋白性质改变，使血液携氧能力降低或与血红蛋白结合的氧不易释出引起的缺氧，称为血液性缺氧（hemic hypoxia）。血液性缺氧时，血液中物理溶解的氧量不变，PaO_2 正常，故又称等张性缺氧（isotonic hypoxia）。

（一）发生原因

1. 血红蛋白含量减少　见于各种原因引起的严重贫血。

2. 一氧化碳中毒　一氧化碳（CO）可与血红蛋白结合形成碳氧血红蛋白（HbCO）。CO 与 Hb 的亲和力是 O_2 的 250 倍。当吸入气中含有 0.1% 的 CO 时，约有 50% 的血红蛋白与之结合形成 HbCO 而失去携氧能力。当 CO 与 Hb 分子中的某个血红素结合后，将增加其余 3 个血红素对氧的亲和力，使 Hb 结合的氧不易释放，氧解离曲线左移。同时，CO 还可抑制红细胞内糖酵解，使 2,3-DPG 生成减少，也可导致氧解离曲线左移，进一步加重组织缺氧。

3. 血红蛋白性质改变　血红素中的二价铁可在氧化剂的作用下氧化成三价铁，形成高铁血红蛋白（methemoglobin，$HbFe^{3+}OH$），导致高铁血红蛋白血症。生理情况下，机体的氧化 – 还原处于动态平衡状态，血液中不断形成极少量的高铁血红蛋白，又不断被血液中的 NADH、维生素 C、还原型谷胱甘肽等还原剂还原为二价铁。所以正常成人血液中的高铁血红蛋白含量不超过血红蛋白总量的 1% ~ 2%。当食用大量含硝酸盐的腌菜后，硝酸盐经肠道细菌作用还原为亚硝酸盐，吸收入血后，可使大量血红蛋白氧化成高铁血红蛋白。高铁血红蛋白中的 Fe^{3+} 因与羟基结合牢固，失去结合氧的能力，而且当血红蛋白分子中的 4 个 Fe^{2+} 中有一部分被氧化成 Fe^{3+} 后，剩余的 Fe^{2+} 虽能结合氧，但不易解离，导致氧解离曲线左移，使组织缺氧。过氯酸盐及磺胺衍生物等氧化剂也可引起高铁血红蛋白血症，若高铁血红蛋白含量超过血红蛋白总量的 10%，就可出现缺氧表现。若含量达到 30% ~ 50%，则发生严重缺氧，全身青紫、头痛、精神恍惚、意识不清甚至昏迷。

4. 血红蛋白与氧的亲和力异常增高　某些因素可增强血红蛋白与氧的亲和力，使氧解离曲线左移，氧不易释放，引起组织缺氧。如输入大量库存血，由于库存血中 2,3-DPG 含量低，可使氧解离曲线左移；输入大量碱性液体时，血液 pH 升高，可通过波尔效应增强 Hb 与 O_2 的亲和力；此外，已发现 30 多种血红蛋白病，由于肽链中发生氨基酸替代，使 Hb 与 O_2 的亲和力成倍增高，从而使组织缺氧。

（二）血氧变化的特点及缺氧的机制

血液性缺氧发生的关键是血红蛋白的质或量改变，因此血氧变化的特点主要是：①外呼吸功能正常，氧的摄入和弥散正常，PaO_2 正常。② SaO_2 主要取决于 PaO_2，PaO_2 正常，故 SaO_2 也正常。③贫血患者血红蛋白含量降低，或 CO 中毒患者血液中 HbCO 增多，均使血氧含量降低。④血红蛋白含量减少（贫血）或性质改变（CO 中毒、高铁血红蛋白形成），使血氧容量降低，由于血氧容量是在体外用氧充分饱和后测得的 Hb 最大携氧量，因此 CO 中毒时，在体外测得的血氧容量虽可正常，但此时患者血液中的部分 Hb 已与 CO 结合形成 HbCO，在体内 Hb 结合的 O_2 是减少的。⑤贫血患者，毛细血管中的平均氧分压较低，血管－组织间的氧分压差减小，氧向组织弥散的驱动力减小，动－静脉血氧含量差减小。Hb 与 O_2 亲和力增强引起的血液性缺氧较为特殊，其动脉血氧容量和血氧含量可不降低，但由于 Hb 与 O_2 的亲和力较大，结合的氧不易释出，其动－静脉血氧含量差小于正常。

贫血患者皮肤、黏膜呈苍白色；CO 中毒患者皮肤、黏膜呈樱桃红色；Hb 与 O_2 的亲和力异常增高时，皮肤、黏膜呈鲜红色；高铁血红蛋白血症患者，皮肤、黏膜呈棕褐色（咖啡色）或类似发绀的颜色，称为肠源性发绀（enterogenous cyanosis）。

三、循环性缺氧

循环性缺氧（circulatory hypoxia）是指因血流量减少使组织供氧量减少所引起的缺氧，又称为低血流性缺氧或低动力性缺氧（hypokinetic hypoxia）。其中，因动脉供血不足引起的缺氧称为缺血性缺氧（ischemic hypoxia），因静脉血回流障碍引起的缺氧称为淤血性缺氧（congestive hypoxia）。

（一）发生原因

1. 全身性循环障碍　见于心力衰竭和休克。心力衰竭患者心输出量减少，向全身各组织器官运送的氧量减少，同时又可因静脉血回流受阻，引起组织淤血和缺氧。全身性循环障碍引起的缺氧，易导致酸性代谢产物蓄积，发生酸中毒，使心肌收缩力进一步减弱，心输出量降低，加重组织缺氧，形成恶性循环。

2. 局部性循环障碍　见于动脉硬化、血管炎、血栓形成或栓塞、血管痉挛或受压等。因血管阻塞或受压，引起局部组织缺血或淤血性缺氧。

（二）血氧变化的特点及缺氧的机制

循环性缺氧发生的关键是组织血流量减少，使组织、细胞的供氧量减少引起缺氧，血氧变化的特点主要是：①外呼吸功能正常，氧的摄入和弥散正常，氧分压正常；②动脉血氧饱和度正常；③血红蛋白的质和量没有改变，血氧容量和血氧含量正常；④循环障碍使血液流经组织毛细血管的时间延长，细胞从单位容量血液中摄取的氧量增多，同时由于血流淤滞，二氧化碳含量增加，使氧解离曲线右移，释氧增加，动-静脉血氧含量差增大。缺血性缺氧时，组织器官苍白。淤血性缺氧时，组织器官呈暗红色。由于细胞从血液中摄取的氧量较多，毛细血管中去氧血红蛋白含量增加，易出现发绀。

当全身性循环障碍累及肺，如左心衰竭引起肺水肿或休克引起急性呼吸窘迫综合征时，则可因影响肺换气功能而合并乏氧性缺氧，此时，患者的动脉血氧分压、血氧含量和血氧饱和度可降低。

四、组织性缺氧

进入细胞内的氧80%~90%在线粒体内参与由呼吸链电子传递和氧化磷酸化相互偶联的生物氧化反应。在这一过程中，代谢物脱下的成对氢原子由呼吸链上多种酶和辅酶所催化的连锁反应逐步传递，最终与氧结合生成水，同时偶联ADP磷酸化生成ATP。在组织供氧正常的情况下，因组织、细胞利用氧的能力减弱而引起的缺氧，称为组织性缺氧（histogenous hypoxia）或氧利用障碍性缺氧（dysoxidative hypoxia）。

（一）发生原因

1. 药物对线粒体氧化磷酸化的抑制　氧化磷酸化是细胞生成ATP的主要途径，而线粒体是氧化磷酸化的主要场所。任何影响线粒体电子传递或氧化磷酸化的因素都可引起组织性缺氧。①呼吸链受抑制：许多药物或毒物可抑制或阻断呼吸链中某一部位的电子传递，使氧化磷酸化过程受阻，引起组织性缺氧，ATP生成减少。胍乙啶、鱼藤酮及异戊巴比妥等可与呼吸链酶复合体Ⅰ中的铁硫蛋白结合，从而阻断电子传递；抗霉素 A、苯乙双胍等可抑制呼吸链复合体Ⅲ中 Cyt b 与 Cyt c1 间的电子传递。氰化物中毒时，CN^- 与细胞色素 aa3 铁原子中的配位键结合，形成氰化高铁 Cyt aa3，使细胞色素氧化酶不能还原，失去传递电子的功能，呼吸链中断，生物氧化受阻；硫化氢可抑制 Cyt c 氧化酶，使电子不能传递给氧。砷化物如三氧化二砷（砒霜）、五氧化二砷等，主要通过抑制细胞色素氧化酶、酶复合体Ⅵ、丙酮酸氧化酶等蛋白质巯基使细胞利用氧障碍。甲醇通过其氧化产物甲醛与细胞色素氧化酶的结合，导致呼吸链中断。②氧化磷酸化解偶联：2,4- 二硝基苯酚等解偶联剂虽不抑制呼吸链的电子传递，但可使呼吸链电子传递过程中泵出的 H^+ 不经 ATP 合酶的 F_o 质子通道回流，而通过线粒体内膜中其他途径返回线粒体基质，从而使底物氧化产生的能量不能用于 ADP 的磷酸化，使氧化磷酸化解偶联，ATP 生成减少。寡霉素则对电子传递和 ADP 磷酸化均有抑制作用。

2. 呼吸酶合成减少　维生素 B_1 是丙酮酸脱氢酶的辅酶成分，维生素 B_1 缺乏患者可因细胞丙酮酸氧化脱羧和有氧氧化障碍而发生脚气病。维生素 B_2（核黄素）是黄素酶的组成成分，维生素 PP（烟酰胺）是辅酶Ⅰ和辅酶Ⅱ的组成成分，这些维生素的严重缺乏可影响氧化磷酸化过程。

3. 线粒体损伤　高温、大剂量放射线照射和细菌毒素等可损伤线粒体，引起线粒体功能障碍和结构损伤，导致细胞生物氧化障碍，ATP 生成减少。

（二）血氧变化的特点及缺氧的机制

组织性缺氧发生的关键是细胞对氧的利用障碍，此时动脉血氧分压、血氧含量、血氧容量和血氧饱和度均正常。由于组织对氧的利用减少，静脉血氧分压、血氧含量和血氧饱和度都高于正常，动 - 静脉血氧含量差减小。细胞用氧障碍，毛细血管中氧合血红蛋白较正常时为多，患者皮肤可呈红色或玫瑰红色。

在临床上有些患者常发生混合性缺氧。例如，失血性休克患者，因血液循环障碍有循环性缺氧，又可因大量失血加上复苏过程中大量输液使血液过度稀释，引起血液性缺氧，若并发急性呼吸窘迫综合征，则还可出现低张性缺氧。

五、缺氧对机体的影响

缺氧对机体多个系统器官组织产生广泛的、非特异性的影响，其影响的程度与后果，取决于缺氧发生的速度、程度、部位、持续的时间及机体的功能代谢状态。氰化物中毒时，生物氧化过程迅速受阻，机体可在几分钟内死亡；而在海拔 3.7 km 的高原地区，适应良好的个体可正常工作、生活；CO 中毒时，当半数血红蛋白与 CO 结合失去携氧能力时，即可危及生命；而贫血患者，即使血红蛋白减少一半，仍可无显著不适。这是因为 CO 中毒发生速度快，机体代偿功能未能充分发挥；贫血患者一般发生慢，可通过机体的代偿作用，如增加组织、细胞氧的供应和对氧的利用能力等，使细胞的缺氧程度减轻。

缺氧时机体的功能代谢改变既有代偿性反应，也有损伤性反应，有时两者之间的区别仅在于反应程度的不同。例如，平原人进入高原后红细胞生成增多，有利于提高对氧的运输能力，是一种代偿性反应。但如果红细胞过度增多则可因血液黏滞度增大引起微循环障碍，反而加重细胞缺氧，成为一种损伤性反应。轻度缺氧主要引起机体代偿性反应，严重缺氧而机体代偿不全时，出现的变化以功能代谢障碍为主。急性缺氧时机体往往来不及充分发挥代偿作用，容易出现损伤性反应。快速进入海拔 3 km 以上高原，容易发生急性高原病；而缓慢阶梯式进入同等海拔高原者，急性高原病的发病率显著降低。

各种类型的缺氧所引起的变化既相似，又不同。下面以低张性缺氧为例说明缺氧对机体的影响。

（一）呼吸系统的变化

1. 肺通气量增大　PaO_2 降低可刺激颈动脉体和主动脉体化学感受器，反射性兴奋呼吸中枢，使呼吸加深加快，肺泡通气量增加，称为低氧通气反应（hypoxia ventilation reaction，HVR），这是对急性缺氧最重要的代偿性反应，其意义在于：①呼吸加深加快可把原来未参与换气的肺泡调动起来，增大呼吸面积，提高氧的弥散，同时更多的新鲜空气进入肺泡，提高肺泡气氧分压、PaO_2 和 SaO_2；②呼吸深、快时胸廓活动幅度增大，胸腔负压增加，促进静脉血回流，回心血量增多，促使肺血流量和心输出量增加，有利于气体在肺内的交换和氧在血液的运输。低氧通气反应是人类生来就有的特性，个体间有较大差异。低氧通气反应高者对低氧环境的习服适应能力强。反之，低氧通气反应低者的习服适应能力弱，进入高原后易患高原病。

低氧通气反应的强度与缺氧程度和缺氧持续时间有关。肺泡气氧分压维持在 60 mmHg 以上时，肺通气量变化不明显。肺泡气氧分压低于 60 mmHg 时，肺通气量随肺泡气氧分压降低而显著增加。平原人进入高原后，肺通气量立即增加（初抵 4 km 高原时肺通气量较平原水平约高 65%），4~7 天后达到高峰（可达平原水平的 5~7 倍），久居高原后，肺通气量逐渐回降，仅较平原高 15% 左右。这种变化的机制在于，进入高原初期肺通气反应增强是由低氧分压刺激外周化学感受器引起的，但此时的过度通气可导致低碳酸血症和呼吸性碱中毒，脑脊液中 CO_2 分压降低，pH 增高，对脑干化学感受器的刺激减弱，部分抵消外周化学感受器兴奋呼吸的作用。数日后，通过肾代偿性排出 HCO_3^-，脑脊液中的 HCO_3^- 也逐渐通过血脑屏障进入血液，使脑组织中 pH 逐渐恢复正常，解除对中枢化学感受器的抑制作用，外周化学感受器兴奋呼吸的作用得以充分发挥，肺通气量显著增加。在高原停留一段时间后或久居高原的人，由于外周化学感受器对低氧的敏感性降低，通气反应逐渐减弱，这也是一种慢性适应性反应，因为肺通气量增加时呼吸肌耗氧量增加，可加剧机体氧的供需矛盾。

血液性缺氧、循环性缺氧及组织性缺氧时，由于动脉血氧分压正常，肺通气量无明显变化。

2. 高原肺水肿（high-altitude pulmonary edema，HAPE） 是指从平原快速进入 2.5 km 以上高原时，因低压缺氧而发生的一种高原特发性疾病。临床表现为呼吸困难、严重发绀、咳粉红色泡沫痰或白色泡沫痰、肺部有湿啰音等。发病高峰在进入高原后 48 ~ 72 h，多于夜间发病，起病急，进展快，救治不及时可危及生命。高原肺水肿的发生机制尚不十分明了，可能与下列因素有关：①缺氧可引起肺血管收缩，肺动脉压增高，肺毛细血管内压增高，血浆、蛋白质和红细胞经肺泡 - 毛细血管壁漏出至间质或肺泡。②缺氧可引起肺血管内皮细胞通透性增高，液体渗出。缺氧时肺毛细血管的通透性增高与活性氧释放增多、血管内皮生长因子（VEGF）表达上调，以及白细胞介素 -1（IL-1）、肿瘤坏死因子 α（TNF-α）等炎症介质释放增多有关。③缺氧时外周血管收缩，肺血流量增多，液体容易外漏。④肺泡内液体清除障碍。肺泡上皮具有主动转运清除肺泡内液体的功能。缺氧时肺泡上皮的钠水主动转运系统相关蛋白表达降低，该系统对肺泡内钠和水的清除能力降低。

高原肺水肿有明显的个体易感性，寒冷、剧烈运动、上呼吸道感染等容易诱发高原肺水肿。高原肺水肿一旦形成，将明显加重机体缺氧。

3. 中枢性呼吸衰竭 当 $PaO_2 < 30$ mmHg 时，可严重影响中枢神经系统的能量代谢，直接抑制呼吸中枢，导致肺通气量减少。中枢性呼吸衰竭表现为呼吸抑制，呼吸节律和频率不规则，出现周期性呼吸甚至呼吸停止。周期性呼吸（periodic breathing）是异常的呼吸形式，表现为呼吸加强与减弱、减慢甚至暂停交替出现，常见的有潮式呼吸和间停呼吸两种形式。潮式呼吸又称陈 - 施呼吸（Cheyne-Stokes respiration），其特点是呼吸逐渐增强、增快，再逐渐减弱、减慢与呼吸暂停

交替出现；间停呼吸又称比奥呼吸（Biot respiration），其特点是在一次或多次强呼吸后继以长时间呼吸停止，之后再次出现数次强呼吸。

（二）循环系统的变化

1. 心脏功能和结构的变化　①心率：急性轻度或中度缺氧时，低氧通气反应增强，呼吸运动增强刺激肺牵张感受器，反射性兴奋交感神经，使心率加快，有利于增加血液循环对氧的运输，是机体对缺氧的一种代偿性反应。严重缺氧可直接抑制心血管运动中枢，并引起心肌能量代谢障碍，使心率减慢。②心肌收缩力：缺氧初期，交感神经兴奋，作用于心脏 β- 肾上腺素受体，使心肌收缩力增强。之后，由于心肌缺氧可降低心肌的舒缩功能，使心肌收缩力减弱。极严重的缺氧可直接抑制心血管运动中枢，引起心肌的能量代谢障碍和心肌收缩蛋白丧失，使心肌收缩力减弱。③心输出量：进入高原初期，心输出量增加，久居高原后，心输出量逐渐回降。低张性缺氧时，心输出量增加的机制主要是交感神经兴奋使心率加快、心肌收缩力增强，以及因呼吸运动增强而致的回心血量增加。心输出量增加有利于增加对器官组织的血液供应，是急性缺氧时的重要代偿机制。极严重的缺氧可因心率减慢、心肌收缩力减弱，使心输出量降低。④心律：严重缺氧可引起窦性心动过缓、期前收缩，甚至发生心室颤动。PaO_2 过度降低可经颈动脉体反射性地兴奋迷走神经，引起窦性心动过缓。缺氧时细胞内、外离子分布改变，心肌细胞内 K^+ 减少，Na^+ 增多，静息膜电位降低，心肌兴奋性和自律性增高，传导性降低，易发生异位心律和传导阻滞。⑤心脏结构改变：久居高原或慢性阻塞性肺疾病患者，由于持久的肺动脉压升高和血液黏滞度增加，使右心室负荷加重，右心室肥大，严重时发生心力衰竭。

2. 血流分布改变　缺氧时，全身各器官的血流分布发生改变，心和脑的血流量增多，而皮肤、内脏、骨骼肌和肾的组织血流量减少。例如，到达 3 km 高原 12 h 后，脑血流量可增加 33%。缺氧时血流重新分布的机制是：①所有血管均有自主神经分布，但不同器官血管的 α- 肾上腺素受体密度不同，对儿茶酚胺的反应性不同。皮肤、内脏的血管 α- 肾上腺素受体密度高，缺氧时交感神经兴奋、儿茶酚胺释放增多，这些部位的血管收缩，血流量减少。②局部代谢产物对血管的调节。心脏和脑组织缺氧时产生大量的乳酸、腺苷、PGI_2 等代谢产物，这些代谢产物可引起局部组织血管扩张，从而使组织血流量增多。③不同器官血管对缺氧的反应性不同。缺氧引起心、脑血管平滑肌细胞膜的 K^+-Ca^{2+} 和 K^+ ATP 开放，K^+ 外流增多，细胞膜超极化，Ca^{2+} 内流减少，血管平滑肌松弛，血管扩张。与之相反，缺氧引起肺血管平滑肌细胞膜 K^+ 通道关闭，细胞膜去极化，Ca^{2+} 内流增多，血管收缩。

　　缺氧时血液重新分布有利于保证重要生命器官氧的供应，具有重要的代偿意义。但如果反应过于强烈，则可产生不利的影响。例如，平原人进入高原后，脑血流量增多，有利于保证脑的血液和供氧，但如果脑血流量增加过多，超过脑室和脊髓腔的缓冲能力，则可引起颅内压显著增高，成为剧烈头痛等高原反应症状发生的重要机制。

　　3. **肺循环的变化**　急性缺氧引起肺血管收缩，慢性缺氧在引起肺血管收缩的同时还可引起以管壁增厚、管腔狭窄为特征的肺血管结构改建，导致持续的肺动脉高压。①缺氧性肺血管收缩（hypoxic pulmonary vasoconstriction，HPV）：肺循环的特点是流量大、压力低、阻力小、容量大，有利于使流经肺的血液充分氧合。肺泡 PaO_2 降低可引起该部位肺小动脉收缩，称为缺氧性肺血管收缩。HPV 在人及牛、犬、猪等多种动物普遍存在，其生理学意义在于减少缺氧肺泡周围的血流，使这部分血流转向通气充分的肺泡，有利于维持肺泡通气与血流的适当比例，从而维持较高的氧分压。此外，正常情况下，由于重力的作用，肺尖部的肺泡通气量较大，而血流量相对不足，该部位肺泡气中的氧不能充分被血液运走。当缺氧引起较广泛的肺血管收缩导致肺动脉压升高时，肺尖部的血流增加，使这部分的肺泡通气得到更充分的利用。由此可以看出，HPV 是对缺氧的一种代偿性反应。但过强的 HPV 则是高原肺水肿发生的重要机制。临床研究发现，高原肺水肿患者的 HPV 和肺动脉压显著高于同海拔健康人。②缺氧性肺动脉高压（hypoxic pulmonary hypertension，HPH）：慢性缺氧不仅使肺小动脉长期处于收缩状态，还可引起肺血管壁平滑肌细胞和成纤维细胞的肥大和增生，导致肺血管结构改建，表现为无肌型微动脉肌化，小动脉中层平滑肌增厚，管腔狭窄，同时肺血管壁中胶原和弹性纤维沉积，血管硬化、顺应性降低，形成持续的缺氧性肺动脉高压。持久的肺动脉高压，可因右心室后负荷增加而导致右心室肥大以致衰竭。缺氧性肺动脉高压是肺源性心脏病和高原心脏病发生的中心环节。

　　急性缺氧引起的肺动脉压升高在解除缺氧后迅速恢复正常，而慢性缺氧患者的肺动脉高压在解除缺氧后仅有部分恢复，达不到正常水平，说明缺氧性肺动脉高压的发生机制包括血管收缩和结构改建两个方面。

　　4. **组织毛细血管增生**　慢性缺氧可引起组织中毛细血管增生，尤其是心脏和脑的毛细血管增生更为显著。缺氧时毛细血管增生的机制主要在于，缺氧诱导因

子 –1（hypoxia-inducible factor 1，HIF–1）增多，上调血管内皮生长因子（vascular endothelial growth factor，VEGF）等基因的表达，进而促进毛细血管增生。另外，缺氧时 ATP 生成减少，腺苷增多，腺苷可刺激血管生成。组织中毛细血管增生、密度增大，缩短了氧从血管向组织细胞弥散的距离，具有代偿意义。

（三）血液系统的变化

缺氧可使骨髓造血增强及氧合血红蛋白解离曲线右移，从而增加氧的运输和释放，在缺氧的代偿中有重要意义。

1. 红细胞和血红蛋白增多　平原人进入高原后，红细胞和血红蛋白均明显增多，增多的程度与海拔、居住时间、劳动强度、性别及个体差异等因素有关。缺氧程度越重，持续时间越长，红细胞和血红蛋白增多越明显。慢性缺氧时，红细胞增多主要是由骨髓造血增强所致，其机制是缺氧引起肾小管旁间质细胞内 HIF–1 蛋白含量增多，活性增高，促进红细胞生成素（erythropoietin，EPO）基因表达，使 EPO 合成释放增多。EPO 主要通过调节红系细胞的增生和分化、抑制原红细胞和早幼红细胞凋亡等途径，使红细胞生成增加。

红细胞和血红蛋白含量增多可增加血液的氧容量和氧含量，增加组织的供氧量，是机体对慢性缺氧的一种重要代偿性反应。大多数人进入高原后红细胞增加到一定程度后即趋于稳定，但有少数人的红细胞会过度增多（Hb 可达 210 ~ 280 g/L，血细胞比容可达 60% ~ 90%）。此时，因血液黏滞度和血流阻力显著增加，导致微循环障碍，加重组织细胞缺氧，出现头痛、头晕、失眠等多种症状，并易导致血栓形成等并发症，称为高原红细胞增多症。

2. 细胞内 2,3–DPG 增多、红细胞释氧能力增强　从平原进入高原后，红细胞内 2,3–DPG 含量迅速增高，返回平原后迅速恢复。2,3–DPG 是在红细胞内糖酵解支路中产生的。

（四）中枢神经系统的变化

脑的质量仅为体重的 2% ~ 3%，而脑血流量却占心输出量的 15%，脑的氧耗量占机体总氧耗量的 23%。脑组织的能量主要来源于葡萄糖的有氧氧化，而脑内葡萄糖和氧的储备量很少，因此脑组织对缺氧极为敏感。一般情况下，脑组织完全缺氧 15 s，即可引起昏迷，完全缺氧 3 min 以上，可致昏迷数日，完全缺氧 8 ~ 10 min，常致脑组织发生不可逆损害。

急性缺氧可引起头痛、思维能力降低、情绪激动及动作不协调等，严重者可出现惊厥或意识丧失。慢性缺氧时神经精神症状较为缓和，表现为注意力不集中、记忆力减退、易疲劳、轻度精神抑郁等。缺氧引起脑组织形态学变化主要是脑细胞肿胀、变形、坏死及间质脑水肿。

缺氧引起中枢神经系统功能障碍的机制较复杂。神经细胞膜电位的降低、神经递质的合成减少、ATP 的生成不足、酸中毒、细胞内游离 Ca^{2+} 增多、溶酶体酶的释放及细胞水肿等，均可导致神经系统的功能障碍，以至神经细胞结构的破坏。极少数人进入 3 km 以上高原后，可发生脑水肿，表现为剧烈头痛、共济失调和昏迷，救治不及时易致死亡。其发生机制是：①脑血管扩张，脑血流量增加，脑循环流体静压升高，引起液体外漏。②脑组织能量代谢紊乱。缺氧时脑细胞氧化磷酸化过程减弱，ATP 生成减少，钠泵功能障碍，细胞内钠、水潴留，脑细胞肿胀。③血管内皮细胞损伤，脑微血管通透性增高。缺氧时的代谢性酸中毒、自由基生成增多，以及细胞因子和炎症介质等可损伤血管内皮细胞，使血管通透性增高。此外，缺氧可引起血脑屏障紧密连接蛋白表达和分布异常，使内皮细胞间隙增大，血管通透性增高。缺氧时血管内皮生长因子表达增多，可诱导内皮细胞紧密连接开放，增加血管壁通透性。

（五）组织、细胞的变化

缺氧时组织、细胞可出现一系列功能、代谢和结构的改变。其中有的起代偿性作用，有的是缺氧所致的损伤性改变。

1. 代偿适应性变化　缺氧时，机体除了通过增加通气量、心输出量、血红蛋白含量等器官系统水平的机制进行代偿外，还可在组织、细胞层面发生一系列代偿适应性反应，以维持正常的生命活动。①细胞利用氧的能力增强：慢性缺氧可使线粒体数量增多，表面积增大，从而有利于氧的弥散和利用，同时，线粒体呼吸链中的酶（如细胞色素氧化酶、琥珀酸脱氢酶）的含量增多，活性增强，提高细胞对氧的利用能力。此外，慢性缺氧还可促使细胞色素 c 氧化酶亚基 IV（COX4）1 亚型（COX4-1）向 2 亚型（COX4-2）转换，使细胞色素 c 氧化酶活性增强，提高细胞对氧的利用能力，世居高原藏族对缺氧环境有很强的适应能力，与移居汉族相比，藏族可以以较低的耗氧量完成同等的做功，说明藏族在组织细胞水平对氧的利用效率高，是其适应高原低氧环境的重要机制。②糖酵解增强：磷酸果糖激酶是糖酵解的限速酶。缺氧时，ATP 生成减少，ATP/ADP 比值降低，使磷酸果糖激酶活性增强，糖酵解过程加强。糖酵解通过底物磷酸化，在不消耗氧的情况下生成 ATP，以补偿能量的不足。③载氧蛋白表达增加：细胞中存在多种载氧蛋白（oxygen carrying protein）。肌红蛋白（myoglobin，Mb）是一种广泛存在于肌细胞中的载氧蛋白，它与氧的亲和力显著高于血红蛋白。Mb 与氧的结合达到半饱和时的氧分压（P50）为 1 mmHg，而血红蛋白的 P50 约为 26 mmHg。当 P50 为 10 mmHg 时，血红蛋白的氧饱和度约为 10%，而肌红蛋白的氧饱和度可达 70%。因此，肌红蛋白能有效促进氧从血液、组织间液向细胞内转移，同时具有储存氧的作用，并直接介导氧向线粒体的传递。脑组织中存在神经珠蛋白（neuroglobin，NGB），它的 P50 约为 2 mmHg，显著低于血红蛋白（26 mmHg），这种特性有助于神经珠蛋白转运氧通过血脑屏障，增加脑组织氧的供应。④低代谢状态：缺氧时机体通过一系列调整机制，使细胞的耗能过程减弱，如糖、蛋白质合成减弱等，减少氧的消耗，以维持氧的供需平衡。

2. 损伤性变化　缺氧可引起细胞发生一些损伤性变化。①细胞膜损伤：缺氧时 ATP 生成减少，细胞膜上 Na^+-K^+-ATP 酶功能降低，加上缺氧时细胞内乳酸增多，pH 降低，使细胞膜通透性升高，细胞内 Na^+、水增多，细胞肿胀；细胞内 Na^+ 增多和 K^+ 减少，还可使细胞膜电位负值变小，影响细胞功能。严重缺氧时，细胞膜对 Ca^{2+} 的通透性增高，Ca^{2+} 内流增多，同时由于 ATP 减少影响 Ca^{2+} 的外流和摄取，使胞质 Ca^{2+} 浓度增加。②线粒体损伤：急性缺氧时，线粒体氧化磷酸化功能降低，ATP 生成减少。严重缺氧可引起线粒体结构损伤，表现为线粒体肿胀，嵴断裂溶解、外膜破裂和基质外溢等。缺氧引起线粒体损伤的机制在于缺氧时产生大量氧自由基诱发脂质过氧化反应，破坏线粒体膜的结构和功能；缺氧时细胞内 Ca^{2+} 超载，线粒体摄取钙增多，并在线粒体内聚集形成磷酸钙沉积，抑制氧化磷酸化，ATP 生成减少。③溶酶体损伤：酸中毒和钙超载可激活磷脂酶，分解膜磷脂，使溶酶体膜的稳定性降低，通透性增高，严重时溶酶体可以破裂，溶酶体内蛋白水解酶逸出引起细胞自溶。溶酶体酶进入血液循环可破坏多种组织细胞，造成广泛的损伤。

第四节　缺氧后的补氧方式

一、常压补氧

（一）无控制性补氧

无控制性补氧吸入氧浓度不需严格控制，适用于无通气障碍的情况。据吸入氧浓度可分为三类。

1. 低浓度补氧　吸入氧浓度在 24%～35%，适用于轻度缺氧血症患者。可缓解缺氧症状。全身麻醉或大手术术后的情况，常给予低浓度氧吸入，可维持氧分压处于较高水平。

2. 中等浓度补氧　吸入氧浓度在 35%～50%，适用于有明显 VA/Q 失调或显著弥散障碍且无 CO_2 潴留的情况，如左心衰竭引起的肺水肿、心肌梗死、休克、脑缺血，特别是血红蛋白浓度很低或心输出量不足的情况，在出现组织缺氧时宜采用中等浓度补氧。

3. 高浓度补氧　吸入氧浓度在 50% 以上，适用于无 CO_2 潴留的极度 VA/Q 失调，即有明显动 - 静脉分流的情况，如 ARDS、CO 中毒、Ⅰ 型呼吸衰竭经中等浓度补氧未能纠正缺氧血症者，可采用高浓度氧吸入。心肺复苏患者在复苏后短时间内一般都采用高浓度补氧。

（二）控制性补氧

严格控制吸入氧浓度，适用于慢性阻塞性肺疾病通气功能障碍患者，因其缺氧血症伴 CO_2 潴留，呼吸中枢对 CO_2 已不敏感，呼吸节奏主要来自缺氧对外周化学感受器的刺激。这种患者吸氧后易加重 CO_2 潴留，故接受补氧时，必须控制吸入氧浓度，采取持续低浓度补氧。

采用控制性补氧，开始宜吸 24% 氧，以后复查氧分压和二氧化碳分压。若吸氧后，氧分压仍低于中度缺氧血症水平，$PaCO_2$ 升高不超过 10 mmHg，患者神志未趋向抑制，可适当提高吸氧浓度，如 26%～28%，一般不超过 35%，保持 $PaCO_2$ 上升不超过 20 mmHg。

临床上常压补氧使用的装置和方法多种多样，主要包括鼻导管、鼻塞、普通面罩和特殊面罩等。若控制性补氧不能明显纠正缺氧状况，提高吸入氧浓度后，又可导致 CO_2 潴留，意识障碍加重，可考虑气管插管或切开用呼吸器机械通气治疗。

二、高压补氧

高压补氧是通过高压氧舱来进行补氧，高压氧舱一般用钢材或有机玻璃特制而成，舱内提供高于大气压的治疗压力，是高压补氧的专用设备。一个完整的高压氧舱应由以下几部分组成，即舱体和舱内设施、加压系统、供氧系统、空调系统、通信系统、照明和监护装置、控制操作系统等。

按舱的容积大小和载人多少可分为：

1. 单人氧舱　多数为纯氧舱（以纯氧进行加压），只容纳一人治疗，优点为设备简单，造价低廉，易安装和普及。适合于婴儿、幼儿和不能戴吸氧面罩的情况，以及气性坏疽、大面积烧伤患者。缺点：不能在舱内进行治疗、手术和抢救工作；患者发生氧中毒时，不能立即停止吸氧；高压纯氧极易燃爆。

2. 多人氧舱　又分大、中、小型。如三舱七门式大型加压舱，是由 3 个舱室（治疗舱、手术舱、过渡舱）相互连接组成，有 7 个门。过渡舱的用途在于帮助舱内外人员、患者紧急进出舱室，也可进行减压病的治疗。舱内用压缩空气进行加压。舱内氧浓度低于 30%，患者在舱内通过面罩、头部氧帐或气管插管吸入氧气，其优点是容积大，可同时治疗多人；可在舱内进行手术治疗；安全性提高，患者感觉舒适。缺点是占地面积大，成本高，工作时耗能多。

高压补氧可分为三个阶段：①加压，指用压缩空气或氧气输入舱内以升高舱内压力。若部分患者因咽鼓管口开张动作不适应，发生耳部胀痛，可减慢加压速度，以后如无不适可适当加快加压速度。②稳压吸氧，又称高压下停留，即高压舱内压力升高到预定值后保持不变，稳压时间长短和吸氧时间分配据不同适应证和不同病情而定。③减压，指治疗完毕后将舱内压力逐渐降低至常压。减压不当可造成减压病，因此必须严格按减压方案进行。

高压氧舱使用的压力通常为 2 ~ 2.5 个绝对大气压，3 个绝对大气压用于手术治疗或治疗气性坏疽。面罩供氧是最常用的吸氧方法，重危、昏迷患者可用气管插管吸入高压氧。吸氧方案有多种，一般按 1 ~ 3 次 / 天、7 ~ 10 天为 1 个疗程进行，治疗过程结合药物（如活血通络药、血管扩张药、脱水药等）以提高效果，并根据病情、治疗反应、个体差异随时调整高压补氧方案。

三、低压习服补氧

高原生活后返回平原人群常出现"醉氧"现象，表现为疲倦、无力、嗜睡、胸闷、头昏、腹泻等症状，类似"醉酒"。个别人因体质原因，血液、心、肺等生理异常参数，恢复到平原值后还会继续下降，甚至低于平原值。部分人在平原连续居住 2 年后，还会出现血红蛋白含量降低、心率缓慢、心输出量和血容量增加、肺动脉高压逆转等症状，对身体造成不良后果。这种情况的发生原因是在高原生活一段时间后，机体的摄氧能力得到极大提高。运动员高原训练也是为了增强其摄氧能力。

当高度适合时，可以增加机体的摄氧能力，而不发生"醉氧"情况，对人体有利，起到了补氧的作用。该方式充分调动了自身的机能，有别于常规的外源性补氧。

在平原地区要达到这种补氧效果，需要借助于低压低氧舱，这种方法也称模拟高原训练，它是在平原模拟低氧分压条件下接受类似高原训练的缺氧刺激，促使机体对强烈的应激反应产生一系列对抗缺氧的生理性适应，从而调动体内的机能潜力，提高人体运动能力的训练。模拟高原训练既可以是间歇性的低氧训练，也可以是持续性的低氧训练。间歇性低氧训练早期在临床医学用于治疗及预防心血管与呼吸系统疾病，并用于保健、康复，其作用已经得到认可。此训练也已扩展到飞行、宇航及体育运动等特殊专业人才的训练。

四、内给补氧

内给补氧方式又称过氧化氢疗法，临床上使用较少。将过氧化氢直接注射入体内，产生氧气并与血红蛋白结合，提供组织代谢的需要，从而改善机体缺氧状态。此疗法不受呼吸功能或肺组织疾病的影响，但注射过快可致血管痉挛性收缩，此外还可能出现溶血、气体栓塞、自由基产生增多等并发症。晶体过氧化氢较其水溶液作用持久、纯度高、毒性低，临床应用较为安全。此外，近年来也出现了使用碳酸酰胺过氧化氢进行内给补氧治疗的报道。

第五节　低压低氧舱缺氧

一、缺氧

缺氧是低压低氧舱降压过程中最常见的现象，了解缺氧，才能做好低压低氧舱体验及实验工作。

（一）缺氧的原因

由于舱内气体压力降低，使摄入气体的氧分压降低而发生缺氧。低压低氧舱缺氧可发生在任意模拟高度上。而且，不同原因引起的缺氧作用也都是累积的。

肺泡氧交换不足引起的缺氧也叫乏氧性缺氧。氧不足的原因可以是吸入气氧分压下降或是肺氧交换的有效面积下降。其结果是动脉血供氧不足，从而又降低了组织的获氧量。

（二）氧合血红蛋白解离曲线的变化

在海平面上，肺泡氧分压为 100 mmHg 时，血红蛋白氧饱和度为 98%。当升高到 3.048 km 时，肺泡氧分压为 60 mmHg，其血红蛋白氧饱和度为 87%。在上述高度上，健康人除夜视力有一定程度的下降外，其他均无障碍。在肺泡氧分压为 38 mmHg 和血红蛋白氧饱和度 72% 的条件下，30 min 内暴露至 5.485 km 即可出现缺氧症状，此时所有活动和运动都低下。暴露至 6.706 km 会发生急性缺氧，在 5～10 min 失去工作能力。高度再度上升，血红蛋白氧饱和度进一步下降，有效工作能力时间也进一步缩短。在 7.62 km 以上高度，肺泡氧分压实际上低于静脉血中的氧分压。其结果是血中氧扩散返回肺泡，缺氧的发生非常突然和严重，有效工作能力时间也相应缩短。

（三）缺氧的影响

缺氧在细胞水平产生影响并阻碍正常的人体功能。需氧量高的是眼、心肌和神经组织，因此这些组织比其他组织更易受缺氧的影响。

1. 呼吸系统　对在低压低氧舱开始缺氧的人的观察发现，首先出现的呼吸反应之一是呼吸深度增加，第二个反应是呼吸频率加快。这些影响是主动脉体和颈动脉体上的化学感受器造成的。这是血流氧分压下降和向呼吸中枢发出开始代偿反应信号的结果。上升到 1.219 km 高度，通气量开始增加，但只有到达 2.438 km 的高度动脉血氧饱和度下降到 93% 时，通气量才明显提高，到 6.706 km 时通气量最大，此时每分钟呼吸量几乎增加了 1 倍。其主要原因是潮气量增高，而不是呼吸频率。随着肺通气的增加，肺泡二氧化碳张力下降，与此同时肺泡氧分压升高，二氧化碳的减少降低了 H^+ 浓度，pH 升高。这一变化为化学感受器所感受，反射性地抑制了呼吸。

2. 心血管系统　当血红蛋白氧饱和度下降到 87% 时，缺氧症状开始明显。当血红蛋白氧饱和度低于 65% 时，属于危急状态，因此时缺氧症状十分严重，只能保持很短的时间。心血管系统比呼吸系统和神经系统对缺氧更有耐力。心血管系统的反应实质上是一种反射，是身体几个结构如主动脉体和颈动脉体的化学感受器、中枢神经系统和心脏对缺氧刺激的反应。这些反射以一个整体的形式出现，使得心率加快、收缩压适当提高和血流重新分布以增加肺和心脏的循环。从 1.219 km 高度起心率逐渐加快，到 6.706 km 时心率最快。提高心输出量对降低动静脉血氧含量差（氧差）有明显的作用，从而提高了毛细血管平均氧分压。应该注意的是，这一情况的出现是因为细胞需氧量不随高度而增加。动静脉血中含氧量的减少（氧差）与心输出量及组织耗氧量相关。动静脉氧差可用 Fick 方程计算如下：

$$动静脉氧差（mL/L）= 耗氧量（mL/min）/ 心输出量（L/min）。$$

3. 中枢神经系统　当低压低氧舱降压时，循环系统最重要的变化发生在脑部。高空暴露时脑血流量降低是由于动脉二氧化碳分压下降后的血管收缩造成的。这种状态一直持续到动脉血氧分压降至 $50 \sim 60$ mmHg 时停止。缺氧是一种强血管舒张剂，克服低碳酸血症引起的血管收缩，使脑血流量增高。因为视网膜和中枢神经系统需要大量氧，因此，缺氧首先影响视网膜和中枢神经系统，从而降低视功能和脑功能。其影响程度与缺氧持续时间和严重程度成正比。如果是急性或长时间缺氧，则会发生脑功能丧失而死亡。一旦线粒体内的局部氧分压降至 $1 \sim 3$ mmHg，该局部的组织将变为无氧代谢，并产生乳酸。因此，脑组织乳酸测定可用于确定潜在高空缺氧死亡人员的死因。

（四）缺氧的特点

缺氧之所以特别危险，是因为其体征和症状通常不引起不适或疼痛，缺氧症状不知不觉地出现。对缺氧的耐力个体有差异，人人不同，人到达一定高空就会发生缺氧。海拔高度低于 3.048 km 时，缺氧对人体的作用很微弱，人们一般难以察觉，可察觉的主诉一般是夜视力下降和发困。

（五）缺氧的体征和症状

在安全和控制条件下，在低压低氧舱内可体验和鉴别各个缺氧症状。一旦有了体验，缺氧症状并不随时间而有明显的差异。缺氧可分为客观体征（由观察者观察到的）和主观症状（受试者的感觉）。在有些情况下，观察者和受试者都可注意到某些特殊反应。客观体征包括呼吸加快加深、发绀、意识模糊、判断力低下、肌肉不协调、萎靡不振、意识丧失，以及行为的变化如兴奋和好斗。受试者报告的主观症状有呼吸困难、恐惧感、眩晕、疲倦、恶心、阵发性发热或发冷、视物模糊、管状视野、刺痛感和麻木感，也可见到情绪欣快或激惹症。

（六）对工作能力的影响

缺氧可根据工作能力的降低分类。表 3-2 为缺氧的阶段及相对应的高度、缺氧程度和对人体的影响。

在无症状区，眼的暗适应力在 1 524 m 时即受影响，而夜间视敏感度则下降 10% 左右。在 3 408 m 时，视敏感度下降 28%，但有明显的个体差异。可能影响执行新任务的工作能力和肺通气量轻度增加。

表 3-2   低压低氧舱缺氧阶段区域划分

阶段区域	高度范围 /m	缺氧程度	症状与体征
无症状区	0～3 000	轻度	安静时身体还保持足够的心率和肺通气，代偿适应能力没有动用
			夜间视力平均自 1 200 m 高度起开始降低
			自 1 500 m 高度起完成复杂智力工作任务的能力已开始受影响
			自 1 500 m 起，高度每升高 300 m，最大耗氧量下降 3%
			在 1 500 m 以下，体力劳动能力也随高度而降低，但其降低的速率则较慢
			若在 3 000 m 高度停留几小时，或者从事繁重的体力劳动，即可出现明显的缺氧症状与体征
代偿区	3 000～5 000	中度	心率与肺通气量明显增加，代偿反应已发挥作用。由于代偿反应尚能对抗这种程度的缺氧影响，故短时间停留、安静情况下的缺氧症状并不严重。但进行复杂、精细工作的能力已明显降低，进行繁重体力劳动的能力也已显著减退。如停留时间稍长，或者还有体力负荷或其他异常环境因素（如高温等）同时合并，则可出现明显缺氧症状
障碍区（不完全代偿区）	5 000～7 000	重度	代偿反应已充分发挥作用，仍不足以补偿此范围缺氧的影响，静坐时即可表现出明显的功能障碍，脑力与体力活动能力均受到严重影响。安静时，除可能有头痛、眩晕、视物模糊、情绪反应异常、肌肉运动协调障碍等症状外，智力障碍表现尤为突出，如思考力迟钝、判断及理解力减退、记忆力减退以至丧失等。在此高度范围短时间停留，一般尚不引起意识丧失，但在 5 500 m 或更高高度暴露的同时又从事体力活动，则可引起意识丧失
危险区	>7 000	严重	机体的代偿反应已不足以保证心、脑等重要器官的最低氧需求量。暴露在此高度很快出现智力与肌肉运动协调能力严重障碍；并根据高度的不同，经过一定时间的智力紊乱阶段后发生意识丧失，如不立即供氧，则呼吸、循环功能也相继停止

在代偿区，心血管系统和呼吸系统的生理反应对缺氧提供了一定程度的代偿，包括每分通气量、心输出量、心率和血压的提高。缺氧对中枢神经系统的影响，经短时间后即可感觉出来。这一高度上缺氧的最主要影响有嗜睡、判断力降低和记忆力差，而且难以完成需要集中精力或精细的工作。

在障碍区，生理性代偿机制不再能满足组织的需氧，表现为头晕、眩晕、视力模糊、情绪反应异常、欣快感、疲倦等。对智力的影响使人不能正确判断所处环境的严重性。思维变得迟缓不可靠，记忆力下降，运动工作能力严重受损，失去关键性的判断能力。周边视野只留下中心视野，又称作管状视野。

在危险区，在几分钟内即可出现精神错乱或眩晕，没有或几乎没有前兆驱使下，即发生伴有意识丧失的完全失能。

二、过度通气

过度通气也是在低压低氧舱体验中经常发生的一种现象，因其会改变细胞呼吸，故需同样重视和应对。尽管过度通气和缺氧从成因上并无联系，但这两者症状极其相似，常常因混淆而不能采取正确的措施。过度通气是指异乎寻常地增加通气量。其结果为肺失去二氧化碳，使肺泡二氧化碳分压低于正常，这种情况称低碳酸血症。血液酸碱平衡破坏，碱量过多，称之为碱中毒。低碳酸血症和碱中毒是过度通气的两个重要结果。

（一）过度通气的原因

在低压低氧舱体验中，过度通气通常是由于心理负荷（恐惧、焦虑、忧虑和发怒）和环境负荷（噪声和冷热变化）引起。某些药物和水杨酸类或雄激素也会引起或诱导过度通气。另外，任何原因的代谢性酸中毒也会引起过度通气。

（二）过度通气的影响

过度通气引起的低碳酸血症和碱中毒影响呼吸系统（血液缓冲系统）、循环系统（氧合血红蛋白解离曲线）和中枢神经系统。

1. 呼吸系统　正如前面已经讨论过的，血液中90%的二氧化碳是以碳酸或碳酸氢盐的形式存在的。碳酸氢盐的全部化学反应分如下两步，$CO_2 + H_2O \rightleftharpoons H_2CO_3 \rightleftharpoons H^+ + HCO_3^-$，决定化学反应方向的主要因素是二氧化碳分压（$PCO_2$）。当 PCO_2 增高时，向产生更多 HCO_3^- 和 H^+ 方向反应（酸中毒）。当 PCO_2 下降时，消耗 HCO_3^- 和 H^+，并向产生二氧化碳和水的方向反应（碱中毒）。动脉血的正常 pH 为 7.40，PCO_2 为 40 mmHg，血浆碳酸氢盐浓度为 25 mmol/L。当过度通气时，因过多地排出体内二氧化碳，H⁺浓度下降过快来不及缓冲 pH 的升高，从而发生呼吸性碱中毒。酶的活性对 pH 特别敏感，pH 过高或过低都会使酶的活性急剧下降。如果血液 pH 低于 7.0 或高于 7.8，细胞呼吸将发生不可逆破坏。严重时，可发生意识丧失和死亡。对严重程度稍轻一些的人，当发生意识丧失时，呼吸变慢，使血液充分积聚二氧化碳以消除碱中毒。因为乏氧性缺氧的影响、症状、损害程度和有效工作能力时间与过度通气很相似，因此过度通气始终是一个较复杂的问题。

2. 循环系统　过度通气对循环系统的影响主要是心动过速，心输出量、血压和外周血管阻力下降。四肢血管扩张和脑血管收缩这两者共同作用的结果降低了脑血流量。但是，对心血管的主要作用在于波尔效应，它引起氧合血红蛋白解离曲线移向左上方，虽然提高了肺部血液的携氧能力，但限制了肺部的释氧能力。

3. 中枢神经系统　血流量和氧合血红蛋白结合能力下降的共同作用结果引起中枢神经系统淤积性缺氧，最后导致意识丧失。在肺泡二氧化碳分压降到 25~30 mmHg 时，过度通气也会引起伴有痉挛和抽搐的神经肌肉的不稳定性增强。通常在肌肉痉挛和抽搐之前先出现麻刺感，双手可出现痉挛，手指屈曲固定指向腕部。

（三）对过度通气的体征和症状的认识

过度通气的体征和症状很容易与乏氧性缺氧相混淆。因为过度通气是作为对高空早期适应机制而出现的，所以更难鉴别是缺氧还是过度通气。最常见的过度通气的客观体征是呼吸加快加深、肌肉抽搐和皮肤发紧、苍白、发凉、湿冷，肌肉痉挛、僵直和意识丧失。被试者感觉到的症状有眩晕、头昏眼花、麻刺感、麻木感、视力障碍和肌肉不协调。应该注意到这两者几乎没有显著差别。过度通气的症状通常逐渐出现，伴有面色苍白、发凉和湿冷及肌肉痉挛和强直。缺氧症状通常很快出现，伴有肌无力和发绀。

三、低压低氧舱供氧方式

为应对低压低氧舱中出现的缺氧和过度通气对人体造成的影响，19 世纪即已开始了低压低氧舱内供氧的最初尝试。第一次世界大战末，出现了简易的连续供氧系统。1933 年，德国研制成功了断续式供氧调节器。1938 年，美国研制成功了与贮气囊配合使用的 BLB（Boothby-Lovelace-Bulbulian）面罩。第二次世界大战末，低压低氧舱内供氧装置得到了广泛的应用和研发。目前，常用的低压低氧舱供氧方式主要包括固态氧供氧、一般供氧和加压供氧三大类。

（一）固态氧供氧

固态氧供氧也称为"氧烛"（oxygen candle），它是将含氧量高的固态化合物贮存于化学产氧器内，使用时通过化学反应产生氧气，作为低压低氧舱内应急供氧使用。其特点是体积小、重量轻、维护简易、易长期保存等，但不能调节产氧率以适应供氧量改变的需要且需增加隔热设施等。

（二）一般供氧

在低压低氧舱中模拟 12 km 以下高度时，为了节省氧气和避免吸入气氧分压过高的不利影响，通常不直接供以纯氧，而是采用提高吸入气氧气浓度的途径来保持肺泡氧分压，防止缺氧。

一般供氧分连续式供氧和断续式供氧两种方式。

连续供给一定富氧气体的供氧方式称为"连续式供氧"。这种方式方便简单，但耗氧量大，一般不作为主要的供氧方式。

吸气时供氧，呼气时停止供氧，称之为"断续式供氧"。供氧量按照使用者的肺通气量自动调节；氧气浓度则根据保护要求，由供氧系统随高度变化按照表 3-3 所示关系进行保障，这种供氧方式也称为"肺式供氧"或"需求式供氧"。

表 3-3 低压低氧舱模拟不同高度供氧要求

模拟高度 /m	肺通气量 /（L·min⁻¹）	潮气量 /L	吸入气氧分压		相当于呼吸空气高度 /m
			kPa	mmHg	
< 5 000	15	0.7	> 13.3	> 100	3 000
5 000 ~ 12 000	30	1.1	> 11.1	> 83	4 300

（三）加压供氧

低压低氧舱内模拟高度达到 12 km 以上，由于大气压力很低，即使吸入纯氧亦不能保持肺泡氧分压达到设定的水平。模拟高度在 12 km 时，呼吸纯氧时的肺泡氧分压水平与在 3 km 高度呼吸空气时相当，虽有轻度缺氧，但仍可保持较好的工作能力。若模拟高度超过 12 km，肺泡氧分压将进一步降低，缺氧程度加重。若在 15 km 模拟环境下，肺泡氧分压可降低到 1.7 kPa 左右，12 ~ 15 s 即可发生意识丧失。因此，在 12 km 以上时，只有提高吸入纯氧的总压力（加压供氧），才能使肺泡氧分压保持在设定的水平。加压供氧需依靠专门的加压供氧装备进行供氧，主要包括氧源、供氧调节器、供氧面具、加压服等。

参考文献

[1] 侯志敏，姜淑慧.氧气和二氧化碳在血液中的运输方式[J].生物学教学，2011，36（7）：65-66.

[2] 刘大为.实用重症医学[M].2版.北京：人民卫生出版社，2017.

[3] 卢志平，丁立，王颉，等.军事航空医学研究现状与发展设想[J].解放军医学杂志，2010（4）：351-354.

[4] Department of the Air Force. AFI11-403 Aerospace Physiological Training Program [S]. Washington DC：Department of the Air Force，2012.

[5] Department of the Air Force. AFI48-123 Medical Examinations and Standards [S]. Washington DC：Department of the Air Force，2013.

第四章　温度对人体的影响

第一节　温度的生理作用

生物由于长期生活在一定的温度范围内，在其生长、发育过程中均需要一定的温度量和温度变幅，这就是生物发育需要适当的温度。最明显的例子就是生物的发育和生长是从某一个温度开始的，低于这个温度生物将无法完成发育和生长，这个温度即为发育起点温度（developmental threshold temperature）或生物学零点（biological zero）。由于温度的限制，香蕉、椰子等热带作物在自然条件下不能在高纬度地区生长，苹果、梨、桃等温带作物不能在热带地区正常开花、结果等。由此可见，温度过高或过低都会对生物产生不同的影响。当面对低温或高温时，植物主要通过改变其形态结构及细胞内物质含量变化来应对环境温度变化，而动物则通过其特定形态（贝格曼法则、阿仑法则等）、生理功能（基础代谢和非颤抖性产热等）及行为方式（迁徙、冬眠、集群等）来应对外界温度变化。

体温与生物的生命活动息息相关，随着经济技术的发展和生活水平的不断提高，人们对保持自身体温的稳定更加重视。温度对生命系统有重要的影响，人的体温是判断健康状况的重要指标。正常情况下，人的体温是相对稳定的，当出现一些异常使体温产生波动时，根据体温上升或下降的程度，呼吸、消化、循环、神经等系统的功能平衡缺失，使人体的忍耐力变低，注意力不易集中，易产生疲惫状态，姿态协调不平衡，增多了产生错误的可能性，工作效率下降。人体温的相对稳定是在体温调节中枢的调控下通过调节人体的产热和散热而保持的。体温异常会导致对肾、胰腺、大脑、肝的损害并导致肥胖，体温降低可引起癌症高发，造成动脉硬化、免疫力下降；体温升高可对循环系统、消化系统、泌尿系统等造成负担。

贝格曼法则（Bergmann's rule）：高纬度恒温动物往往比低纬度恒温动物个体高大，导致其相对体表面积变小，使单位体重的热散失减少，有利于抗寒。如东北虎体型比华南虎大，北方雪兔比华南兔大。

阿仑法则（Allen's rule）：在寒冷地区生活的哺乳动物的四肢、耳、鼻、尾均有明显缩短的趋势，以减少散热。

第二节　温度的调节机制

一、正常体温的调节机制

基于对体温的调节方式，动物可分为恒温动物（homeotherm）和变温动物（poikilotherm），其中恒温动物具有完善的体温调节机制，在温度变化的环境中，体温维持在较窄范围内，如鸟类、哺乳类等；而变温动物则是体温随着外界温度改变而改变的动物，如昆虫、鱼类、两栖类、爬行类等。人类属于哺乳纲，是典型的恒温动物，其体温调节（thermoregulation）是指温度感受器接受体内、外环境温度的刺激，通过体温调节中枢的活动，相应地引起内分泌腺、骨骼肌、皮肤血管和汗腺等组织器官活动的改变，从而调整机体的产热和散热过程，使体温保持在相对恒定的水平。

临床上一般采取从腋窝、口腔和直肠内测量人体体温的方法。正常人体的直肠温平均为37.3℃，接近深部的血液温度；口腔温比直肠温低0.2～0.3℃，平均为37.0℃；腋窝温比口腔温又低0.3～0.5℃，平均为36.7℃。正常生理情况下，体温可随昼夜、年龄、性别、活动情况不同而有一定的波动。一昼夜中，清晨2—4时体温最低，午后4—6时最高，变动幅度不超过1℃。这种节律并不会因生活习惯的改变而发生变动，很可能与地球的自转周期有关。新生儿的体温略高于成年人，老年人则稍低于成年人。婴儿的体温调节功能尚未完善，可受环境温度、活动情况或疾病的影响而有较大的波动。女性排卵后基础体温可上升约0.5℃，临床上可据此来了解女性是否排卵。剧烈的肌肉运动、精神紧张或情绪刺激也可使体温升高1～2℃。在酷热或严寒环境中暴露数小时，体温可上升或下降1～2℃。

人体具有保持体温相对恒定的能力，是在长期进化过程中获得的较高级的调节功能。按照体温调节方式主要分为行为性和自主性。行为性体温调节即通过自身行为使体温不致过高或过低的调节过程。如人在严寒中原地踏步、跑动以取暖；人类能根据环境温度不同而增减衣物，创设人工气候环境以祛暑御寒，则可视为更复杂的行为调节。自主性体温调节即通过调节自身产热和散热的生理活动，如寒战、发汗、血管舒缩等，以保持体温相对恒定的调节过程。自主性体温调节过程中产热、散热过程及两者的动态平衡对保持体温恒定尤为重要。

1. **产热过程** 机体代谢过程中释放的能量，只有 20%～25% 用于做功，其余都以热能形式发散至体外。产热最多的器官是肝和骨骼肌。静息时，肝是人体内代谢最旺盛的器官，产热量最大。运动时，肌肉产热量剧增，可达总热量的 90% 以上。机体的产热形式主要可以分两种，一为战栗产热，二为非战栗产热。战栗产热是在严寒的条件中骨骼肌发生相对有规律的收缩，其规律为 9～11 次 /min，使产热量增加 4～5 倍。通过同时收缩肌肉且不做外功，使得机体产热得以变多，这样有利于保持机体在严寒条件下的体热平衡。非战栗产热也可以称为代谢产热。因为褐色脂肪组织的产热很大，通过其代谢产热可维持机体的体热平衡。

2. **散热过程** 体表皮肤可通过辐射、传导和对流及蒸发等方式散热。辐射是将热能以热射线（红外线）的形式传递给外界较冷的物体；传导是将热能直接传递给与身体接触的较冷物体；对流是将热能传递给同体表接触的较冷空气层使其受热膨胀而上升，与周围的较冷空气相对流动而散热。空气流速越快则散热越多。这三种形式发散的热量约占总散热量的 75%，其中以辐射散热最多，占总散热量的 60%。当环境温度高于皮肤温度，或者两者温度相等时，上述三种散热方式无效。此时机体散热只能通过蒸发散热。每克水蒸发时可吸收 0.54 kcal 的汽化热。常温下体内经机体表层透出而蒸发掉的水分叫做无感蒸发。其量每天约为 1 000 mL。其中通过皮肤的有 600～800 mL，通过肺和呼吸道的有 200～400 mL。一般在环境气温升到 25～30℃时，汗腺即开始分泌汗液，称出汗或显汗——可感蒸发。环境气温等于或高于体温时，汗和水分的蒸发即成为唯一的散热方式。出汗是人类在热环境中主要的散热反应。汗腺分小汗腺和大汗腺两种。小汗腺分布于人体全身皮肤，以手掌、足跖和前额最密；大汗腺开口于毛囊的根部，人类仅局限于腋窝、外阴部等处。出汗反射也分两类，即温热性发汗和精神性发汗。由温热刺激引起的为温热性发汗，此种发汗见于全身，躯干部最多，额面部次之，其主要调节中枢在下丘脑前部。由精神紧张或疼痛引起的为精神性发汗，主要见于手掌、足跖等处，不属于散热效应，一般认为其调节中枢在大脑皮质的运动前区。

散热的速度主要取决于皮肤与环境之间的温度差。皮肤温度越高或环境温度越低，则散热越快。皮肤温度由皮肤的血流量和血液温度决定。皮肤血流量主要受交感神经的调节。在相对较热的条件下，交感神经的反应下降，皮肤上的小动脉扩张，动－静脉吻合支打开，皮肤血液流量增多，使皮肤的温度上升，增多散热。反之，在相对较冷的条件下，皮肤会减少散热。所以说皮肤血管的舒张、收缩是重要的体温调节形式之一。

3. 产热和散热的动态平衡　体温的稳定决定于产热过程和散热过程的平衡。如产热量大于散热量时，体温将升高；反之，则降低。由于机体的活动和环境温度的经常变动，产热过程和散热过程间的平衡也就不断地被打破，经过自主性的反馈调节又可达到新的平衡。这种动态的平衡使体温波动于狭小的正常范围内，保持着相对的稳定。

二、机体对温度变化的感受

周围环境的温度变化，可改变体表温度而刺激皮肤的冷、热感受器，引起传入神经冲动的发放。皮肤温度感受器呈点状分布，其中冷点较多，为热点的 4～10 倍。冷感受器的放电频率远远高于热感受器。通常认为皮肤对寒冷刺激比较敏感。腹腔内也有热感受器，其传入纤维在内脏大神经中。

现已证明，来自皮肤温度感受器的传入信息可以引起其中一些中枢神经元的放电，这些神经元还能感受局部温度变化，故称之为中枢温度感受器。视前区－下丘脑前部能接受和整合来自中枢和外周的温度觉信息。

三、体温调节中枢

体温调节的基本中枢在下丘脑。切除下丘脑以上的前脑的动物即"下丘脑动物"，仍能保持接近正常的体温调节功能。而切除中脑以上的全部前脑（包括下丘脑）的动物则不能保持体温的相对稳定。用局部加热或电刺激猫的下丘脑前部，可引起热喘、血管舒张和足跖发汗等散热效应。破坏该区后，猫在热环境中的散热反应能力丧失，但对冷环境的反应（寒战、竖毛、血管收缩、代谢率升高等）仍存在。破坏下丘脑后部内侧区的效果，则正相反，对冷环境的反应丧失。传统生理学据此认为，在下丘脑前部存在着散热中枢，而下丘脑后部则存在着产热中枢。两个中枢之间有着交互抑制的关系，从而保持了体温的相对稳定。

在下丘脑前部还存在着发汗中枢。下丘脑后部内侧区存在着寒战中枢，它对血液温度变化并不敏感，但对来自皮肤冷觉感受器的传入信息比较敏感。电刺激下丘脑前部（散热中枢）可以抑制寒战，冷却视前区－下丘脑前部则可以引起寒战，这表明下丘脑前部有冲动输入至下丘脑后部。

下丘脑与体温的行为调节亦有关。对鼠狐猴进行训练，使它每次从冷室返回时能自行拧开热气开关取暖。如此时突然将其视前区 – 下丘脑前部的温度由 36℃ 提高到 42℃，它就立即关闭热气而打开冷气。这表明体温的行为调节受下丘脑的控制，而体温调节中枢对体内外温度变化的反应，则取决于大脑对来自外周和中枢的多种温度觉信息整合的结果。

四、体温调节反射与控制论

体温的自主性调节主要通过反射来实现。环境温度或机体活动的改变将引起体表温度或深部血温的变动，从而刺激外周或中枢的温度感受器。温度感受器的传入冲动经下丘脑整合后，中枢便发出冲动（或引起垂体释放激素），使内分泌腺、内脏、骨骼肌、皮肤血管和汗腺等效应器的活动发生改变，调整机体的产热过程和散热过程，从而可以保持体温的相对稳定。由冷觉与热觉两种感受不同温度范围的感受器感受外界环境中的温度变化，对热刺激敏感的称热感受器，对冷刺激敏感的称冷感受器。

五、体温调节对环境的适应

人体进入高温或低温环境时，各项生理活动均有显著的变化。这些变化实质上反映了机体在调整它的各种功能以适应环境温度的剧烈变动。在低温或高温地区居住较久的人，可对环境温度产生适应。此时对环境温度的耐受性增强，功能调节的效率提高。例如对热适应的人在温热环境中蒸发散热的效率较高，而且血浆量增多，随尿和汗液排泄掉的盐减少。对冷适应的人，开始寒战的温度（阈值）较低，基础代谢率增高。

人类对环境温度改变所产生的自主性体温调节是很有限的，更多的是行为性调节。人类能够改造环境，使其更适于人类的生存，这是主动性适应的能力。

第三节　体温异常的类型、病因和发生机制

体温是判断人是否健康的重要指标之一。通常情况下，体温处于动态平衡之中，但是人体调节体温的能力是有限的，当环境温度发生剧烈变化时，或者体温调节机制由于某些原因发生障碍时，就会导致产热和散热过程失衡，因此，体温发生异常变化。体温的异常包括低温和高温，对人体有很大影响。

一、低温对人体生理功能影响的类型和发生机制

在寒冷环境中，机体散热过快，导致机体发生一系列生理反应以进行自我调节。位于下丘脑的体温调节中枢接受两方面的信息。一方面，皮肤冷感受器接受外环境温度变化刺激后，信号经脊髓后根传入、沿脊髓丘脑束达丘脑和网状结构系统，再经整合后传至丘脑下部体温调节中枢。另一方面，体表血管反射性收缩、血流量下降，使体表与核心温差加大，以及冷却的血液直接作用于体温调节中枢的相关神经元。体温调节中枢接受信息刺激后，通过神经和体液系统发生一系列体温调节反应。交感神经兴奋性增高和去甲肾上腺素释放增多，使皮肤血管进一步收缩，血流量进一步减少，以减少散热。同时，心率和血流速度加快，骨骼肌血流量增加，以增加产热。垂体分泌活动增强而刺激甲状腺及肾上腺分泌甲状腺激素和儿茶酚胺等，以加强心脏和骨骼肌的活动。另外，脂肪分解代谢增加，为机体提供能量和热量。

上述代偿功能主要以产热增加来抵御由于机体散热过度而造成的体温下降，从而维持体温平衡。在机体仍继续大量散热的情况下，可发生机体体温调节失代偿并造成一系列损伤。寒冷所致机体损伤统称为冷伤，包括全身性寒冷损伤——冻僵和局部组织损伤——冻伤（cold injury）。后者又可分为冻结性冷伤（freezing cold injury）与非冻结性冷伤（non-freezing cold injury）。

（一）冻僵

在寒冷条件下，机体不再能维持其正常体温，中心体温（直肠温）降至35℃以下则称为冻僵。冻僵的过程可分为两个阶段，即以兴奋为主的功能代偿期和以抑制为主的功能衰竭期。代偿期时，机体中心体温多在34℃以上，处于高应激状态。表现为精神亢奋；皮肤血管收缩，皮温降低，体表呈青紫或苍白色；手、足疼痛，骨骼肌痉挛；心跳加快，血压上升，呼吸深而快；糖原分解加速，血糖升高。此阶段机体氧耗增加。当中心体温降至34℃以下时为衰竭期，机体应激性降低而进入抑制状态并随体温下降而加重。表现为表情淡漠，反应迟钝，嗜睡，触、痛觉逐渐消失直至意识完全丧失而昏迷。循环系统表现为心率、心输出量和摄氧量进行性下降。同时，心电图可出现T波平坦或倒置。体温再降低可出现心律不齐，如心房颤动等。

冻僵的严重程度与体温密切相关。根据体温和相应的症状可将冻僵分为三度。中心体温降至35~32℃为轻度冻僵；体温降至32~28℃为中度冻僵；体温低于

28℃为重度冻僵，也称深低温冻僵。

1. 轻度冻僵 轻度冻僵时，机体即可发生一系列病理生理学变化。患者表现为轻度意识障碍，寒战，早期心率、呼吸加快，心输出量增加，血压升高。心电图改变常见有 PR 间期、QT 同期和 QRS 时间延长，以及 T 波倒置、房性期前收缩、室性期前收缩等心律失常。早期因周围血管强烈收缩而致皮肤苍白。内脏器官血容量增加，加重心脏负荷并可导致肺水肿。肾远曲小管上皮细胞内酶活性降低，其重吸收功能下降，从而尿量增加。同时，部分血浆从血液循环移入组织间隙，使血红蛋白、血细胞比容升高，血黏度增高。

2. 中度冻僵 中度冻僵时，患者皮肤苍白或呈大理石样花纹，意识障碍加深，血压、心率、呼吸及心输出量进一步下降，室性期前收缩增多。其他脏器功能均随体温下降而进一步抑制。

3. 重度冻僵 重度冻僵时，患者大都昏迷，神经系统及全身各器官功能均处于高度抑制状态，心率及呼吸率明显下降，并常发生心室颤动（简称室颤）。重度冻僵患者室颤阈降低，是由于深低温时动作电位时间长，舒张电位高，传导慢，舒张期兴奋性高于复极期，心室内温度梯度大及心肌细胞内钾离子浓度低等多因素所致，其综合作用结果造成心肌异位兴奋点增多并趋于在室壁内折返而形成室颤。

因冻僵而死亡者具有特异性病理学表现。皮肤呈鲜红色，是浅表毛细血管扩张，血流停滞而充满红细胞并溶血所致。心肌、肝、肾小管等均可发生脂肪变性，尤其是肾上腺网状带尤为明显。然而这种病变亦可见于应激反应或缺氧所致休克。其中心肌小灶性坏死则较具特异性。其他较为特异的病变主要见于胃肠道、胰腺和脑。胃黏膜弥漫性浅表性溃疡或出血性胃炎最为常见。胰腺呈出血性胰腺炎，也可致血中淀粉酶明显升高。脑实质中可见血管周围出血，并伴有胶质细胞核溶解。严重病例存在多发性脏器梗死，常见于肠、肺、脾、肾、脑和心肌，镜下可见梗死区附近的小动脉和毛细血管血流停滞，管腔充满紧密挤压在一起的红细胞，小静脉中可见血栓形成。上述病理现象结合患者血小板及纤维蛋白原明显降低，可考虑为典型的弥散性血管内凝血（DIC）。机体核心肌群，如髂腰肌等，发生出血及节段性坏死也是冻僵的特异病理变化。

综上所述，冻僵致死者应具有以下病理学特征：①皮肤可见鲜紫红斑和溶血性冻痕，镜下为浅表毛细血管高度充盈伴出血及溶血；②胃黏膜弥漫性浅表溃疡或出血性胃炎；③小灶性心肌变性；④髂腰肌等核心肌群发生出血及节段性坏死。

冻僵虽多发生于陆地，但水中冻僵也并不少见。其病理过程虽无根本差异，但后者亦有其自身特点。由于冷水刺激更为强烈，皮下血管迅速收缩，使血液集中于机体中心部分，但很快进入冻僵状态，故水中冻僵者皮肤大都呈苍白、大理石纹样或灰土色，而极少见鲜红色溶血痕。另外，由于陆地冻僵过程较缓，机体随之产生一系列代偿及失代偿过程，因而其脏器功能障碍显著，病变程度严重而范围广。冷水冻僵者的体温骤然降低，机体尚未充分发挥其代偿调节功能，脏器功能还未明显减退则已发生意识丧失，所以虽体温（直肠温）下降程度较大，但并不一定表示脏器功能障碍非常严重。对于冷水冻僵者，即使其直肠温下降到20℃以下，仍有复苏的希望，应尽可能采取各项有效措施，充分救治。

（二）冻伤

重度冻伤的病理过程大致可分为四个阶段，即冻结前期、冻结融化期、融化后反应期和组织坏死期。

1. 冻结前期　从机体暴露于寒冷至组织发生冻结前的阶段，主要变化是机体对寒冷的应激反应，表现为产热增多和散热减少。产热增多主要是由于骨骼肌紧张度增加和寒战，结果是机体氧耗和能耗增加，不但增强对糖的利用，而且动员脂肪储备以提供热量，尤其是棕色脂肪，同时皮肤血管收缩，血流量减少，从而减少散热。血管收缩的反射有两个途径，即寒冷直接冷刺激末梢感受器和低温刺激下丘脑，分别引起局部和全身体表浅层血管收缩。

2. 冻结融化期

（1）组织冻结：指组织中的水分形成冰晶体。不同的组织冰点不同，皮肤的冰点是 $0 \sim -2.2$℃，肌肉的冰点是 -2.2℃。根据冻结的速度，组织冻结分为缓慢冻结和快速冻结。缓慢冻结时冰晶只在细胞外形成，快速冻结则细胞内外均形成冰晶。

（2）冻结组织融化：是组织复温至冰点以上时，组织中固态的冰晶转化为液体的过程，根据融化的速度分为缓慢融化和快速融化。复温融化时的特点是温暖的血液流进冻伤组织血管网，组织出现红、肿、热、痛等炎症现象。

（3）冻融所致组织损伤：在组织冻结过程中，尤其是缓慢冻结时，当细胞外液中水分子形成冰晶后，细胞外液的溶质浓度增高，渗透压也相应增高，使细胞内水分逸出而发生细胞内脱水。渗透压增高和脱水可引起细胞蛋白质变性，从而导致细胞器和细胞膜损伤，使细胞活动发生障碍。

3. 融化后反应期　冻结组织融化后，局部发生一系列功能和形态学改变，这些变化是在前两期变化的基础上发展形成的，主要为炎症反应，故又称炎症反应阶段。

（1）组织代谢改变：动物实验表明，组织融化后立即出现糖酵解率下降，冻结时间越长，下降越明显。冻结融化对某些酶的活性也有影响，如乳酸脱氢酶、磷酸丙糖脱氢酶及过氧化氢酶等均可因冻融而变性，活性下降。

（2）血液循环障碍：冻结组织在冰结状态下血流完全停滞，融化后首先出现血管舒张反应，形成反应性充血，血流有所恢复，随后很快出现血流缓慢，微血管淤血而高度扩张、内皮细胞坏死脱落，血小板附壁并聚集，进而发展为血栓形成，导致血流淤滞至完全停止，使组织缺氧，最终造成冻结组织的坏死。

（3）渗出和水肿：融化后冻结组织的反应属于无菌性渗出性炎症反应、渗出和水肿，在融化后 12 ~ 24 h 达高峰，而后可形成水疱。人体重度冻伤的水疱液多为血性，系微血管严重损伤、红细胞漏出所致。水肿发生机制主要在于局部血液和淋巴液循环障碍，另外，细胞损伤后炎症介质释放进一步加重了渗出、水肿的程度。

4. 组织坏死期　重度冻伤发生不同程度的组织坏死，在不合并感染的情况下形成干性坏疽。在实验性冻伤研究中，可根据坏疽的范围评定冻伤等级。

近年来对冻伤的研究工作主要集中在寒冷对血管、血液有形成分及血流动力学的影响等方面。

（1）血管：血管内皮对寒冷非常敏感。动物实验电镜观察证实，冻后即刻皮下毛细血管内皮细胞细胞质的电子密度增高，线粒体肿胀，嵴断裂形成空泡，其余细胞器结构不清，细胞质略呈均质化改变。细胞核异染色质增多。有的内皮细胞坏死，细胞核固缩，细胞质呈均质化改变或部分断裂成碎片。皮下微静脉内皮病变大致同毛细血管。皮下小静脉内皮细胞间可见裂隙，部分线粒体肿胀，嵴断裂。皮下小动脉可见内皮坏死，部分细胞碎片脱落至血管腔。管壁平滑肌细胞线粒体肿胀、空泡化或形成同心圆板层结构，深肌层毛细血管内皮肿胀，细胞核异染色质稍增多。此时其他细胞成分较少有坏死。冻后 4 h，皮下毛细血管和微静脉中的内皮细胞大部分坏死，细胞核固缩，内皮崩解脱落处可见红细胞逸出腔外。皮下小动脉内皮坏死、部分崩解脱落，并可见红细胞逸出。深肌层毛细血管内皮也有坏死。冻后 24 h，皮下和深层微血管内皮均坏死，大部分内皮崩解脱落。有的小静脉内皮丧失殆尽而由血小板直接贴附于基底膜上，其外形酷似内皮胞质，但因胞质中存在特异的致密颗粒可确认为血小板，该处常形成血栓。冻后 3 天，除血管内皮及其他细胞成分坏死外，还可见间质中胶原纤维变性。变性的胶原纤维失去周期性横纹结构而形成短而卷曲的胶原原纤维束。

（2）血液系统：血液循环障碍是重度冻伤组织坏死的主要原因之一，寒冷损伤时血流动力学、凝血系统及血液有形成分的改变一直是寒冷损伤的研究重点。大量实验研究结果证明，冻伤后出血时间及凝血时间明显缩短；血小板数增加，聚集率增高；血浆血栓素 A2、纤维蛋白原及钙离子浓度明显增高，而且其变化程度与冻伤程度呈正相关，说明血液系统的改变及由此而导致的血液循环障碍是冻伤病理过程中持续存在的重要因素，并直接影响病变的结局。

另外，值得注意的是红细胞的变化。与白细胞、血小板不同，冻后外周血中红细胞的数量明显减少。在冻伤局部，冻结或未冻结组织微血管中红细胞的超微结构均发生显著改变，主要表现为细胞皱缩变形和晶格样包涵体的形成，胞质电子密度改变；细胞破碎，皱缩的红细胞外形规整，其中常见数量不等的高密度晶格样包涵体。细胞质电子密度大大降低，形成包涵体周围的透亮区，其胞膜常不完整。晶格样包涵体电子密度较高，形状不一，切面可见呈正方形、梯形、长方形或不规则形。血管腔内还可见红细胞崩解而形成的大小不等的碎片，有或无细胞膜包绕，晶格样物质可裸露存在于血浆中。上述红细胞改变在冻伤后即刻局部血管中可大量存在，而经复温血管再通后则较少见。但此时在脾窦及吞噬细胞中可见红细胞碎片和晶格样包涵体。

红细胞的这种特殊病变系血红蛋白变性所致。由于在非冻结性冷伤时即可发生，说明红细胞对寒冷损伤极为敏感，且易形成不可逆改变，最终造成溶血。由于溶血不仅可造成血液呈高凝状态而形成弥散性血管内凝血，且可诱发动脉收缩效应，进一步影响局部血液循环，也是导致组织坏死的重要因素之一。

（3）骨骼肌：冻伤中，骨骼肌纤维基膜下水肿，细胞膜与基膜分离，其间形成液腔，还可见少数线粒体变性、嵴断裂，严重者可见膜系形成层叠的髓鞘样结构。冻伤中，骨骼肌病变较为严重。早期肌原纤维可见扭曲变形、排列紊乱，肌细胞主要有基膜分离而形成液腔；线粒体多聚集且高度肿胀而呈气球状，嵴断裂消失，基质密度明显降低，内质网明显扩张，形成大小不等的透亮液泡。随病程进展，肌原纤维束排列紊乱且大都断裂，束间明显水肿，并常伴有大量线粒体破裂而形成的小泡群；核染色质明显边聚、溶解，发生坏死。

从骨骼肌冻伤病理早期改变来看，线粒体的改变和细胞内外水肿最为显著。这可能是在低温环境下，细胞酶活性系统降低，能量生成障碍使离子转运功能受累所致。

（4）神经：神经对冷暴露的反应非常敏感。在电镜下，冻伤局部神经随时间变化而呈现不同形态学改变。冻后即刻，有髓神经纤维部分髓鞘板层排列不整，略显膨松，呈卷发状改变，并可见神经膜明显肿胀而致局部髓鞘向内凹入挤压轴突。轴突内线粒体肿胀，嵴断裂，微管仍完整，排列尚规则。无髓神经的施万细胞线粒体肿胀，轴突改变与有髓神经大致相同。冻后 4 h，有髓神经的施万细胞明显肿胀，髓鞘外层胞质密度可大大降低，髓鞘内层胞质可形成大小不等的液泡围绕轴突。髓鞘变形明显，板层减少至消失而代之以网包样结构，轴突内微管数量明显减少甚至消失而形成絮样物质。无髓神经的施万细胞肿胀不明显。冻后 24 h，大多数有髓神经的髓鞘失去规则的周期性排列而形成有微小波浪样弯曲的发束样结构。有时还可见局部髓鞘高度膨松而成海绵样结构，其神经细胞膜部明显肿胀、电子密度明显降低，有的已发生崩溃。轴突内细胞器减少，微管消失，轴浆明显空虚、细胞器大都消失。无髓神经的施万细胞肿胀不甚明显，轴突微管减少，有的轴突溃变为高度致密团块，也有部分轴突形态结构相对较好。冻后 3 天，皮下浅层神经退行性变，施万细胞髓鞘板层膨松，折曲而呈线团样结构，线粒体嵴消失而形成由单层膜包围的均质物，胞质中还可见大量液泡，轴突大都消失。深层神经呈修复改变，施万细胞壁髓鞘板层规则排列，胞质内细胞器增多。轴突内细胞器也明显增多，以线粒体和微丝为主，并可见少量微管。但髓鞘与微管之间有时可见残存的髓鞘退变物及液泡。无髓神经修复较好，轴突中已见有大量微管形成。

（5）骨组织：重度冻伤累及骨组织时可导致骨坏死，而骨膜及骨髓较能耐受寒冷而不易受损。但坏死骨组织难以清除。如该部位未形成坏疽，则可借骨膜成骨而形成新骨质以覆盖死骨。

20 世纪 70 年代以来，冻伤研究者多倾向于重度冻伤组织坏死的发生依赖于复杂的综合机制，初始损伤主要为冷冻直接损伤、局部代谢障碍及充血、水肿等，这是原发障碍由于内皮受损及血流动力学改变而导致继发血液循环障碍，后者进一步影响原发损伤使其加重，从而导致组织细胞坏死。近年来不少研究人员还注意到缺血再灌注损伤及自由基在冻伤病理过程中的作用，认为这也是加重初始损伤的重要因素之一。因此，重度冻伤发病机制不是单一的，而是多因素协同作用的结果，在不同阶段可能存在不同的主要因素。

与此同时，当体温降低时，患者可能会产生如下症状：①容易疲劳。体温每降低 1℃，酶的活力便会降低 50%，因此人容易疲倦。②免疫力降低。体温每降低 1℃，白细胞的免疫力便会减少 37%，因此低体温的人，其免疫力也会相对降低，故而在季节更替时比较容易感冒。③自主神经功能及激素平衡受到影响。自主神经功能会因为人的体温低而产生变化，导致其与激素的相对平衡被打破。④导致肥胖。人的体温低不容易消耗热量，使得人体细胞的新陈代谢减退。体温下降，基础代谢量会随之减少，吸收摄入能量的能力就会变弱，所以就算吃同样的食物，体温低的人也比较容易肥胖。⑤手脚冰凉。体温低的人，手脚等的末梢血管会变细，不利于血液循环，也会使得心脏运送血的能力变小，让人的血液循环能力变弱，不能更有效地生成与传送热量，造成手脚的热量不足。⑥出现不同程度的低温症。早期的低温症，会因为脉搏增速，呼吸紧促，而产生战栗。手脚冰凉是人体血液流速减慢与流量减少的症状。人会因为寒冷而使自己兴奋起来，从而使机体产生更多的热量。在早期，被他人发现低温症的概率很低。如果处于一个寒冷的环境中，我们就不仅要保证自己的体温处于正常，还要关心身边伙伴的身体健康，因为低温症早期会表现为反应迟钝，不灵敏，说话不连贯，人特别的兴奋等与往常不一致的行为。更为严重的低温症是表现于体温在 33℃以下时，人会感觉手脚僵硬，动作不便。因血流缓慢，嘴唇和手指因为缺氧而表现为青紫色，血流量减少，导致传热量不足，在寒冷条件下会面色发白。当低温症程度再加重时，体温会低至 30℃以下，人体内重要器官的运行会受到巨大影响。人的意识开始丧失，从困乏到无力，甚至出现昏迷。这时人的大脑开始变冷，机体产热减少，导致大脑运行减慢，甚至导致死亡。在人体处于该状态时，生命体征减弱，瞳孔放大，呼喊后无反应，并且心跳过于微弱，让人感受不到，而且人的呼吸会减少到让人难以察觉，易因错过最佳治疗时间，而丧失生命。

二、高温对人体生理功能影响的类型和发生机制

通过温度、湿度、气流和辐射的综合影响引起人体过热的环境称为热环境（thermal environment）。气象因素中的太阳辐射和热辐射是自然环境中重要的致热因素。如高温下训练时，由于强烈的肌肉活动大量产热，必须加强散热才能维持人体的热平衡，但炎热的外环境使机体散热困难，甚至被迫接受大量的外加热（辐射与对流热），由此可引起一系列的生理应激反应。

（一）过热的临床表现

机体暴露在热环境中即受到热的影响，机体通过体温调节及其他机制来适应

热环境，当全部散热作用不足以对抗产热和受热的总和时，将产生热蓄积，机体对于热蓄积的耐受能力有限，因此过热可以引起各种异常改变。过热引起的临床表现主要有热痉挛、热衰竭和中暑。

1. **热痉挛（heat cramp）**　主要发生在热环境中从事剧烈运动和工作时，其特征为肌肉痉挛，是大量出汗引起的低钠血症，进而造成细胞中钙浓度增加，引发肌肉的收缩，一般不伴有体温升高。

2. **热衰竭（heat exhaustion）**　在受热长达数日时容易发生，其特征是虚弱和低血压，皮肤不干燥，有汗。它包括缺盐型和缺水型两种。在补给水分时未能充分补盐则表现为缺盐型，可伴有肌肉痉挛及神经、消化系统症状，不伴有体温升高。长期受热而未能充分补水时表现为缺水型，伴有体温升高，可有口渴、少尿、心律不齐和呼吸困难。

3. **中暑（heat stroke）**　中暑是最严重的一种类型，特点是焦虑、兴奋、谵妄、虚脱、昏迷，直至死亡。它分普通型和锻炼型两种，均伴有皮肤干热潮红和明显的体温升高。普通型中暑常发生在老年人和儿童，有严重的脱水和明显的中枢神经系统功能紊乱。锻炼型中暑与体育活动有关，虽然体温升高，但皮肤可以有汗，常伴有横纹肌溶解、弥散性血管内凝血和乳酸性酸中毒。

（二）高温对人体生理功能的影响

机体的体温调节恒定能力是有限的，当人体处于安静状态时，体温调节的极限为气温 $31℃$，相对湿度 85%，或气温 $38℃$，相对湿度 50%。在热气候条件下进行高强度活动时体温调节的极限还要大大降低，如果此时热平衡发生紊乱，热蓄积于体内，便可出现不同程度的体温升高。体温的动态变化固然可反映体温调节变动的强度和机体总的受热情况，但在某些情况下，体温不足以反映人体的体温调节功能状况。如穿不透气防化服从事高温作业时，因身体处于隔热状态，热交换困难，几分钟后皮温就急剧上升接近体温，然后与体温平行地变动，这时人的体温（$38.6℃ \pm 2℃$）与皮温（$38.4℃ \pm 2℃$）基本相同。但当改穿液冷服从事重体力劳动时，体温可升高至 $38.4 \sim 38.6℃$，而平均皮温却下降到 $29 \sim 30℃$。由此可见，人体在热环境中的耐热性，不仅取决于人体体内的热状况，而且相当大程度上取决于体表的热状况，故有人推荐用平均体温 $38.5 \sim 38.8℃$ 作为人体耐热极限的客观指标。

热暴露可以引起许多器官的损害，尤其是神经系统、消化系统、循环系统和血液系统等。

1. 神经内分泌系统　在高温环境下，神经内分泌反应增强，而很多激素参与调节机体的生理功能和物质代谢。如机体处于热应激状态，血浆肾素、血管紧张素Ⅱ、醛固酮含量都明显升高，表明肾素－血管紧张素－醛固酮系统被激活。除肾外，醛固酮对汗腺、唾液腺及胃肠道也有同样作用，对高温作业者水电解质代谢的调节与维持内环境的稳定具有重要的生理意义。机体在热应激状态时，糖皮质类固醇激素的合成与分泌也大大增加，如人体血浆皮质醇（糖皮质类固醇的主要激素）的浓度在热应激时显著增高。此外，高温作业工人尿中17-羟皮质酮和17-酮类固醇的含量显著升高。目前认为，血浆皮质醇水平与个体热敏感性有关，热应激时糖皮质类固醇的增高可能对机体有抗热保护作用。

2. 中枢神经系统　病理变化以大脑皮质锥体细胞、小脑的浦肯野细胞及星形胶质细胞的改变比较明显，光镜下锥体细胞和浦肯野细胞胞质淡染、尼氏小体溶解。电镜观察时见这些细胞的粗面内质网扩张、破裂，高尔基体数量减少。还有报道认为，高热时可见神经细胞边缘不规则，呈侵蚀状，或者出现皱缩、浓染。在神经胶质细胞中以星形胶质细胞肿胀最为明显，尤其是毛细血管周围的星形胶质细胞足板。由于足板部位的细胞质非常稀疏，光镜观察时在毛细血管的周围形成两个好像是有结构的腔隙，这就是所谓的 Virchow-Robin 腔扩张，它是脑水肿的典型表现，但在电镜观察时可清楚发现这两个腔隙完全被高度肿胀的原浆型星形胶质细胞的足板所充填。脑毛细血管周围有多个星形胶质细胞的足板附着，由于各自肿胀的程度有差异，有时出现一侧肿胀明显，而另一侧不明显的情况。

3. 消化系统　热应激时，交感肾上腺系统广泛兴奋，消化系统功能呈抑制反应。由于酸分泌减少，即分泌的潜伏期延长而分泌期缩短，唾液淀粉酶、肠淀粉酶活性和胃液酸度下降，胃的收缩和蠕动减弱，对固体食物排空减慢而对水排空加速，小肠运动抑制，吸收速度减慢等，都可使高温作业人员的食欲减退并造成消化不良。热环境下，血乳酸含量大大增加，可抑制胃运动，同时因口渴、脱水抑制食欲中枢，大量饮水冲淡胃液等致使食欲减退，这均表明高温抑制胃运动的原因系神经系统和体液因素两者共同作用的结果。

过热引起消化系统的形态改变最明显的器官是肝。肝最明显的变化是肝细胞糖原消失，PAS 染色光镜观察时非常明显。肝小叶外周部分肝细胞糖原消失较早，而肝小叶中心部分肝细胞糖原消失较晚。肝最重要的变化发生在肝窦，窦壁的细胞脱落，窦腔中出现核碎裂的细胞。电镜观察发现热暴露动物肝细胞和肝窦都有明显的改变，肝细胞的主要改变是糖原颗粒完全消失，因此整个肝细胞电子密度显得非常淡化，内质网明显扩张。中暑患者的肝穿刺组织电镜观察发现，糖原颗粒减少或消失的同时，线粒体肿胀及嵴断裂消失也比较明显，肝窦的内皮细胞构成的窦壁向血液中心汇集，造成窦周间隙变宽，肝窦变得异常狭窄。当窦周间隙进一步扩大时，游离的红细胞可出现在窦周间隙，此时说明窦壁的完整性已受到破坏，窦壁内皮细胞可以完全脱落，窦周间隙将不复存在。

4. 循环系统　热暴露时出现两种血流动力学改变。一种是心输出量较高，血压稍低，中心静脉压稍高，不出现发绀；另一种是心输出量较低，血压明显降低，中心静脉压明显增高，出现发绀。光镜观察可见心肌细胞横纹排列紊乱或消失，肌细胞胞质凝固或溶解，心肌细胞胞核的端面内陷，心脏间质出血等。

热暴露引起的肌质改变是心肌损伤严重的标志，仅见于体温达到43℃的动物或受热致死的动物。心肌间质出血主要见于左心室心内膜下和心肌纤维之间。室间隔的内膜下出血可以挤压心肌传导系统。有时还可见到心肌间质水肿。

电镜观察心肌最明显的变化是膜结构的改变。心肌富含大量的线粒体。这些线粒体在正常情况时呈椭圆形，相邻的线粒体表面以弧线相接触或留有一定的间隙。热暴露时线粒体肿胀，由于心肌含有丰富的肌丝，而线粒体又比较拥挤，因此在肿胀时相邻线粒体的接触面增加，端面变为直线接触。当四周线粒体都肿胀时，线粒体可变为圆形或方形。肿胀线粒体的基质电子密度降低，嵴断裂或溶解，变成大泡，与扩张的肌质网相似，但是根据双层膜的特征仍可断定是高度肿胀的线粒体。肌质网扩张也可以见到，明显时呈空泡状，但是其数量和对心肌纤维形态的影响不如线粒体重要。

心肌细胞肌丝可见排列紊乱，严重时断裂，在 I 带（明带）和 A 带（暗带）皆可发生。粗丝、细丝皆可出现改变，由于这些改变，可发展成灶性的透明区。一般 Z 线改变不明显，但是严重时可失去连续性。

另外，大量出汗不仅导致钠的丢失，也导致钾的丢失。当机体处在缺钾状态时，心肌的变化更为明显，不仅出现热暴露心肌的改变，而且出现肌节缩短、细胞核呈锯齿状、肌质网和核周腔明显扩张及心肌间质水肿等缺钾改变。总之，缺钾的影响较单纯热暴露对心肌的作用更为重要。

5. 血液系统　热暴露时红细胞变形，特征是红细胞中央的淡染区变成细长的裂隙，或是红细胞中央的淡染区出现两个深染的核心。机体随着受热时间延长，这些红细胞增多，此外还可见到其他异形红细胞，如梨形、棘形、球形红细胞等。与此同时，受热机体血液中网织红细胞（RC）也稍有增加。此外，在受热致死动物的血液中有核红细胞增多，而且有的核呈现异常形态或碎裂。红细胞异常形态的出现通常是细胞膜结构改变导致离子通透性改变的结果，常常伴有脆性增加，而致溶血，或是血红蛋白或铁代谢异常。这些形态异常的红细胞都是退行性改变，其功能降低，寿命缩短。幼稚红细胞的出现可能是骨髓受到刺激的结果。

热暴露时血液中中性粒细胞比例增多，出现环状核和葡萄状核等，分叶可达 6~12 个，其间以染色质细丝相连，有时见到生出鼓槌状小芽或形成核泡，染色质凝聚，有时形成块结，类似包涵体。淋巴细胞比例减少，可见到核碎裂成 2 块或 3 块，核溶解及其他异常形态，细胞质中出现空泡。电镜观察淋巴细胞异染色质呈现不同程度、不同形态的凝聚，常集中在核膜附近，细胞器集中在一侧。血小板的数量逐渐增多，电镜观察血小板伪足增多，微管和微丝结构不清，开放管道系统明显扩张，分泌颗粒减少，细胞器向中心汇集。血小板减少、纤维蛋白降解产物增多和纤维蛋白原减少标志着弥散性血管内凝血的发生，它是中暑时出血的主要原因。

纤维蛋白为主构成的微血栓可见于肾、脑、肺、肾上腺等，免疫荧光能够清楚显示纤维蛋白的存在。这些微血栓可进一步引起凝固性坏死或灶性出血。

6. 内分泌系统　在热环境中，甲状腺激素也有改变。与人体在热环境中进行重体力劳动后，血清中促甲状腺激素（TSH）、甲状腺素（T_4）显著增加相反，动物及人体经反复热暴露产生热适应时，血清中 TSH、T_3、T_4 降低。TSH 是垂体分泌的激素，说明机体在热应激时，垂体－甲状腺轴的反应增强，而在热适应时则下降。甲状腺激素可增强机体新陈代谢，引起耗氧量及产热量增加，其主要作用是在细胞的产能体系，特别是在线粒体形成 ATP 的氧化磷酸化过程。因此，甲状腺在热应激与热适应时的不同反应是导致机体代谢等产热增加或降低的一个重要因素。此外，高温时血浆生长激素、催乳激素、性激素等均可增加。

下丘脑体温调节中枢的活动与脑内一些神经介质有密切关系，研究证明，煤矿工人受热劳动后血浆中肾上腺素、去甲肾上腺素等活性显著增加。儿茶酚胺（CA）、5-HT 和前列腺素 E（PCE）及 cAMP 在体温调节中起重要作用。

7. 泌尿系统　高温条件下人体急需保留体内水分和电解质的平衡，肾能适应机体的这一需要。少尿是急性热应激的早期反应，体内氯化钠含量减少时，尿中排盐量迅即减少。高温作业时，尿量、肾血流量和肾小球滤过率均低于正常；对尿素、对氨基马尿酸盐（PAH）的清除率明显降低，可致肾损害。受热过程中肾血流量减少、失水失盐及高热状态对氧的需求量增加等，均可导致肾缺氧，严重时可致肾损伤。

肾是调节机体酸碱平衡的重要器官之一，主要通过吸收钠和排出酸性物质来调节。高温作业者，当出汗量在 1 个工作日超过 5 L 时，可因丢失水和电解质过多，导致酸碱平衡失调；又由于组织缺氧，血乳酸含量增多，碱储备下降，酸性物质排出减少，而引起代谢性酸中毒。现已证明高温作业过程中，心房肌细胞能分泌心钠素（ANF），可直接控制肾小管对电解质的重吸收。

高温导致骨骼肌严重改变，血清肌酐磷酸激酶显著升高，并伴有血及尿中尿酸大量增加，可以引起肾小管损伤，甚至急性肾衰竭。有人发现热暴露时缺钾和弥散性血管内凝血可以影响肾小球。中暑患者肾甚至出现间质性肾炎改变，可能与尿酸盐的作用有关，对中暑患者应注意检查尿相对密度、肌红蛋白尿、钠浓度、尿素氮等。

8. 其他　睾丸的环境温度影响精子成熟过程，一般要保持在低于体温的水平，如果局部温度高于正常温度，如 41~43℃时，曲细精管上皮细胞即可能受到损害。

与此同时，当体温升高时，患者可能会出现如下症状：①心脏负担加重。在体温持续保持相对较高条件下，由于大量出汗，血液浓缩，同时高温使血管扩张，末梢血液循环增加，加上劳动的需要，肌肉的血流量也增加，这些因素都可使心跳过速，而每搏输出量减少，加重心脏负担，血压也有所改变。②反应能力下降。体温升高可能压制大脑皮质的活跃，表现为谵语、昏迷等。③烦躁不安、头痛，甚至惊厥。由于大脑皮质的活跃受到压制，中枢神经系统运动功能减弱，使得动作的准确性、协调性，机体的反应速度及大脑的注意力均有所减弱，工作效率降低。④食欲减退、腹胀、便秘。在体温持续保持相对较高条件下，人体的血液流速增快，皮肤下的血管扩张，腹腔内脏中的血管收缩，会使消化道的血液量不足，消化液产生变少，胃肠消化所需的各种物质的分泌量减少，使人体消化功能减弱，出汗的增多和人体电解质的流失，使血中形成胃酸的氯离子变少，胃液中盐酸成分减少。如此，人体表现出食欲减退和消化不良。⑤人体防御疾病的能力下降。在机体温度持续保持相对较高条件下会增加肾的负荷，还会降低人体对毒性物质的耐受度，使毒性物质对机体的危害变高。人体温度升高，会使白细胞的免疫力下降，抗体形成受到抑制，抗病能力下降。⑥无力、口渴、尿少、脉搏增快。在体温持续保持相对较高条件下，出汗量增多，出汗过多对机体的水电解质代谢有着明显的影响，且对微量元素代谢也有着相当大的作用。当人体失水过多而不能及时补充水分时，就会表现出有气无力、喉咙干涩、尿量减少、心跳加快、水电解质平衡失调等症状。

第四节 低压低氧舱中的温度变化

一、低压低氧舱升降过程中的温度变化

随着海拔的增加，气温呈递减性下降。海拔每升高约 100 m，气温下降 0.65℃。如青藏高原年平均气温在 0℃ 以下，极端高温为 25~26℃，极端低温为 –45~–36℃；海拔 4 500 m 以上的区域，夏季最高气温低于 0℃，一天中的最大温差达 22℃。

在低压低氧舱的升降过程中，同样伴随着温度的变化，原因是上升过程中由于高度升高，空气变得稀薄，温度随之下降；下降过程中，由于空气的填充，密度增大，导致加温作用增强。在地表到 3 km 的温度实验中，观察到了这种变化（表 4-1）。

表 4-1   低压低氧舱反复升降过程中舱内温度变化

高度 /m	经过时间 /min	气温 /℃		
		第一次	第二次	第三次
0		19.8	19.9	19.9
1 000	3	17.0	17.0	17.0
200	1.5	20.1	20.1	20.1
1 000	2	18.5	18.4	18.4
200	1.5	20.7	20.8	20.9
1 000	2	18.7	18.6	18.6
200	1.5	21.4	21.5	21.5
2 000	5	16.7	16.6	16.6
200	3	22.7	22.7	22.7
3 000	5	16.4	16.4	16.4
200	3	24.7	24.7	24.7

二、快速的温度变化对人体的影响

低压低氧舱上升和下降过程可发生重复的温度变化，对人体产生积极影响，如促进血管内皮产生一氧化氮自由基。

温度变化能迅速、充分地引起血管的舒张和收缩，使全身血管得到锻炼，加强血液循环，增强血管的弹性和韧性，提高心肺功能，这有助于防治高血压、动脉硬化和冠心病。

温度变化还是一种按摩和呼吸相结合的运动，它能使肌肉和神经得到休息，有利于消除疲劳，润肤护肤。

温度变化不仅具有保健和预防疾病的作用，还具有明显的治疗作用，如镇痛、调节自主神经系统等。

三、低压低氧舱上升过程中起雾的原因

低压低氧舱上升过程中有时舱内会起雾，这属于正常现象，是由于温度降低使舱内的水汽达到露点的原因。

露点（dew point）又称露点温度（dew point temperature），在气象学中是指在固定气压下，空气中所含的气态水达到饱和而凝结成液态水所需要降至的温度。在这一温度时，凝结的水飘浮在空中称为雾，而沾在固体表面上则称为露，因而得名露点。

在环境湿度较大时，空气中的水汽压力虽然高，但尚达不到露点。低压低氧舱上升时，由于舱内温度下降，使空气中的水汽达到露点，形成雾的现象，随着气体的流动，这一现象会逐渐消失。可以采用室内除湿和减少进低压低氧舱人数避免此现象的发生。

参考文献

［1］程天民.创伤战伤病理学［M］.北京：解放军出版社，1992：516.

［2］程天民.军事预防医学概论［M］.北京：人民军医出版社，1999：145.

［3］李肪，刘嘉瀛，杨增仁，等.缺氧条件下冻伤对大鼠血液凝固系统某些因素的影响［J］.航天医学与医学工程，1996，9（4）：286-290.

［4］李海花，刘大锋，李焕，等.阿勒泰冬季的寒冷及对人体影响和预防 // 中国气象学会.第28届

中国气象学会年会——S14气候环境变化与人体健康［C］.中国气象学会，2011：390-393.

［5］刘嘉瀛，李凤芝，杨增仁，等.急性缺氧和缺氧习服对鼠足冻伤组织存活面积的影响［J］.中国应用生理学杂志，1995，13（1）：72-74.

［6］刘锡康.冷水冻伤特点［J］.海军军事医学，1983（1）：1.

［7］炉庆洪.基于红外热成像技术的健康青年体表温度分布特征［D］.福州：福建师范大学，2006.

［8］吕海霆.机舱船员海上作业劳动安全卫生预评价研究［D］.大连：大连海事大学，2006.

［9］邱仞之.环境高温与热损伤［M］.北京：军事医学科学出版社，2000.

［10］石茂年.中国医学百科全书（军队卫生学）［M］.上海：上海科学技术出版社，1985.

［11］王丽敏.女性乒乓球服的热湿舒适性研究［D］.北京：北京服装学院，2012.

［12］王守义.怎样分析发热待诊的病人（上）［J］.基层医学论坛，2003（3）：198-200.

［13］徐登云，王之贤.过热大鼠心肌细胞核端切迹的形态学观察［J］.中华病理学杂志，1988，17（2）：133-135.

［14］许乐思.女性基础体温曲线变化与中医证型的相关性研究［D］.武汉：湖北中医药大学，2014.

［15］杨成君，贾松彬，吕薇，等，兔足Ⅲ、Ⅳ度冻伤后组织超微结构的变化［J］.中国公共卫生学报，1995，14（4）：203-204.

［16］杨惠彬，李凤芝，王之贤，等，大鼠实验性冻结性冻伤微血管系统超微结构的研究［J］.中华劳动卫生职业病杂志，1995，13（1）：15-17.

［17］杨惠彬，李凤芝，王之贤，等.大鼠实验性非冻结性冻伤微血管系统超微结构的研究［J］.中华劳动卫生职业病杂志，1995，13（1）：18-19.

［18］杨惠彬，王之贤，李凤芝，等.冻伤组织微循环中红细胞病变的超微结构研究［J］.中华创伤杂志，1993，9（4）：210-212.

［19］杨惠彬，王之贤，李凤芝，等.骨骼肌冷冻损伤的电镜观察［J］.中华劳动卫生职业病杂志，1995，13（4）：208-210，256.

［20］杨惠彬，王之贤，李凤芝，等.实验冻伤大鼠神经纤维的超微结构改变［J］.中华劳动卫生职业病杂志，1996，14（4）：204-206.

［21］姚承禹.体温调节 // 侯宗濂.中国医学百科全书（生理学）［M］.上海：上海科学技术出版社，1985.

［22］周衍椒，张镜如.人体生理学［M］.2版.北京：人民卫生出版社，1983.

5

第五章　高原对人体的影响

高原条件下形成的气候，即为高原气候。全球中纬度和低纬度的著名高原有中国的青藏高原、云贵高原、内蒙古高原和黄土高原，美国西部高原，玻利维亚高原和东非高原等。由于它们的地理位置、海陆环境、海拔高度和高原形态上的差异，气候也各不相同，但各高原的气候也具有相同之处。高原气候具有低压缺氧、寒冷干燥、日照时间长、太阳辐射强等一般特点。

适应（adaptation）是生物界普遍存在的、在进化过程中形成的生命特有的现象。世居人群与动物发生可遗传的、能在高原环境中生存及繁衍的现象为高原适应，具有遗传基础结构、习惯和功能特征。对青藏高原上生活的世居者和移居者的高原适应性进行比较研究，发现藏族和平原汉族比回族、撒拉族等具有更好地适应高原自然环境的能力。因此，高原适应是指人们在高原居住，发生长期或至少3代后的遗传改变，是一种对低压低氧环境的遗传选择性反应。目前，适应是国内外研究者在高原医学和人类学领域的重要研究内容，尤其是比较极端条件下的适应，研究的重点区域为青藏高原地区、安第斯山地区及北极等地区。适应包括体质适应和文化适应，高原医学研究以体质适应为主，人类不仅要与物质环境相处，还要与其他生态种群相互作用。对于体质适应的研究，主要集中在不同的居住环境对人的身体形态、生理功能和运动能力等方面的改变和调整。

第一节　世居高原人群的高原适应

随着海拔的上升，人的身体形态和代谢特点会发生一定变化。身体形态的变化是人适应环境的最终结果，人的身高增长、体形增大、体重增加，身体的体积增加大于表面积的增加，体型越大产热量越多，而热量散失相对较少。居住在越寒冷的地区，人群的体型越大。寒冷的北极地区的因纽特人具有独特的体质特征，即为体质对生存环境的适应结果。适应可以遗传，具有解剖、生化和生理等特征，并且能在高原环境中达到最佳状态。在高海拔地区居住的高原人群中，青藏高原世居人群是居住高原时间最长的人群，青藏高原的世居藏族人生活在高原低氧环境中，经过长期的适应和选择，是高原适应最成功的人群。藏族人群与其他两大高原人群之间的生理适应特征比较见表 5-1。

表 5-1　三大高原人群生理适应特征的比较

表型	藏族人群	安第斯山人群	埃塞俄比亚人群
静息通气量	升高 50%	未升高	未报道
低氧通气反应	同平原	钝化	未报道
血氧饱和度	未升高	升高	升高
血红蛋白浓度	相对较低	升高	微量升高
出生体重	增加	增加	未报道

一、呼吸系统对高原的适应性改变

（一）肺容量和肺容积

世界各地人的体质调查发现，欧洲大陆和东亚大陆的人均存在从南到北随纬度上升、温度下降而身高、体重均值增长的趋势。对国内少数民族青少年中学生的生长发育与自然环境差异的研究结果表明，从身高、体重、胸围等身体形态状况比较，较高纬度地区的少数民族群体的发育水平稍高于低纬度地区群体。世居高原者的胸廓发育及胸围均不同于平原居民。研究发现，与非世居高原人或秘鲁白种人比较，世居高原的印第安成人胸廓容积较大，呈桶状胸趋势；在非洲海拔1.8 km 地区的世居人也具有此特征。国内对拉萨市城区 7～13 岁儿童胸廓形态的调查表明，世居高原藏族人群胸廓前后径与左右径的比值大于移居的汉族人群。藏族人胸廓接近圆形，汉族人接近椭圆；膈肌升降同样幅度时，藏族人的潮气量大于汉族人。平原成年男女的胸径指数随年龄增长而逐渐增大，而高原世居者在某种程度上继续维持儿童时期的桶状胸趋势，所以成年后胸径指数随年龄增长而增大的趋势不如平原人明显。

在高海拔低氧环境下，肺容量的增加幅度低于功能残气量及残气量的增加，该特点随海拔增高而明显。高原人在静息状态下胸廓处于相对扩张状态，而胸廓的最大扩张受到解剖结构的限制，其补吸气量减小，从而补呼气量增大是必然的结果，否则会导致肺泡通气量的减少，而失去高原肺容量增加的代偿意义。由于肺功能残气量的增加，导致血管受挤压而阻力增大，使肺动脉压升高，这种功能残气量的长期增大可能参与了肺动脉高压的形成。高原世居者肺容积增大是在生长发育期逐渐形成的，高原居民的肺活量取决于获得习服后生活的时间，并证实如果生命的早期就开始习服高原，高原移居者的肺活量与高原世居者同样大。

（二）肺通气

平原人群最初暴露于高原低氧环境下最明显的反应是立即增加通气量，随着暴露时间的增长发生更复杂的改变。藏族有类似移居者习服的特性，保持高静息通气量和敏感的低氧通气反应，快速低氧通气反应可维持较高的肺泡氧分压，限制因低氧造成的动脉血氧饱和度（SaO_2）降低，因此被认为是适应低氧环境的一种优势。而安第斯人群表现出相当程度的通气钝化。事实上，与相同海拔的汉族长期居民或居住在安第斯山脉的玻利维亚艾马拉人相比，藏族人提高了静息通气量，增强了快速低氧通气反应。

由高原低氧诱发的通气增加是由外周化学感受器的低氧应激反应所致。颈动脉体是主要的动脉血氧分压感受器，分布于颈总动脉分叉处。急性低氧会导致颈动脉窦神经传出射速骤然增加致使通气增加。慢性低氧可能导致颈动脉体形态变化。有报道称安第斯人因薄壁组织增生导致颈动脉体变大。颈动脉体增大的程度随年龄呈正增长，与化学感受器的日益钝化相关。在移居高原的汉族人中也有类似发现。与安第斯人和汉族人不同，高原世居藏族人的颈动脉体却与平原人一致或相近。

（三）肺换气

在高原地区由于大气压的降低，大气中的氧分压会相应降低，大气与线粒体之间的氧分压差也随之减小，会影响体内氧的正常传递，造成机体氧供给不足、组织缺氧，出现一系列功能、代谢和形态结构的改变。除分压差是气体弥散的动力之外，肺气体的弥散还受很多因素的影响。

空气中具有生理意义的主要是 O_2 和 CO_2。空气中各气体的容积百分比一般不会因地域不同而有差异，但其分压会随大气压的变化而改变。空气、肺泡气、血液及组织液中各种气体的分压见表 5-2。

研究认为，高原世居者肺的弥散功能增强可能与肺容积、肺泡毛细血管膜面积较大有关，伴随肺通气量的增加，肺泡毛细血管开放数量增多，血流量增加，这样有助于维持正常的通气与血流比例。

表 5-2　海平面空气与人体不同部位各气体的分压 [mmHg（kPa）]

	O_2	CO_2	N_2	H_2O	合计
空气	159（21.2）	0.3（0.04）	597（79.6）	3.7（0.5）	760（101.3）
肺泡气	104（13.9）	40（5.3）	569（75.8）	47（6.3）	760（101.3）
动脉血	100（13.3）	40（5.3）	573（76.4）	47（6.3）	760（101.3）
静脉血	40（5.3）	46（6.1）	573（76.4）	47（6.3）	706（94.1）
组织液	30（4.0）	50（6.7）	573（76.4）	47（6.3）	700（93.4）

（四）肺循环

低氧可导致肺动脉压升高，急性缺氧引起的肺动脉压升高现象称为缺氧性肺动脉增压反应（hypoxic pulmonary pressor response，HPPR）。在解除缺氧后肺动脉压可迅速恢复正常。HPPR 是以缺氧性肺血管收缩（hypoxic pulmonary vasoconstriction，HPV）为基础的。慢性缺氧（持续性或间断性）可致肺动脉压长期维持于高水平，称之为缺氧性肺动脉高压（HPH）。

1. 区域缺氧性肺血管收缩　人类的肺血管在低氧时发生收缩而不是扩张。区域缺氧性肺血管收缩使血液泵离肺部缺氧区域，有益于维护灌注 - 通气平衡。然而，区域缺氧性肺血管收缩会导致全身缺氧，如长期生活在高原的居民，易导致肺动脉高压和右心受损。藏族人与安第斯高原居民或其他高原居民相比，不易患肺动脉高压，直接证据是在一项研究中，生活在海拔 3.658 km 的 5 名藏族居民的肺动脉压力与海平面相比变化不大。与安第斯高原居民和平原居民相比，世居高原的藏族人肺循环 NO 升高，而 NO 可以使血管舒张，降低肺动脉压力。此外，一项研究表明，在海拔 3.6 km 高原生活的藏族人缺乏肺小动脉平滑肌，因此很少引起肺血管重建而导致肺动脉高压。

2. 肺动脉高压　另一个值得注意的急性高原暴露的肺部反应是肺血管收缩后继的肺动脉高压（pulmonary hypertention，PH）。肺动脉高压是由不同病因导致的、以肺血管阻力和肺动脉压力升高为特点的一组病理生理综合征（图 5-1），主要病理机制是血管收缩、血管重塑和原位血栓形成，最终导致右心负荷增加、右心衰竭。肺血管收缩的部位主要发生在肺毛细血管之前的肺动脉，尤其是中、小动脉。长时间持续或间断缺氧，均可使肺动脉压增高。较为持久的 HPPR 将伴有肺血管壁结构的重建，造成肺动脉血管壁增厚、管腔狭窄，称为缺氧性肺血管重建（HPVR），使肺动脉压进一步升高。在缺氧性肺动脉高压形成的早期，肺血管收缩

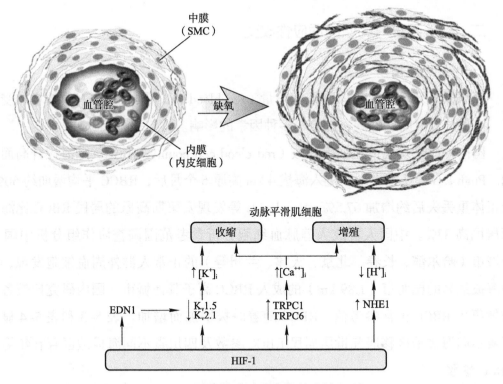

图 5-1 缺氧性肺动脉高压的发病机制

肺泡缺氧（由于慢性肺部疾病或高原居住）诱导低氧诱导因子1（HIF-1）在血管平滑肌细胞（SMC）中的活性增加，导致电压门控钾通道的表达降低（$K_v1.5$和$K_v2.1$），增加瞬时受体电位钙通道（TRPC1和TRPC6）的表达，并增加了钠-氢交换器1（NHE1）的表达，由此导致细胞内的钾、钙和氢离子的浓度改变，引发平滑肌细胞肥大、增殖、去极化和收缩，导致肺血管阻力增加。内皮素1（EDN1）以HIF依赖性方式由低氧血管细胞产生，也有助于K_v通道基因表达降低

引起肺动脉压升高，随之 HPVR 使肺血管壁结构改变，产生 HPH。右心导管测得的静息时平均肺动脉压≥25 mmHg，运动时平均肺动脉压≥30 mmHg，是美国胸科医师学会（American College of Chest Physicians）1993 年共识声明的临床诊断标准。肺动脉高压是几种海拔相关疾病的特征，包括急性高山病（AMS）和慢性高山病（CMS），是高原肺水肿（HAPE）发展的主要病理生理机制。长期居住在高原的居民肺动脉压与平原人群相比有显著差异。例如，藏族人群显示有与海平面平均值相符的静息和运动肺动脉压，并显示出最低的缺氧性肺动脉高压。此外，汉族和藏族婴儿在发展肺动脉高压方面存在差异，只观察到居住在西藏的汉族婴儿群中存在亚急性婴儿高山病（特征为呼吸困难、发绀、肺动脉高压和右心衰竭）。相比之下，安第斯人群的成年期和儿童期都确实存在肺动脉高压，其根本原因可归因于包括肺动脉壁增厚的动脉结构变化。

二、血液系统对高原的适应性改变

（一）红细胞增多

高原低氧环境下，机体红细胞总量（red blood cell mass，RBCM）的增加受海拔、高原居留时间、种族、性别等多种因素的影响。

国内外研究发现，红细胞计数（red blood cell count，RBCC）随海拔升高而增加。Pugh L G 等研究发现，进入海拔 4 km 高原 6 个月后，RBCC 平均增加约 50%，校正体重丢失后约增加 67.5%。Sanchez C 等发现安第斯高原的居民 RBCC 比海平面居民高 83%。中国人群成人静脉血细胞分析参考范围调查协作组分析中国 14 个城市（哈尔滨、长春、北京、天津、兰州等）的正常人群外周血细胞发现，其中海拔最高的昆明市（1.89 km）的成人 RBCC 高于其他城市。国内研究比较各地的健康人 RBCC 正常参考值，RBCC 随着海拔增加而增加。表 5-3 和表 5-4 显示西藏不同海拔地区移居和世居居民 RBCC 参数及四川省不同海拔地区青壮年男性 RBCC 参数。

表 5-3　西藏不同海拔地区健康居民外周血红细胞计数（×10^{12}/L，$\bar{x} \pm s$）

地区	海拔/km	移居居民		世居居民	
		男性	女性	男性	女性
拉萨	3.659	5.59 ± 0.76	5.18 ± 0.76	5.41 ± 0.64	4.86 ± 0.58
江孜县	4.04	5.96 ± 0.64	5.96 ± 0.72	5.71 ± 0.52	5.27 ± 0.47
色尼区	4.5 ~ 4.7	6.57 ± 0.62	6.19 ± 0.82	6.56 ± 0.66	6.23 ± 0.71

表 5-4　四川不同地区青壮年男性红细胞计数（×10^{12}/L，$\bar{x} \pm s$）

地区	海拔/km	RBCC
乐山	0 ~ 2	4.90 ± 0.98
康定	2 ~ 3	5.48 ± 0.90
甘孜	3 ~ 4	5.52 ± 0.82
石渠	4 ~ 5	5.75 ± 0.98

1. 红细胞增多的原因　高原低氧环境引起红细胞增生是由低氧刺激 HIF、EPO 表达增加介导的。动物实验中观察到小鼠在低氧 30 min 后血液 EPO 即升

高。临床研究发现，进入高原后最初 24～48 h EPO 浓度增加。也有研究报道，血清免疫反应性 EPO 浓度甚至在低氧环境 2 h 内即开始上升，并依赖于海拔高度，24～48 h 后达到峰值，此后逐渐下降，但一般仍高于平原值。即使在 2.315 km 的中度海拔地区也发现了同样的 EPO 快速升高和降低的结果。

从较低海拔地区进入更高海拔地区时，血液 EPO 浓度仍可继续增加。如在 4.5 km 地区居留 3 周以后，再到 5.5 km 高度时，仍然引起 EPO 浓度进一步升高。短暂的低氧刺激可启动 EPO 浓度增加，即使在短暂低氧刺激后恢复常氧，EPO 浓度仍然持续升高。例如，吸入 10% 氧 120 min 后刚刚恢复常氧时即出现 EPO 浓度升高，而且这种升高可继续持续 120 min。甚至 Koisinen P O 等研究发现间歇性低氧（常压，15% O_2 每天 12 min，1 周）和持续性低氧对 EPO 浓度、网织红细胞计数和转铁蛋白受体水平具有相同的影响。但因海拔增加而引起的 EPO 浓度升高具有很大的个体差异。Richalet J P 等发现受试者到达 6.54 km 1 周后，血液 EPO 浓度升高范围从 3 倍到 134 倍不等。这可能是 RBCC 增加的个体差异性的主要原因。

但研究发现，高海拔或低氧诱导下增加的 EPO 浓度降到接近正常水平后，RBCC 可继续增加。另外，CMS 患者的 EPO 浓度也可与同海拔地区居民无明显差异，这种 EPO 浓度降到接近正常水平后持续的红细胞生成作用尚无确切的解释。推测 EPO 对红细胞增生的影响主要在于启动下游细胞增殖信号转导。

另外，虽然研究显示 CMS 患者的红细胞寿命无明显缩短，但最近研究发现，CMS 患者的骨髓单个核细胞或体外培养的红系祖细胞的凋亡（apoptosis）下调。因此，高原或低氧下造血细胞的凋亡变化在 RBCC 增加中的可能作用需要进一步研究。

2. 红细胞增多的影响因素

（1）高原居留时间对红细胞数量的影响：高原低氧环境对机体 RBCC 的影响与高原暴露时间关系密切。一般认为高原暴露时间越长，RBCC 增加的可能和程度越大。国内研究发现，男性青年和中老年人由平原地区进入高原地区（海拔 3 km）后 1 年、2～3 年和 20～30 年，血细胞比容（hematocrit, Hct）由（45.00±3.50）% 分别增加至（47.64±3.24）%、（51.54±3.33）% 和（58.86±3.67）%。但进入高原后引起 RBCC 升高的时间没有确切的定论。高原移居者返回平原后 RBCC 等血液学指标可逐渐恢复。一项研究显示，在西藏（平均海拔 4 km）居住 5 年以上的健康青年男性初到低海拔（平均 0.8 km）地区时 RBCC、Hct 均高于低海拔青年男性，随着时间的推移，这种差异逐渐减小，到 90 天时与低海拔青年男性已无明显统计学差异。

（2）种族对高原人红细胞数量的影响：一般认为，对高原低氧环境的适应存在着种族遗传差异性。目前已知的高原低氧适应人群有三类：南美安第斯山的印第安人、喜马拉雅山的藏族人和非洲埃塞俄比亚人。南美安第斯山印第安人具有高 RBCC 和 Hb，较高的动脉血氧饱和度（SaO_2）和较低的静脉血氧饱和度（SvO_2），以此来适应高原低氧环境，类似于高原移居人群的习服特征，属于静脉低氧性红细胞增多，称之为低氧适应的"经典类型"。然而，藏族人的 RBCC、Hb 与 SaO_2 明显低于居住在大致相同海拔（3.5～4 km）的印第安艾马拉人，在排除缺铁、异常 Hb、地中海贫血等影响因素后，藏族人的 RBCC 和 Hb 含量甚至接近平原人，而且藏族人的 SaO_2 低，而 SvO_2 正常，属于动脉性低氧。此外，居住在海拔 3.53 km 的埃塞俄比亚土著居民的 SvO_2 和 SaO_2 均在平原人的正常范围之内，认为这是一种新的低氧适应模式。

国内关于红细胞参数和 Hb 在民族间差异性的研究比较有限。对新疆的维吾尔族和柯尔克孜族、甘肃甘南藏族自治州和临夏回族自治州的回族、四川西南地区的彝族等民族的 RBCC 等外周血细胞参数研究发现，与汉族间无明显差异。然而，不少报道证明高原地区藏族人的红细胞和 Hb 参数与汉族间存在差异性。研究发现西藏地区健康藏族成人 RBCC、Hb 均低于汉族，甚至拉萨市 11～14 岁藏族儿童 RBCC、Hb 也低于汉族儿童。提示高原世居藏族对高原低氧环境的适应不同于高原移居人群，后者以代偿性红细胞增生来适应高原低氧环境，而高原世居藏族 RBCC 和 Hb 含量低于移居汉族和其他高原世居民族。这与藏、汉民族血液 EPO 水平的差异性一致。研究报道在高原（海拔 3.685～4.500 km）地区，无论健康志愿者还是高原红细胞增多症（HAPC）患者，藏族人血液 EPO 水平均明显低于汉族。

（3）性别对红细胞数量的影响：无论世居高原者还是平原人移居高原后，外周血 RBCC 都表现为女性低于男性，且此方面无种族差异，CMS 也多发生于男性（西藏拉萨男女患 CMS 比例为 58：1）。至于高原低氧环境下 RBCC 性别差异性的原因，一般认为男性从事工作的劳动强度和劳动量较大，耗氧高；同时，与男、女性体内性激素差异有关，男性体内雄激素含量高，雄激素可以促进 EPO 的分泌与其有协同作用，而女性体内雌激素水平高，雌激素抑制 EPO 的分泌。研究发现高原移居男性血清 EPO 含量显著高于女性，另外也与女性月经有关。

3. 红细胞增多的机体变化 红细胞有多种重要生理功能，其中红细胞膜结构在维持其正常形态、物质运输、变形性、膜抗原性、免疫等功能方面发挥着重要作用。运输和携带氧气是红细胞的主要生理功能，其中血氧饱和度、氧亲和力（P50）的数值又是衡量红细胞携放氧能力的重要指标，红细胞的重要成分是 Hb，红细胞运输氧的功能就是依赖 Hb 实现的。高原低氧可引起红细胞形态、结构的一系列变化。高原低氧时红细胞免疫功能下降。红细胞具有识别、黏附、杀伤抗原，清除免疫复合物，促进白细胞吞噬等多种免疫功能，其中最重要的是通过 C3b 受体黏附循环免疫复合物，并带至肝、脾，由吞噬细胞消化。研究表明，高原低氧可降低红细胞免疫功能，主要表现为 C3b 受体花环率（C3b receptor rosette rate）下降，且红细胞 C3b 受体花环率随着海拔（2.26 km、3.3 km、4.08 km）增高而降低。

（1）高原低氧时红细胞抗氧化系统发生适应性变化：正常生理状况下体内产生的自由基由氧化系统清除。维持氧化－抗氧化平衡是机体正常生命活动最普遍的功能，一旦氧化－抗氧化失衡，氧自由基产生过多或（和）清除不足时，即可引起氧化应激反应，通过多种途径改变机体代谢，导致细胞损伤。氧自由基的形成有三个条件：有提供电子的供体、有接受电子的受体、氧分子经单电子还原。高原低氧并不等于无氧，仍存在接受电子的受体，低氧时提供电子的供体主要通过线粒体、内皮细胞、白细胞摄取的氧通过不同的还原酶作用而生成氧自由基。研究报道，健康人血中抗氧化剂超氧化物歧化酶（SOD）随海拔增高而降低，随高原居住时间延长而进一步降低；氧自由基反应产物丙二醛（MDA）随海拔增高而升高，随着在高海拔地区居住时间延长有逐渐下降的趋势，提示不同海拔健康人群的自由基反应随着海拔增高而增强。红细胞作为血液抗氧化剂的载体，含有丰富的谷胱甘肽（GSH）、谷胱甘肽过氧化物酶（GSH-Px）和 SOD 等多种抗氧化剂，其中 GSH 几乎全部是还原型，主要生理作用是对抗氧化剂，维护巯基酶蛋白和其他酶蛋白的还原状态，以及防止 Hb 氧化变性等，这对于保持红细胞的正常生理功能有重要意义。当红细胞内生成少量的过氧化物时，GSH 在 GSH-Px 作用下还原为过氧化物或水，而自身被氧化为氧化型谷胱甘肽（GSSG）。机体在高原等低氧环境下，随着体内自由基反应的增强，红细胞氧化－抗氧化系统也发生相应的变化。Singh 等研究发现，间歇性低氧（相当于海拔 7.26 km，6 h/d，分别 1、7、14、21 天）引起大鼠红细胞中谷胱甘肽还原酶（GR）和谷胱甘肽 S 转移酶（GST）活性降低。国内学者观察到健康青年从平原进入高原（3.658 km）5 天后红细胞 GSH 含量、GSH-Px 活性比平原组均降低，而 SOD 含量则增高，在海拔 5.2 km 地区居住 1 年的健康青年人红细胞 GSH-Px 活性仍低于平原值，SOD 水平明显高于平原值，而返回平原后均逐渐恢复至平原值水平。比较西藏地区和北京地区居民红细胞 GSH 含量和 GSH-Px 活性发现，西藏地区世居藏族、移居（2 年以上）汉族健康人和 HAPC 患者的红细胞 GSH 含量及 GSH-Px 活性无差异，但 GSH 含量均低于北京地区健康居民，而 GSH-Px 活性则高于北京地区健康居民，提示高原低氧环境下，人体红细胞内 GSH 含量处于较低的水平，GSH-Px 则保持较高的活性状态，即使随着移居时间的延长均未恢复至平原人水平，甚至高原世居者呈类似的趋势。说明人体在高原低氧环境下红细胞抗氧化系统处于比较活跃的状态，属于对低氧代偿的适应性变化。

（2）高原低氧时红细胞部分代谢酶及功能发生变化：在一定的海拔内（3 km 以下），红细胞乳酸脱氢酶（LDH）总活力和同工酶无明显变化。而随着海拔继续升高，LDH 总活力和 LDH3 同工酶的百分含量相对增高，这有利于红细胞无氧获能，达到细胞内物质代谢的自我调节，更好地适应高原低氧环境。

低氧习服后，与红细胞代谢有关的葡萄糖运载体表达增加，提示葡萄糖通过红细胞膜的量增加，红细胞代谢增强，有利于代偿性增强红细胞功能。另外，急性低氧时红细胞膜 ATP 酶活性降低，低氧习服后逐渐恢复，这与红细胞形态、变形性变化密切相关。

（二）血红蛋白

高原暴露后最明显的标志是 Hb 浓度上升。藏族人群遗传适应最重要的表型之一是相对较低的 Hb 浓度。吴天一曾综合多项关于喜马拉雅地区高原人群研究中的平均 Hb 浓度与移居喜马拉雅地区的平原人群及安第斯山脉居民对比发现，喜马拉雅地区高原人群的 Hb 浓度整体低于已报道的安第斯山脉居民和平原移居者的 Hb 浓度。

1. 喜马拉雅地区高原世居者与平原移居高原者的比较　综合已发表的数据，藏族居民的平均 Hb 浓度整体较低，而长期生活在 3.813～4.525 km 的汉族移居者 Hb 浓度上升较快。中国汉族平原人移居到高原相当长的一段时间后（1 年以上）Hb 浓度显著升高。Bharadwaji 等还发现，生活在 3.692 km 10 个月以上的泰米尔人的血细胞比容（Hct）显著比生活在低海拔地区的泰米尔人的高。不管男性或女性，西藏高海拔地区的居民 Hb 浓度都低于移居高原的中国汉族。中国汉族和印度泰米尔人的 Hb 浓度比喜马拉雅地区高原人群的要高得多。他们 CMS 的患病率也比真正的高原人群高。这些研究结果是一致的，认为喜马拉雅地区高原人群是适应高原的，而中国汉族和泰米尔移居者只是对高原低压低氧习服。藏族高原世居者的 Hb 浓度比汉族移居者低是其世代遗传适应的最佳例子。

2. 喜马拉雅山脉本地居民与安第斯山脉本地居民比较　Winslow 等用相同的方法来比较喜马拉雅当地人（夏尔巴人）和高海拔安第斯本地居民（克丘亚人），受试对象全为同龄健康男性，居住在约 3.7 km 高度的尼泊尔、智利等地；尼泊尔夏尔巴人的 Hct 明显低于智利克丘亚人（48.8% 比 52.2%，$P < 0.003$）；当受试者 Hct 相同时，夏尔巴人的 EPO 浓度低于克丘亚人（$P < 0.01$），表明低氧时夏尔巴人不会像克丘亚人那样红细胞过度增生。因此，尽管印度人 Hct 高于夏尔巴人，他们仍可能有功能性贫血。Beall 等用相同的方法进行了类似的研究，他们比较了海拔 3.8 ~ 4.065 km 的藏族人和玻利维亚人，发现藏族人 Hb 浓度显著低于玻利维亚的艾马拉人（156 g/L 比 192 g/L，$P < 0.001$），Hb 浓度表型的差异遗传因素占很高比例。

SaO_2 不变的情况下，Hb 的增加可以提高动脉血氧含量。尽管一个世纪以前人们就已经知道，人在高原会出现红细胞增多症，但此现象在高原习服和适应方面的重要性仍然存在争议。一些研究者认为，红细胞增生是适应的一个重要特征，而另一些人则认为已经很好地适应的长久居民拥有最低的 Hb 浓度或 Hct。虽然 Hb 浓度增加可以增加血液的携氧能力，但是当 Hb 浓度升高到 180 g/L 以上时，血液黏滞度迅速增加。此时，血流速度减慢，器官血流量减少，微循环缓滞，外周阻力和心脏工作负载增大。因此，高原人群的红细胞增生可能导致进一步缺氧，形成一个"恶性循环"。当男性 Hb 浓度高于 210 g/L 和女性 Hb 浓度高于 190 g/L 时，通常出现头痛、头晕、疲劳、面色发白、血管扩张，这意味着慢性高山病（CMS）已经发生。

3. 高原环境血红蛋白类型的变化　生物体在高原生存的时间越久，低氧适应就越全面，不以单纯增加 Hb 来代偿低氧环境，而是以 Hb 的结构与功能的改善来增强对氧的亲和力，并表现出动脉血结合氧和静脉血释放氧的最优化。在 Hb 的类型方面可出现如下适应性改变。

（1）胎儿血红蛋白：HbF 是胎儿第 3 个月后和新生儿血液中的主要 Hb，由一对 α 链和一对 γ 链组成 $\alpha_2\gamma_2$。在脐带血中 HbF 的含量占总 Hb 含量的 70% ~ 80%，出生后很快减少，在成人中 HbF 一般不超过 2%。因为 HbF 的 γ 链与 2,3-DPG 的结合力不如成人 Hb α 链强，在生理条件下对氧的亲和力明显高于成人 HbA，这有助于母体 HbA 的氧向胎儿循环中的 HbF 转移。调查发现，高原人无论是成人还是婴儿，HbF 的含量均高于相应的平原群体，藏族人 Hb 基因表达与平原汉族人接近，而胚胎和胎儿期 Hb 基因表达上调。不过也有高原人的 HbF 与平原人无显著差异的报道。高原羊驼从出生至成年，HbF 并不减少，保持在 50% 左右。目前可以明确的是某些高原土著动物 HbF 增加是肯定的，人类的变化情况有待进一步研究。

（2）变性血红蛋白：Hb 中的 Fe^{2+} 被氧化成 Fe^{3+}，即为高铁血红蛋白或变性血红蛋白，变性血红蛋白与—OH 牢固结合而丧失携氧能力。Hb 分子中有 4 个 Fe^{2+}，若其中只有一部分被氧化成 Fe^{3+} 也可使剩余的 Fe^{2+} 与氧的亲和力增加。正常情况下，血液中仅含少量的变性血红蛋白（约占 Hb 总量的 0.7%），只有在摄入大量亚硝酸盐、过氯酸盐及磺胺等时才会引起变性血红蛋白血症。Gourdin D 等观察到生活在 3.5 km 高原的秘鲁人，血液中变性血红蛋白为 5.3%；而 Hb 少于 140 g/L 的人，变性血红蛋白可达 10.1%。变性血红蛋白丧失携氧能力，但同时又增加正常 Hb 与氧的亲和力，所以认为这是一种调节反应。

（3）血红蛋白 X：对高原世居者、高原移居者的 Hb 类型研究发现，高原移居者长期生活在低氧环境后，有形成一种新 Hb 的趋势，认为这是人体对低氧环境的适应改变。他们的 Hb 电泳图谱呈现 4 条带，即除了低海拔地区的 HbA1、HbA2 和 HbF 三种类型的 Hb 外，还有另外一种 Hb（HbX）。因为胎儿脐带血中并没有这种 HbX，故认为是后天获得的。HbX 类似于 HbGover I 或 HbGover II，这两种 Hb 是胎儿早期的 Hb，具有氧亲和力较强的特性，在胎儿后期消失，成人和婴儿不具有这种 Hb。Hb 恢复到胎儿早期氧亲和力较强的类型，有利于机体对低氧的适应。

（4）突变型血红蛋白：在 Hb 的结构方面，已发现很多珠蛋白 α 和 β 链变种，它们的氧结合能力大幅度提高，称为高氧亲和力变种。Hb 的氧亲和力大部分决定于脱氧结构和氧合结构形态相对稳定的适当平衡，珠蛋白链的氨基酸突变影响了 Hb 分子的四级结构，干扰了"血红素 – 血红素"相互作用，可以降低 pH 对氧亲和力的正常效应（波尔效应），使 Hb 氧解离曲线左移。突变型血红蛋白造成其血氧亲和力增高是许多高原土著动物适应高原低氧环境的重要分子机制，此种突变可以发生在以下几种位置。

α1β2 接触处的突变使接触面不规则，阻碍了氧合状态顺利地转变为脱氧状态，使结构固定于氧合状态，减少了亚单位间的相互作用，增强了氧亲和力。Hb 结构的这种改变在两种鸟类中发现：生活在西藏湖泊中经喜马拉雅山迁徙到印度过冬的斑头雁，以及常年生活于安第斯山的安第斯雁。与平原生长的灰尾雁相比，斑头雁的 Hbα1 链 119 位脯氨酸被丙氨酸所取代，导致 α119 丙氨酸与 β55 亮氨酸之间间隙增大，改变了 α 链、β 链的接触方式，有利于提高 T 态结构氧亲和力；安第斯雁的 β55 位亮氨酸被丝氨酸所取代，使蛋白质变得松散，两种改变均使 Hb 与氧的结合能力显著增强。此现象也出现在其他高空生活鸟类，如猎鹰、海鸥、秃鹫和苍鹰中。一种生活于海拔 4 km 的安第斯山原鸡，其 Hb 结构也发生了改变，导致别构调节及内在特性的变化，使 Hb 氧亲和力提高。另外，研究发现凤头潜鸭深度潜水耐低氧机制是 Hb 突变 Lys-a99-Arg 提高了血氧亲和力。值得一提的是，利用点突变方法使人 Hb 基因发生突变，表达产生的珠蛋白 α 链 119 位脯氨酸被丙氨酸所取代、β 链 55 位亮氨酸被丝氨酸所取代，这种突变使 Hb 与氧的亲和力大增加。

4. 血红蛋白与慢性高山病　　慢性高山病（CMS）是一种机体对高原低氧适应失败的综合征，表现为红细胞过多增生、Hb 和 Hct 水平异常升高、肺换气不足、肺动脉高压，最后导致右心衰竭。CMS 发生于长期居住在高原的成年人中，有很高的患病率和死亡率。令人感兴趣的是，与其他高原人群相比，如安第斯高原人群或移居高原的汉族，藏族人 CMS 的患病率非常低。生活在青藏高原的藏族人CMS 的总体患病率为 1.2%，而汉族为 5.6%。据报道，使用相同的蒙氏标准定义CMS，即 Hb > 213 g/L 和动脉血氧饱和度 < 83%，在海拔 4.3 km 的玛曲地区的藏族人 CMS 只有较低的患病率（0.9%），而相同海拔度的秘鲁塞罗德帕斯科的盖丘亚人的为 15.6%。

5. 红细胞生成素（EPO）　　红细胞生成受 EPO 的调控，低氧会刺激 EPO 分泌。在拉萨（3.658 km）藏族人血清免疫反应测得的 EPO 浓度（Si Ep）比汉族低，在与 Hb 值匹配时差异更明显。然而，汉族和藏族的红细胞增多症患者 Si Ep 都高于健康对照组，59% 红细胞增多的值在正常 Si Ep 值 95% 置信区间内。6 名高原红细胞增多症患者中有 5 名的 Si Ep 在正常范围内。这些结果与在塞罗德帕斯科（4.3 km）的研究相一致：塞罗德帕斯科的 CMS 患者与健康人之间 Si Ep 无差异。此外，通气异常反过来会刺激 EPO 过度分泌。移居青藏高原的汉族人肺通气量相对较低和低氧通气反应（HVR）呈现钝化，从而导致高原红细胞增多症。Winslow和 Monge 提出，红细胞增多症是一把双刃剑：增加 Hb 可增加携氧能力，但 Hct 值超过 50% 时会增加由于血液黏度增加所带来的风险问题。在安第斯山脉人群的血液稀释研究中并不能增加人们的极限运动水平，只有一些人略有增加，表明高 Hct可能适得其反。正如在藏族人中观察到的，尽管生活在低氧环境中仍然维持海平面水平的 Hct，这可能是高原适应的一种表型。

（三）白细胞

1. 高原对白细胞数量和结构的影响　对进入高原后白细胞总数和分类计数变化的研究报道不尽一致。个别研究报道，进入高原后外周血白细胞计数和中性粒细胞计数增加。但多数研究报道急进高原后外周血白细胞计数无显著变化，甚至进入高原 8 个月时白细胞总数仍无明显变化，而高原移居者和世居者外周血白细胞计数低于平原值。对西藏、甘孜、青海等海拔 3 km 以上地区较大样本量的研究均显示，高原居民外周血白细胞计数低于平原水平。研究报道 2.8 km、3.5 km 及 4 km 三个海拔地区外周血白细胞计数和淋巴细胞百分比无显著差异，西藏地区世居藏族人和高原习服汉族人之间外周血白细胞计数无明显差异。提示在一定海拔以上，白细胞计数并不随海拔增高而进一步变化，且无民族差异性。

线粒体是机体能量工厂，是组织、细胞氧利用的关键场所。90%～95% 机体耗能通过线粒体的氧化磷酸化作用获得，它在细胞、组织和机体的低氧适应过程中发挥着重要的作用。研究发现，移居高原 7 天时，中性粒细胞线粒体核周间隙增宽、不均匀，线粒体数量较多，较多线粒体出现固缩、水肿等；移居高原 30 天时，大量线粒体固缩，核周间隙扩张；移居高原 1 年时，线粒体数量增多，形态逐渐恢复正常，仅个别线粒体出现水肿。其中线粒体数量增加可代偿线粒体功能。线粒体 DNA（mitochondrial DNA，mtDNA）与线粒体的功能密切相关，mtDNA 的数量及序列变化可能导致线粒体的功能改变。研究发现移居高原（3.7 km，1 年）汉族人白细胞 mtDNA 的拷贝数高于高原世居藏族人群和平原人群，高原世居藏族人群高于平原汉族人群。提示高原环境下机体通过增加白细胞 mtDNA 的数量，来代偿线粒体的功能，促进高原习服。

2. 高原对白细胞功能的影响　白细胞具有变形运动、趋化性、吞噬、分泌等多种生理特性。白细胞依靠变形运动可以穿过毛细血管壁而渗出，并在组织中游走；在趋化因子的作用下可朝向某些化学物质或炎症区定向运动；通过吞噬作用可吞入并杀伤或降解病原微生物及组织碎片。在特异性抗体和某些补体的激活产物的作用下，白细胞对外源性异物的识别和吞噬作用可加强。白细胞还可分泌白细胞介素、干扰素、肿瘤坏死因子、集落刺激因子等多种细胞因子，通过自分泌、旁分泌作用参与炎症和免疫反应的调控。目前对高原环境下外周血白细胞各类细胞的计数和比例的研究结果尚不一致，较多研究认为高原地区中性粒细胞、嗜酸性粒细胞、嗜碱性粒细胞、单核细胞的绝对值和比例与平原地区无明显差异，但高原对它们的功能有一定的影响。研究表明，低氧条件可使中性粒细胞对血管内皮细胞黏附增加，渗出增多，同时影响其吞噬功能。Rainger G E 等在体外实验中发现，低氧时间和严重程度与中性粒细胞黏附呈正相关，轻度低氧（O_2 含量 2.5%~4.0%）引起滚动黏附，严重低氧（O_2 含量 <2.5%）诱导稳定黏附。研究发现低氧使大鼠微循环白细胞沿壁滚动数、黏附数、与内皮细胞接触时间显著增加，以短期低氧的变化更为显著。提示低氧使白细胞流变学特性发生显著改变，其原因与整合素 CD18 显著表达有关。同时，低氧使大鼠粒细胞的弹性模量和黏性系数均明显增大，粒细胞膜的刚性增大，细胞变形性下降。

低氧可抑制单核巨噬细胞的迁移、抗原递呈和吞噬功能。Bjekus R 等发现低压低氧（0.5 atm，17 h/d×7 d）可诱导小鼠外周血中性粒细胞吞噬功能下降。Tume L 等报道低氧抑制化学因子诱导的单核巨噬细胞的迁移，此效应迅速、可逆且无特异性。有研究发现低氧下单核巨噬细胞迁移抑制与 MKP-1 上调有关。实验研究证明，低氧条件下巨噬细胞的呈递能力下降与巨噬细胞内 ATP 水平下降、细胞表面主要组织相容性复合体（major histocompatibility complex，MHC）抗原及 Fc、C3b 受体减少有关。Leper-Woodford S K 等研究发现，急性低氧（O_2 含量 1.7%）下肺泡巨噬细胞的吞噬功能下降 30%~56%。青海大学医学院研究报道，高原红细胞增多症患者外周血中性粒细胞吞噬能力降低。

另外，低氧刺激单核巨噬细胞分泌炎症细胞因子。Naldini A 等在低氧（O_2 含量 2%）下培养人外周血单个核细胞，发现 IL-2、IL-4、IFN-γ、IL-6 水平均增加；海拔 4.8 km 筑路工人血清 IL-1、IL-6、IL-8 水平显著高于海拔 2.806 km 筑路工人；健康青年人由平原进入高原 3 个月后，血清 IL-6、TNF-α 水平明显高于平原人。高原对粒细胞、单核巨噬细胞功能影响的临床研究有限，尚需要深入研究。

三、循环系统对高原的适应性改变

（一）心率

低氧下心率的加快，是机体代偿功能和储备能力的体现，属于自我保护措施。低氧时心率随着呼吸频率的加快而增快。

严重低氧对心率的影响：当机体暴露于严重低氧，会直接抑制心血管中枢和外周化学感受器/压力感受器，甚至直接损伤心肌窦房结细胞，使得许多调节反射无法完成，最终导致心脏功能被抑制，心率减慢，心肌收缩力减弱。

关于高原世居者和久居者具有较慢心率的机制尚不是十分清楚，可能与以下因素有关。

1. 颈动脉体外周化学感受器反应"钝化"　由于长期低氧的刺激，外周化学感受器对血液中氧浓度变化不敏感（钝化），使得化学感受性反射减弱；另外，通气反应也因感受器钝化而降低，没有足够的牵张力使牵张感受器兴奋，导致黑－伯反射也减弱，感受器钝化最终降低了外周信息对心血管中枢的刺激，使得心血管中枢，特别是调节交感神经的中枢神经元保持较低的兴奋性，减少和弱化了交感神经的传出冲动，心率减慢。

2. 交感神经活性及其受体表达"弱化"　机体暴露于慢性低氧环境，心肌β-肾上腺素能受体下调，该受体在左、右心室分布密度明显降低，而在急性低氧期并不出现这种变化。心血管系统α-肾上腺素能受体在慢性低氧期的变化尚不清楚，但其在中枢神经系统中的密度显著下降，刺激延髓腹外侧髓质α-肾上腺素能受体，使外周交感神经活性下降、副交感神经活性增强。

3. 副交感神经活性调节模式的建立　胆碱能受体是评估副交感神经活性的主要指标。急性低氧下胆碱能受体兴奋性降低，心率增加，表明胆碱能受体密度并未显著增加；慢性低氧可使胆碱能受体密度显著增加，副交感神经活性增强，使心率显著下降，这与低氧适应后心率恢复至平原水平的现象相一致，可能与长期低氧使机体由交感调节型转换为副交感调节型有关。有研究发现人体暴露于慢性低氧 18 个月以上，交感神经活性下降，而迷走神经活性明显增加。

4. 高原世居人群自主神经调节功能和基因学说　高原世居藏族表现出对低氧环境适应最佳的特征，这种适应可能与变异基因的表达相关，而基因表达与心血管调控及对低氧的反应具有较高的相关性。

（二）心脏泵血功能

泵血是心脏的主要功能，常用心输出量大小来评价心脏的功能。机体暴露于高原低氧环境的最初，心率增加、心输出量显著增加，但每搏输出量不变，血压有轻度的升高。习服高原一段时间后，心输出量将恢复正常，但心率仍保持增加趋势，从而每搏输出量下降。而对于高原世居者或久居者而言，并没有上述变化。

1. 心输出量（cardiac output，CO）　低氧状态下心输出量会根据低氧程度呈现不同的变化。当机体急性暴露于轻、中度低氧环境时，由于氧分压降低，动脉血氧饱和度下降，外周化学感受器兴奋，反射性引起心率加快，心输出量也增加，机体通过增加心输出量来弥补外界因素导致的供氧不足，是一种生理代偿反应，当动脉血氧分压下降到 35 ~ 45 mmHg 时，心输出量将增加 40% ~ 50%。但严重低氧时，心输出量不增反降。即在高原地区，心输出量具有低氧程度依赖性，心输出量随海拔升高而升高，但到某一高度后，心输出量反而降低。另外，心输出量也具有对缺氧时间的依赖性，机体短时间暴露于低氧环境中，心输出量显著升高来弥补外界低氧所造成的动脉血氧分压不足，但随着低氧环境暴露的时间延长，增高不再延续，反而降至正常水平，甚至略低于高原世居者，这是一种低氧习服的特点。高原世居者藏族与平原汉族的心输出量基本相近，未见显著升高或降低。

通常心肌做功随心输出量增加而增加，但是当心输出量增大到最大，心肌做功反而会降低，这种现象与极限海拔最大氧耗量降低有关。虽然血液从肺部到组织的灌注量很大，但氧传递量不一定增加，这就意味着肺泡 / 毛细血管、毛细血管 / 细胞膜之间氧扩散量与相应部位的血流量不成比例，因此血红蛋白水平的适当升高弥补了低氧所致的血液中氧含量的下降，这就是世居高原人心输出量虽不增加，但仍能在低氧环境活动自如的原因之一。

心输出量增高主要与心率的增快和每搏输出量增多有密切的关系。

2. 每搏输出量（stroke volume，SV）　为一侧心室每次搏动输出的血液量，简称每搏量，又称心搏出量。无论是静息还是活动状态下，暴露于急性低氧时，心率和心输出量均将增加，但每搏输出量变化并不明显。当暴露于低氧几周后，心输出量下降到平原水平，心率仍保持较高的水平。心搏出量的大小是心脏收缩能力的体现，与心肌收缩能力正相关，目前研究对心搏出量的下降与心肌收缩力被抑制的相关性存在不同观点。无论是高原世居者还是习服高原的平原人，虽然心搏输出量减少，但心脏收缩功能并未下降，而且心室射血分数、收缩压峰值 / 收缩末容量比值、静息状态下平均收缩容量在高海拔仍能维持正常，只有在活动时射血分数轻微升高。

高原急性低氧期，心率增快，心输出量不降反而增加，有助于初入高原者较快地适应低氧环境。随着在高原停留时间的延长，心率会逐渐下降，恢复到平原水平，高原世居藏族不同于初入高原的平原人，其心率很慢，但其心输出量与平原人接近，表明世居藏族心搏输出量较大，从能量消耗的角度而言，这是一种节能的调节方式，是机体自我保护的方式，也是机体适应高原的一种标志。

3. 回心血量与右心功能　在急性低氧环境中，肺动脉血管收缩增强，肺血管压力升高，增加了右心室和右心房的后负荷，由于交感神经兴奋使心肌收缩力增强，增加右心输出量，促进血液在肺循环中的流动速度，同时降低右心室残余血量，右心室舒张期压力降低，回心血量增加，从而增加右心室舒张期充盈压，利于心脏下一次射血。右心通过改善心肌收缩力来克服肺动脉高压带来的负荷。

在慢性低氧条件下，由于肺动脉血管出现结构重建（remodeling）现象，使得肺动脉压呈现持续性升高状态，促使右心室和右心房压力升高，并呈现右侧心肌细胞的肥大，双重作用导致右心室和右心房压力升高，使得静脉压与右心房和右心室压力差值缩小，回心血量显著降低。动物实验表明，高原土著动物心肌收缩速率显著高于平原动物，心肌细胞线粒体分布丰富，而且肺动脉压并不增高，提示高原世居者右心室功能和回心血量与平原人并没有大的差异。慢性低氧刺激红细胞大量生成，使血液黏滞度增大，静脉血流速度下降，心室充盈量不足，会影响心脏泵血。

4. 冠状动脉循环和心肌代谢　　有研究表明，高原世居藏族的冠状动脉血管直径大于平原汉族，血流量增大；高原世居者冠状动脉分支密度远高于平原人，这也许正是高原人不易出现心肌缺血所致的心肌收缩力下降，其心脏能够承受高原低氧的特性之一。

心肌细胞在信号跨膜转导和肌小节收缩及舒张过程中将需要大量的 ATP，心率和心肌细胞收缩增强，心肌细胞代谢也随之显著增加。糖代谢为心肌线粒体能量代谢的重要部分，而高原居民糖摄取能力比较强。高原人具有较好的适应性调节机制以便于能够在慢性低氧环境中生存，包括适当（并非过度）红细胞增多和血管生成，这些调节均能促进氧的传递和代谢重建，因此高原世居人群很少发生肺动脉高压和心肌梗死。适应性代谢重组在保护心肌避免低氧损伤机制中扮演了一个关键角色，可以增加对糖代谢的依赖和线粒体呼吸容量。慢性低氧可以触发长期适应性心肌细胞代谢的调节通路和低氧相关因子表达，后者可以增加糖类的利用率，也可增强线粒体呼吸功能以便于维持和提高线粒体能量产生的效率。

（三）血压

1. 高原世居者和久居者的血压特点　　高原世居者和久居者由于受长期低氧刺激，体内氧感受器对氧浓度变化不敏感。与平原人相比，长期居住在高原的人其收缩压和舒张压均偏低，尤其以收缩压下降最为显著；反之，当高原人移居平原后，其血压会逐渐升高。

久居和世居高原使血压下降的机制十分复杂，可能与以下几个因素相关。

（1）迷走神经张力增加：慢性低氧环境下，机体交感神经活性减弱，心肌细胞上胆碱能受体密度显著增加，副交感神经活性也增强，在心血管调节活动中占优势。其结果是心脏收缩力下降，心率减慢，血管阻力下降，心输出量下降，致使血压下降。

（2）肾素－血管紧张素及儿茶酚胺水平降低：慢性低氧环境使机体肾素分泌减少，降低血管紧张素及醛固酮水平，减少儿茶酚胺类物质释放。血管紧张素和儿茶酚胺释放减少，使血管收缩作用减弱，血管扩张；醛固酮水平降低，促进利尿，从而降低血压。

（3）新生血管增多：研究发现低氧可促进低氧诱导因子表达增高，低氧诱导因子是低氧信号通路上的最重要的调控因子，可促进血管内皮生长因子表达，后者将促进组织新生血管的形成，特别是毛细血管增生，血管容量增大，大量的血液流入微循环，降低了大血管内压力。低氧使平时不开放的侧支循环也开放流通，外周阻力下降，血压下降。

（4）反射性体循环压下降：慢性低氧导致肺动脉压升高，右心负荷加重，从而使体循环压力反射性下降，心输出量减少，血压下降。另外，低氧也能通过 EPO 增加红细胞数量，后者将使血液黏滞度增大，血流受阻，血管反射性舒张，血管阻力减少，血压下降。

（5）血浆容量下降：干燥、寒冷也是高原地区的气候特点。进入高原的人群由于寒冷刺激膀胱，排尿增加，加之饮水少和低氧所致的抗利尿激素（antidiuretic hormone，ADH）合成和分泌减少，导致体内水分丢失，血浆容量相对降低，循环系统平均充盈压降低。

2. 高原高血压　研究显示，高原对血压的影响和高血压发病率因地区不同而略有不同，相比平原地区，高原地区高血压的发生率普遍较低。青海高原地区不同民族高血压患病率调查发现，藏族人生活海拔最高，但患病率最低，明显低于汉族人。但西藏地区高血压流行病学调查发现，藏族人高血压发生率高于移居的汉族人，平均发生率为 9.94%，长期居住的汉族人发生率仅为 4.78%～8.73%。在西藏不同地区中拉萨的发病率为 19.4%，居最高。也有研究认为藏族人频发高血压可能与大量食盐摄入有关。

3. 高原低血压　高原地区除少数人发生高血压外，较普遍的生理现象是久居和世居高原者平均血压值是偏低的，女性较男性易发生。高原低血压（收缩压 < 90 mmHg，舒张压 < 60 mmHg）以收缩压降低为主，其机制可能为慢性低氧引起自主神经功能改变，迷走神经张力增加，引起心动过缓和外周阻力降低。也有学者认为，低氧通过某些生理活性物质的作用，使小动脉平滑肌收缩力降低和毛细血管开放增多，心输出量降低，导致外周血管阻力下降，引起收缩压下降。由于小动脉基础张力下降并不明显，因此舒张压下降不如收缩压明显。

四、动脉血氧饱和度

保持高血氧饱和度可以提高氧运输。研究人员将新进入高原的汉族人与藏族人的 SaO_2 在静息状态和运动状态下进行比较发现，在海拔 2.261 km 静息状态和运动状态下，两组的 SaO_2 值相似；在 4.52 km，藏族人 SaO_2 略高于汉族人；在 5.62 km 处，静息状态和运动状态下藏族人的 SaO_2 均高于汉族人，在进行最大运动的时候差异最明显。

Beall 等 1994 年研究了一大批生活在青藏高原的普通藏族人群样本，经血氧饱和仪测试发现其 SaO_2 呈双峰分布，研究者因此提出，这可能是一种通过维持高 SaO_2 来提高氧运输的主效基因在发挥作用。Niermeyer 等将 15 名在拉萨出生的藏、汉新生儿的 SaO_2 进行比较，两组婴儿的 SaO_2 均在出生后前两天到达峰值，但这两天中的任何时段和任何情况下，汉族新生儿的 SaO_2 值均低于藏族新生儿；在接下来长达 4 个月的跟踪调查中，汉族新生儿的 SaO_2 从出生时的 92%（苏醒时）和 90%（睡眠时），到 4 个月大时分别降至 85% 和 76%；藏族新生儿的 SaO_2 从出生时的 94%（苏醒时）和 94%（睡眠时），到 4 个月大时分别降至 88% 和 86%。这表明，比起汉族婴儿，藏族婴儿能维持更高的 SaO_2。

五、新生儿出生体重

藏族人的另一个特点是相对不易发生宫内生长受限（IUGR），而 IUGR 与高原新生儿低出生体重相关。我们知道在高原比在平原繁衍生息更加困难，尤其是非本地居民。随着海拔增加出生体重逐渐下降。然而，各大人群的出生体重下降程度不同，世代生活在高原的人群如藏族人和安第斯山脉人群的出生体重下降较少，这表明遗传因素发挥了作用。相同海拔的藏族人与汉族人相比，不仅出生体重藏族高于汉族，而且产前或产后的死亡率汉族的是藏族的 3 倍。为了解释这些差异，人们进行了许多集中在胎盘氧气交换方面的研究，发现与子宫动脉（UA）血流速差异有关，而不是孕妇的肺通气量、Hb 浓度或 Hb 饱和度的改变。观察比较藏族与汉族孕妇，发现藏族孕妇有较高的子宫动脉血流速度和较大的子宫动脉直径。在安第斯山脉人群的研究中也发现了类似的结果，在怀孕期间安第斯山脉妇女的子宫动脉直径是居住在高原的欧洲女性的 2 倍。这种效应只在慢性低氧的情况下而非平原产生。这些结果产生的潜在机制，以及藏族人和安第斯山脉人群的机制是否一样仍不清楚。

　　关于青藏高原世居藏族适应高原低氧环境的机制备受关注。有资料表明，在机体低氧适应的氧摄取、氧运输和氧利用这三个生理环节上，青藏高原藏族世居人群与汉族移居人群间的适应机制存在着差别，移居者主要依靠功能适应，如通过肺通气量增加、心输出量增高、红细胞增多等来代偿，减轻体内的低氧状态；而世居者呼吸、循环功能的增强并不占主导地位，更多依靠组织适应，即对氧的利用更经济有效。藏族人的低氧适应的血液学表现与高原土著动物相似，不单纯以增加 RBC 和 Hb 来增大携氧能力，因此避免了由于 RBC 和 Hb 的过度增加而导致的红细胞增多症及血液黏稠度的增加。我国学者对世居藏族的低氧适应生理机制提出了新的观点：①生命早期适应：认为藏族已建立起完善的母体－胎盘－胎儿系统及适应低氧的胎盘机制。②器官水平适应：认为藏族具有完善的氧传送系统及强大的心肺储备及摄氧能力。③细胞水平适应：认为藏族可以较低的氧耗完成同一做功，其动－静脉氧阶差较小。④分子水平适应：认为藏族与移居汉族在同等血细胞比容时，藏族血清 EPO 较低，提示 EPO 表达不同。研究藏、汉族骨髓组织差异表达基因发现，藏族骨髓组织 HIF-1 低氧反应通路基因表达下调，凋亡抑制基因上调，促凋亡基因与凋亡蛋白基因表达下调；多数有氧代谢、无氧代谢酶类、电子传递链多种复合体、细胞周期相关蛋白及 RBC 网架结构蛋白中的基因表达下调；多种细胞因子及自由基清除酶类基因表达上调。初步推测，HIF-1 低氧反应通路基因的下调可能是藏族人低氧适应的一个特征，通过 HIF-1 通路基因的下调和抗凋亡能力的提高，产生细胞保护机制；通过降低代谢水平和增殖能力，减少氧与能量消耗，产生一种低氧条件下合理补充与利用能源的良性模式；通过下调水通道蛋白 1（aquaporin 1，AQP1）、碳酸酐酶 2（carbonic anhydrase 2，CA2）表达，上调自由基清除酶类和一些细胞因子表达，保持细胞内环境的稳定。这种多环节、多基因的综合调控，有利于藏族人对高原低氧环境的适应。另外，藏族人群适应高原环境特有的关键基因 "EPAS1" 和 "EGLN1"，在藏族人群中有很强的自然选择信号，与汉族在单倍型频率上表现出很大的差异。这两个低氧相关基因阻止了藏族人 RBC 过度增生和 Hb 过度升高，降低了各种高原性疾病发生的可能性。研究认为，HIF-1a、EPAS-1 代表了西藏高原人口适应高原生活最关键的基因产物。但高原世居藏族遗传适应的机制尚需进一步研究。

第二节　初入高原人群的高原习服

人或动物暴露于低压低氧环境后，机体对环境的变化进行自身调节，并在新环境中有效生存的过程称为习服。Hurtado 曾描述，人体对高原环境的习服表现为两种形式或过程，即 acclimatization 和 adaptation，这两个词均有"适应"的含义，但两者有明显的区别。目前高原医学研究者将从平原进入高原或由较低海拔高原进入较高海拔高原后，为适应高原环境，机体通过神经 - 体液调节发生一系列代偿性变化，适应高原生存环境的过程称为习服（acclimatization）；将通过长期基因突变使功能结构发生深刻改造或重建，又通过生殖遗传给后代而巩固下来，这个过程称为适应（adaptation）。

一、呼吸系统对高原低氧的习服

高原低氧刺激呼吸加深加快，肺通气量和肺泡内氧分压增高；低氧可使肺血管收缩，后者是形成肺动脉高压和肺源性心脏病的诱因。

（一）高原肺通气

进入高海拔地区后，由于气压低、呼吸深快和湍流减少等，气道阻力将减小，在 3.4 km 海拔高度，气道阻力降低 17%，到海拔 5 km 后高峰流速（peak expiratory flow rate，PEFR）明显增快，这与空气密度降低使气道阻力下降有关。另外，在外界大气压改变时肺顺应性也随之变化，据报道，进入海拔 3.4 km 高原最初 6 天，肺弹性回缩力减小，以第 4 ~ 6 天最为明显，平均下降 2 cmH_2O。平原人进入海拔 4.1 km 停留 72 h，肺静态顺应性比平原对照值下降 20%。

随着海拔升高，空气密度降低和气道阻力减小，也是肺通气功能增强的原因之一。但是过于深快的呼吸会排出较多的 CO_2，使血中 CO_2 减少，pH 升高，引发呼吸性碱中毒，这时可使氧解离曲线左移，加上缺氧引起的血管收缩，特别是脑血管的收缩，造成脑的缺血，这对机体适应高原低氧环境十分不利。

平原人进入高原数小时或数天后，肺通气量进行性增加，在一周内肺通气量能超过高原世居者的 20 倍，这一现象被称为"通气习服"。肺通气的改变及其调节对于机体适应低氧环境十分重要，这对机体其他适应机制尚未建立起来的初入高原者尤为重要。低氧通气反应的低下是高原肺水肿、高原脑水肿等急性高原病和慢性高原病发病的始动原因。初入高原者，低氧刺激使通气迅速增加，伴随着通气量的增加，CO_2 被过多地排出体外，形成低碳酸血症，从而造成呼吸性碱中毒，继而会轻度抑制这种初时增强的通气反应，数天后肾通过肾小管泌氢的减少，抑制碳酸氢根的重吸收，代偿性调节呼吸性碱中毒，碱中毒得到部分纠正后肺通气又将进一步增强。较长时间在海拔 5 km 高原生活可能会造成小气道功能的改变，气道阻力在第 6 周后将明显增大。

（二）高原人的肺容量和肺容积

1. 肺总量、功能残气量、残气量和肺活量 平原人进入高原后，肺总量、功能残气量、残气量和肺活量均增加，补吸气量减少，在海拔 4.268 km，肺总量增加 12%。对比海拔 4.54 km 高原世居者与平原人的肺容积也发现，高原世居者的肺总量、功能残气量、残气量均大于平原人。适应者初入高原后肺容积明显扩大，且残气量增大的程度高于肺总量的增加程度，故残/总比显著增高，肺通气流速明显加快，从大气道到小气道呈递增趋势，避免了因残气量增加而致外界新鲜空气难以进入肺泡的矛盾。肺容积扩大不仅使肺气体容量增多，还使弥散面积扩大，通气流速加快又保证肺泡内有足够的新鲜空气，两者相辅相成的结果是弥散功能增强，使初入高原者在低氧环境下弥散量与平原值相差无几，故一般状态下不至于损害机体的器官组织。平原人进入极高海拔地区，肺活量可能反而降低，这种无气道阻塞的肺活量减少，可能与肺血容量增加或间质性肺水肿有关。

2. 弥散膜面积与弥散时间 在高原上肺的弥散功能是增加的，这对机体的适应无疑是有利的。人体进入高原低氧环境后首先出现肺通气的代偿性增加，以此弥补由于大气氧分压下降造成的机体缺氧。进入高原数天后，肺通气量可增至海平面的 5~7 倍；久居高原后，肺通气量又逐渐回降至比海平面高 15% 左右的水平。在高原，肺总量的增加总是落后于功能残气量的增加，使肺保持在较高的膨胀状态，从而使肺泡表面积增大，扩大了气体交换面积，有助于氧的弥散。但功能残气量上升过大会影响潮气量，使通气功能降低。另外，高原习服早期既有肺泡通气增加，也有肺血流量的增加，这有助于 VA/Q 的改善。

高原上也存在着对氧弥散不利的因素：①肺泡-毛细血管两侧氧的弥散梯度下降。在高原，氧弥散梯度会随海拔升高而逐渐下降，这对肺内的氧向肺毛细血管内弥散是不利的。②红细胞的过度增多会损害肺内气体交换。低氧引起的红细胞增多症可使血液黏度增加、血液流速减慢，以及心输出量减少等，可导致通气与血流比例严重失调。

3. 通气/血流比例 进入高原早期，肺通气量增加的同时也有肺血流量的增加。而移居高原者由于长期缺氧引起肺小动脉的收缩，几乎都存在不同程度的肺动脉高压，这使肺的 VA/Q 发生改变。在一般情况下，由于重力作用，肺尖部的血流量仅为肺底部的 1/8，肺尖部的通气量为肺底部的 1/3.5，因此肺尖部的 VA/Q 明显偏高，造成了部分生理无效腔，使气体交换面积缩小。而肺动脉压的增高能对抗部分重力作用，保证肺尖的血流灌注，从而增大肺的气体交换面积，提高弥散功能。

4. 血液黏度　平原人进入高原后，红细胞和 Hb 的增多可使血氧容量增加，血液的运氧能力增强，这是机体习服高原低氧环境的一个重要机制，但这会使血液黏度增加。进入高原初期，由于脾等储血器官的收缩将释放大量红细胞引起 Hb 的增加，同时也造成了血液浓缩，使得血液黏度明显增加。长期暴露高原后，由于缺氧使红细胞生成素释放增多，进而促进 Hb 的合成和红细胞系的分裂、增殖、分化与成熟，导致红细胞生成增多，随着海拔高度的增加和缺氧程度的加重，红细胞和 Hb 增加得就越明显，这将明显增加血液的黏度和心脏的后负荷。

二、循环系统对高原低氧的习服

高原低氧早期引起心血管系统兴奋，心率加快、心肌收缩力增加、血压轻度升高。后期心血管系统的兴奋性逐步降低，表现为机体对高原低氧环境的习服。

（一）心率加快

高原低氧下心率的加快，是机体代偿功能和储备能力的体现，急进高原心率增加的机制主要有以下几种。

1. 化学感受性反射机制　外界环境氧含量下降，致使体内动脉血氧分压下降，外周化学感受器兴奋（颈动脉体化学感受器为主，主动脉弓化学感受器为次），其传入活动经窦神经和迷走神经上行至延髓孤束核，然后使延髓内呼吸运动神经元和心血管运动神经元的活动改变，致使通气反应增加；同时心血管中枢神经元兴奋引起交感神经和交感缩血管神经活性增加，释放去甲肾上腺素，后者与心肌上的 β_1 受体和小动脉、微动脉血管平滑肌上的 α_1 受体结合，出现心率增快，心输出量增多，外周阻力增大，血压升高。低氧状态下人为控制动物的呼吸频率和深度不变，外周化学感受器的传入冲动则引起心率的减慢，当切断双侧迷走神经后，心率便由慢转快（迷走神经传出信号受阻），提示化学感受性反射对迷走神经的兴奋作用比交感神经的兴奋作用强。

2. 肺牵张反射（pulmonary stretch reflex）　又称黑 – 伯反射（Hering-Breuer

reflex）。在高原环境，机体为克服外界低氧状态会使呼吸运动代偿性增强，出现肺通气量显著增加的现象。当肺扩张时，分布于气管至细支气管平滑肌中的牵张感受器受到刺激，兴奋经迷走神经传入纤维到达延髓呼吸中枢，促使吸气向呼气转换，同时也刺激心血管中枢神经元，交感神经活性增强，心率加快。也有研究认为，外周压力感受器在低氧引起心率增加的过程中，其敏感性并没有改变。

3. 儿茶酚胺　肾上腺素（epinephrine, E）和去甲肾上腺素（norepinephrine, NE）都属于儿茶酚胺类物质。循环血液中的肾上腺素和去甲肾上腺素主要来自肾上腺髓质，只有很少的一部分去甲肾上腺素由交感神经末梢释放。肾上腺素和去甲肾上腺素均可与心肌细胞上的 β_1 受体结合，窦房结自律性细胞活动加强，收缩间期缩短，心率增快，心输出量增加。短期暴露于低氧会增加血浆里的肾上腺素和去甲肾上腺素，低氧引起的心率增快可被 β_1 受体阻断剂阻断，但多巴胺 D_2 受体并不参与低氧诱导的最大心率下降。

（二）血压

在低海拔地区，中国健康成年人安静时的收缩压为 100～120 mmHg，舒张压为 60～80 mmHg。对于平原人或低海拔人而言，初到高海拔后，低氧兴奋交感神经、促进儿茶酚胺类物质释放和缩血管细胞因子（如 ET-1、5-HT、血管紧张素等）分泌增加，使心率加快，心肌收缩力增强，心输出量增加，同时小动脉和微小动脉平滑肌收缩，血管阻力增加，使体循环压呈现不同程度的升高。由于低氧对动脉血管紧张性影响增大，使血管舒张压升高更为显著，这是循环系统对低氧环境最初的习服性改变，即血压适当升高，会促进血液循环，提高气体交换和氧气运输效率。随着在高原停留时间的延长，机体内环境自稳调节过程的建立，其心率及血压降低并逐步过渡到久居或世居人群水平。至于在高原停留时间多长，其心率及血压才恢复或接近平原值，尚缺乏有效数据来证实。有研究发现，平原人在高原停留几个月后，其心率和血压仍然保持在较高的水平。

（三）心脏泵血功能

心脏的主要功能是泵血，通常用单位时间内心脏射出的血量大小来评价心脏的功能。暴露于高原后，会影响心血管功能，在机体暴露于高原的最初，由于心率增加而使心输出量显著地增加但每搏输出量不变，血压暂时性有轻度的升高。习服高原一段时间后，心输出量将恢复到正常水平，但心率仍然保持增加趋势，以至于每搏输出量下降。研究发现，当人从海平面进入海拔 4 km 以上，动脉血氧分压由 150 mmHg 下降到 80 mmHg，每搏输出量在 5～10 天内将下降 20%。对于高原世居者或久居者而言，并没有上述变化。

常氧下，健康成年人安静时心输出量为 4.5～6.0 L/min。低氧状态下，心输出量会根据低氧程度呈现不同的变化，当机体急性暴露于轻、中度低氧环境时，由于氧分压降低，动脉血氧饱和度下降，外周化学感受器兴奋，反射性引起心率增加，心输出量也增加，机体通过增加心输出量来弥补外界因素导致的供氧不足，是一种生理代偿反应。当动脉血氧分压下降到 35～45 mmHg 时，每分心输出量将增加 40%～50%，甚至为常氧状态下的数倍。

高原急性低氧期，由于交感神经兴奋、儿茶酚胺类物质释放及缩血管细胞因子内皮素、5-HT 等分泌，使心率显著高于平原水平，心室充盈期明显缩短，回心血量下降，导致每搏输出量下降，但由于心率增快，心输出量增加，有助于初入高原者能较快地适应低氧环境。

暴露在急性低氧环境中，肺动脉血管由于收缩增强，使肺血管压力升高，增加了右心室和右心房的后负荷，心肌为了克服肺动脉高压，最初通过交感神经使心肌收缩力增强，增加右心输出量，促进血液在肺循环中的流动速度，同时降低右心室的残余血量，右心室舒张期压力比平时降得更低，增加回心血量，后者的增加又将增加舒张期压力，有利于心脏下一次射血。由于这种调节方式是一种特别耗能的代偿过程，心肌无法长期承受，否则易发生心肌缺血、心肌细胞过度增殖、心室壁增厚和心力衰竭。因此，右心通过增加心肌细胞内肌纤维的数量或改善心肌收缩力特性来克服肺动脉高压带来的负荷，当然心肌纤维数量过度增生并非益事，也会导致心肌收缩力的进一步下降或肺动脉压进一步升高。动脉压的升高会导致右心室和右心房压力的升高，使外周静脉压与右心房和右心室压之间的差值减少，回心血流速度降低。暴露于慢性低氧环境下，由于肺动脉血管出现结构重建现象，使得肺动脉压呈现持续性升高状态，这促使右心室和右心房压力升高，并呈现右侧心肌细胞的肥大，双重作用导致右心室和右心房压力升高，使得静脉压与右心房和右心室压力差值缩小，回心血流速显著降低。

正常成人在安静状态下冠状动脉血流量为 60～80 mL/（min·100 g 心肌）。当心肌活动加强，冠状动脉达到最大舒张状态时，冠状动脉血流量可增加到 300～400 mL/（min·100 g 心肌）。虽然心脏只占体重的 0.5%，但冠状动脉血管总灌流量却占心输出量的 4%～5%。当机体处于急性低氧环境时，心率和心肌收缩力均显著增加，心肌耗氧量陡增，心肌依靠提高从单位血液中摄氧的潜力很小，此时通过扩张冠状动脉血管来增加血流量，满足心肌细胞对氧的需求。低氧状态下，冠状动脉血管的扩张与一氧化氮（NO）、前列腺素（PG）、腺苷（A）、硫化氢（H_2S）、一氧化碳（CO）等血管舒张因子有关，低氧可促进这些血管舒张因子的合成和分泌。

（四）冠状动脉循环和心肌代谢

心肌细胞在信号跨膜转导和肌小节收缩及舒张过程中均要消耗大量的ATP。急性低氧下，心肌线粒体能量代谢仍以糖代谢为主，其中糖酵解发挥着重要的作用，因心肌乳酸含量在急性低氧期显著增加，相比于脂肪酸，糖类更能有效地产生ATP，长链脂肪酸可降低心肌功能。慢性低氧下，心肌代谢重建（metabolic remodeling）的调节机制较为复杂，生物体中可能存在糖代谢和脂代谢的相互影响，低氧环境中机体活动加强，代谢物质的利用将从脂肪向糖类转化，肌浆膜脂肪酸和线粒体脂肪酸的摄取减少，而丙二酰基辅酶A的增加将抑制线粒体脂肪酸代谢的限速酶肉毒碱脂酰转移酶。慢性低氧能使心肌细胞脂肪酸、线粒体中丙酮酸代谢下降，肌膜下池线粒体电子转移链底物减少明显，其电子转移链复合体Ⅰ、Ⅱ和Ⅳ的活性降低，活性氧增多。活性氧适当增多的反应不是机体失代偿，而是反映了机体习服于低氧，避免心肌超氧化损伤的前期负调节反应，但如果过度增加将造成组织细胞的损伤。循环乳酸水平也参与心肌代谢，心肌细胞乳酸代谢的主要场所认为是在线粒体，通过糖酵解过程而产生。心肌对慢性低氧的代谢适应，持续性供氧是维持生命活动所必需的条件之一，生物体在进化中逐渐形成多种防御机制以确保氧气供需平衡。低氧将会打破这种平衡，心肌缺氧主要由于冠状动脉血流量中断或动脉血氧分压下降所致。低氧对心肌细胞的作用有两面性，重度低氧可造成心肌细胞的损伤，但轻中度低氧可能对心肌起保护作用。慢性低氧可以触发长期适应性心肌细胞代谢的调节通路和低氧相关因子表达，后者可以增加糖类的利用率，也可增强线粒体呼吸功能，以便于维持和提高线粒体能量产生的效率。

三、神经系统对高原低氧的习服

脑是机体对缺氧最敏感的器官，具有耗氧量大、代谢率高、氧和ATP贮存少及对氧耐受性差的特点。急性轻度低氧使脑血流量增加，增加脑组织的供氧；急性重度低氧导致脑组织中ATP活性降低，能量生成明显减少，而无氧代谢产生的ATP无法维持脑组织的正常生理代谢。能量产生减少，钠泵功能紊乱，钠和水进入脑组织，从而引起脑水肿。

（一）高原脑血流的改变

采用经颅多普勒超声技术对高原不同人群的观察发现，急进高原人群脑血流增加较为明显。有报道，暴露于急性缺氧后脑血流在经历数分钟的降低后迅速增加，1～2 天后达到高峰，随后随着缺氧时间延长，脑血流量则逐渐下降并接近于平原水平。动物实验也发现，小白鼠于模拟海拔 6.18 km 高原暴露 6 h，荧光染料显示脑表面和深部的微血管直径均明显增加，提示血管扩张是急性缺氧时脑血管的主要反应。对进入海拔 4.7～5.1 km 高原 15 天后的青年人研究发现，其脑血流量显著高于在平原时的自身对照，且急性高原病患者脑血流增加更显著，进入海拔 5 km 以上高原 10～30 天的青年人，其脑血管血流速度仍高于平原组。同时有研究发现，高原脑血流改变以舒张期血流速度增加幅度最大，提示脑血管扩张、外周阻力降低，有助于增加远端血流灌注。对脑部不同动脉血管的检测发现，大脑中动脉的改变量最为显著。高原运动时脑血流量可在此基础上进一步增加，但增高幅度低于平原相同运动量时的水平。

（二）高原脑血流变化的机制

由于海拔、居住时间、年龄、性别等因素不同，高原低氧引起脑血流变化的机制较复杂。一般而言，初入高原乃至一定时期内脑血流的变化与动脉血氧分压（PaO_2）和二氧化碳分压（$PaCO_2$）对脑血管的调节及脑内扩血管物质增多有关。

1. 动脉血氧分压和二氧化碳分压降低及代偿性二氧化碳分压降低的双重影响 人到高原，吸入气氧分压和肺泡气氧分压下降，动脉血氧分压降低，当动脉血氧分压低于 60 mmHg 时，脑血流量可随着动脉血氧分压降低而急剧增加，当 PaO_2 降至 25 mmHg（$PaCO_2$ 保持不变）时，脑血流量可增加 5 倍；另一方面，低氧刺激颈动脉体化学感受器，使呼吸反射性加深加快，这种代偿性过度通气可致 $PaCO_2$ 降低和 pH 升高，两者均可使脑血管收缩和脑血流量降低，$PaCO_2$ 降至 15 mmHg（PaO_2 正常）时脑血流量可减少 40%。急性缺氧初期，由于肺通气量迅速增加，过度通气所致的低碳酸血症引起脑血管收缩，脑血流出现短暂的减少。随后随着肺通气量降低，脑血流逐渐增高，1～2 天后达到峰值，表明急性缺氧初期脑血流量受肺通气及动脉 CO_2 分压的调节。由此可见，低氧血症和代偿性低碳酸血症对于脑血管和脑血流量的调节具有拮抗作用。通过吸氧快速纠正低氧血症，可使脑血流量迅速恢复正常。

至于进入高原初期脑血流量迅速增加，而后逐渐回落的机制，以前认为这种现象是慢性缺氧时脑循环的"适应"过程，或持续性缺氧刺激时脑血管舒张反应疲劳所致。后来研究表明，其真正原因仍是 PaO_2 回升和 $PaCO_2$ 下降。因为研究发现，在缺氧过程中维持 $PaCO_2$ 不变，则 96 h 内动物脑血流量持续增加。因此，随着进入高原后机体低氧时间的延长，脑血流量回落的原因与过度通气所致的 $PaCO_2$ 降低有关，而非慢性低氧时脑血管适应反应或疲劳造成。

2. 扩血管物质释放增多 ① NO 和 PGI_2 的扩血管作用：研究表明，低氧时脑血管内皮细胞、神经元、神经胶质细胞等均可合成和释放 NO，同时低氧可促进脑血管内皮细胞释放 PGI_2，两者均可舒张血管，PGI_2 对 NO 扩血管作用具有协同作用。② K^+ 的作用：血管平滑肌细胞膜上的 K_{ATP} 通道激活是介导血管扩张的一个重要机制。低氧可直接激活平滑肌细胞 K_{ATP} 通道，外向 K^+ 流增加，膜超极化，抑制电压依赖性钙通道（voltage-dependent calcium channel，VDCC）开放，Ca^{2+} 内流减弱，平滑肌收缩性降低，参与低氧脑血管扩张作用。③兴奋性氨基酸的作用：低氧可促进谷氨酸、天冬氨酸等兴奋性氨基酸释放，其机制可能与低氧能量代谢障碍、神经细胞膜上 Na^+-K^+-ATP 酶功能降低、细胞外 K^+ 浓度增高、神经元去极化有关。谷氨酸作用于星形胶质细胞，使花生四烯酸及其代谢产物环氧二十碳三烯酸生成增加，后者具有较强的脑微血管扩张作用。④酸中毒：实验表明，脑血流量与缺氧时细胞外液或脑脊液 H^+ 浓度显著相关。缺氧时糖无氧酵解增强，乳酸产生增多，造成细胞外酸中毒，H^+ 可降低血管对儿茶酚胺的敏感性，改变小动脉平滑肌的舒缩状态。⑤其他：低氧还可引起腺苷、组胺等代谢物增加，也参与脑血流量的调节。

四、血液系统对高原低氧的习服

（一）血红蛋白对氧的亲和力

急进高原低氧环境后，由于低氧引起的过度通气使血浆 PCO_2 降低，pH 升高，可导致磷酸果糖激酶活性增加，糖酵解增强。pH 的升高还可使 1,3-二磷酸甘油酸变位酶活性增强，使红细胞内 2,3-DPG 生成增加，氧解离曲线发生右移，导致 Hb 对氧的亲和力降低，这有利于在微循环与组织进行气体交换时易于释放 O_2，促进 O_2 弥散入细胞，保持线粒体的氧分压。但 pH 的增加也可通过波尔效应使 Hb 对氧的亲和力增加，这将促进在肺循环气体交换时更多地摄取 O_2，保持足够的动脉血氧饱和度，有利于携带更多的 O_2 到组织。

有研究报道，在一定的海拔范围内，Hb 不受海拔影响。报道认为，海拔 2.8 km 左右的居民可由于心输出量改变和 Hb 氧合能力的代偿，从而不需要 RBCC

和 Hb 大量增加也可适应此高度的低氧环境。Winslow R M 等总结 1981 年美国珠峰科研活动的结果，表明在海拔 5.35～6.3 km 的范围内，机体 Hb 量与海拔无明显相关。人或动物从平原进入高原数小时后即可见 Hb 增加，这是由于高原环境引起的水分损失，使血浆容量减少，导致血液浓缩和脾释放红细胞增加的结果。而高原居住 20 天左右后可恢复正常，此后才是红细胞生成增多。随停留高原时间的延长，Hb 逐渐增高。国内报道健康成人进入高原（4.3 km）1 个月时 Hb 明显高于平原值；健康青年进入海拔 3.658 km 后 2 周时 Hb 也高于平原值，且随进入高原时间的延长，逐渐递增。提示进入高原后 Hb 浓度变化时间与 RBC 变化一致。

平原人移居高原后，Hb 增加多有明显的个体差异。有调查资料表明，即使在相同海拔，同一种群的高原移居人群，部分人 Hb 并无明显增加，只有少数人 Hb 进行性增加，并最终发展为 HAPC。这种高原适应的个体差异可能与高原特殊环境引起机体与低氧适应相关的基因突变而产生有利或不利的多种表型有关。研究认为 HSP70-homA/A 基因型与高原反应存在易感性关系，谷胱甘肽 S- 转移酶 T1 基因型与高原低氧反应敏感性有关，人类白细胞抗原 Ⅱ 类基因中的 DQAL、DQBI 多态性与 HAPC 的发生存在相关性。另外，机体在高原环境 Hb 浓度变化具有种群差异性，如藏族人能够更好地适应高原低氧环境，具有较低的 Hb 含量和高原病发生率。

从平原进入高原初期，由于高原低压低氧环境，人体适应性提高了血红蛋白含量及氧释放能力。但进入高原早期，体内的血氧饱和度明显低于在平原时，故人体容易出现缺氧症状，此时应根据高原反应的不同程度给予吸氧。此外，对于严重缺氧患者及需要治疗的患者输注富含氧的红细胞或放氧能力强的红细胞是否更为有效是一个值得研究的方向。另一方面，我们也发现，世居高原人群的血氧饱和度与平原人群接近，适应高原环境的高原人群氧释放能力显著高于平原人群。

从平原进入高原初期，由于高原低压低氧环境，人体适应性提高了血红蛋白含量及氧释放能力。急进高原人群的血氧饱和度出现降低，同时其氧亲和力降低，提高了释放氧的能力，与此同时，血红蛋白较其在平原时显著提高。此外，研究发现习服训练人群相对其刚进入高原时，红细胞释放氧的能力进一步显著增强，甚至出现较世居高原人群要强的情况。世居平原的人群在进入高原初期主要通过 Hb 的增加来提高其携氧能力，随着进入高原时间的延长，其释放氧的能力会逐步增加以适应高原低压低氧的环境。

（二）血浆量和红细胞

健康成人从平原地区急进高海拔地区后有效循环血容量和血浆量（PV）均减少。初次进入高海拔地区的数小时内，对 PV 影响的资料有限且结果不确定。在这方面，低氧的影响可能被寒冷、脱水和运动的影响所掩盖。未发生急性高原病的急进高原人群表现一定程度的多尿（利尿）和 PV 减少。Singh M V 等报道一组健康人在海平面时血浆量 40.4 mL/kg 体重，进入海拔 3.5 km 高原第 2 天减少到 37.7 mL/kg 体重，第 12 天进一步减少到 37 mL/kg 体重。Wolfel E E 等对进入 4.3 km 高原的受试者研究也发现了相同的变化趋势，PV 从海平面时的 48.8 mL/kg 体重，减少到初到高原时的 42.5 mL/kg 体重，高原居留 21 天后减少到 40.2 mL/kg 体重。

从平原进入高原或从较低海拔地区进入更高海拔地区后，平均红细胞体积（mean corpuscular volume，MCV）增大。随着高原居住时间延长，MCV 进一步增大。国内学者用扫描电镜观察红细胞形态发现，高原习服健康人的正常红细胞比例与平原健康人无明显差异，但球形和酒窝形细胞比例明显高于平原健康人。红细胞平均直径明显大于平原健康人。HAPC 患者的正常红细胞率明显低于高原健康人和平原健康人，球形红细胞比例和红细胞平均直径均明显大于高原健康人和平原健康人。红细胞体积增大，与氧接触的红细胞总表面积增加，在一定程度上可改善组织供氧，因此，红细胞 MCV 增大，可能是一种代偿性变化，有利于高原适应。红细胞形态改变如球形红细胞和酒窝形红细胞增多，可能是由于骨髓红细胞成熟加速，大量新生红细胞甚至未成熟红细胞释放增加所致，也可能与细胞内低氧引起能量代谢降低有关。我国学者报道，健康成人进入高原（3.78 km）48 h 时 RBCC 与平原值无明显差异，进入高原（4.3 km）1、3、7 天时 RBCC 和 Hct 均呈逐渐增加趋势，但与平原值差异无统计学意义，而 1 个月时各值明显高于平原值。健康青年进入海拔 3.658 km 后 2 周时 RBCC 和 Hct 均已高于平原值，且随进入高原时间的延长，逐渐递增，提示机体在高原低氧环境下 2 周至 1 个月时间内 RBCC 即可增高。

虽然上述红细胞形态变化属代偿性变化，有利于增大与氧接触面积，但同时可导致其变形性和聚集性改变。研究证实急性低氧条件下红细胞的变形性减弱，聚集性增强，这与红细胞体积增大和形态改变及红细胞膜流动性减弱有着密切的关系。红细胞膜中脂质占 42%，其中胆固醇为红细胞膜的蛋白质提供结构骨架，可调节细胞膜流动性。红细胞膜中胆固醇含量与磷脂有一定的比例，若胆固醇/磷脂（C/P）比值降低，则膜流动性降低，此时红细胞变形性降低。急性低氧后红细胞膜胆固醇含量、总磷脂含量、胆固醇／总磷脂的比值下降。另外，低氧下红细胞变形性减弱与红细胞 ATP 酶活性降低有一定关系。红细胞 ATP 酶的主动转运功能对红细胞与外环境进行物质交换和保持离子内环境稳定具有重要意义。生理状态下，Na^+-K^+-ATP 酶和 Ca^{2+}-Mg^{2+}-ATP 酶基本功能是维持胞内低 Na^+、低 Ca^{2+} 的状态。红细胞的许多功能都依赖于细胞内外的离子浓度差，一旦这种浓度差降低，红细胞就要受到功能损伤，甚至引起死亡。而在急性低氧时红细胞 ATP 水平显著下降，使红细胞膜 Na^+-K^+-ATP 酶和 Ca^{2+}-Mg^{2+}-ATP 酶活性下降，红细胞离子转运失衡，红细胞内 Na^+ 和 H_2O 潴留，Ca^{2+} 积聚，红细胞肿胀，丧失其正常的形态，导致红细胞变形性降低。红细胞变形性和聚集性是组织和器官血液灌注及供氧的决定因素，是完成体内 O_2 与 CO_2 运输的保证。红细胞变形性降低和聚集性增强将影响血液循环，导致微循环的有效灌注量减少，加重组织缺氧。

随着在高原环境居住时间延长，红细胞适应性代偿，其变形性逐渐恢复，甚至增强，而聚集性逐渐减弱。研究发现高原世居藏族和高原习服汉族人群红细胞的刚性指数降低，变形指数、组织供氧指数均明显高于高原短期居住汉族人群。动物实验也证实了上述低氧影响红细胞变形性的变化趋势。一般认为高原低氧习服，机体红细胞变形性恢复甚至增强与红细胞膜上酶的变化有关。低氧习服后红细胞 ATP 水平恢复，上述红细胞膜 Na^+-K^+-ATP 酶和 Ca^{2+}-Mg^{2+}-ATP 酶活性随之恢复，使红细胞离子运转失衡得到改善，红细胞内 Na^+ 和 H_2O 潴留及 Ca^{2+} 积聚减轻，红细胞肿胀缓解，红细胞数量恢复或增高。同时，低氧习服后红细胞膜依赖 ATP 的反转酶氨基磷脂转移酶表达明显增加，而脂质移行酶下降，使红细胞膜磷脂成分发生变化，红细胞变形性增强，有利于改善组织和器官供氧。

有研究报道健康青年进入高原 2 周至 6 个月，红细胞 C3b 受体花环率显著降低，红细胞免疫复合物花环率明显升高，随着进入高原时间延长可逐渐恢复，3 年后可基本恢复至平原值水平。低氧导致红细胞免疫功能降低的主要原因是：血液中 95% 的 C3b 受体在红细胞膜上，由于低氧和血液流变学切变应力的影响，红细胞膜受损；红细胞代偿性增生，血液黏度增高，流动缓慢，红细胞运送免疫复合物至肝脾处理减少，使循环免疫复合物增加；同时，因低氧使体内氧自由基生成增多，红细胞表面超氧化物歧化酶活性下降，进一步增加循环免疫复合物。由于循环免疫复合物增加，覆盖红细胞表面 C3b 受体空位，导致 C3b 受体空位及活性降低，故 C3b 受体花环率下降。另外，研究发现低氧习服者，与红细胞免疫功能有关的补体结合蛋白和膜攻击复合物抑制因子表达下降，这与红细胞的免疫功能下降也有着密切关系。

（三）血浆中激素的变化

1. 血浆醛固酮含量降低　对急进高原后机体血浆肾素及血管紧张素Ⅱ的含量变化的研究报道不尽一致。但动物实验和临床研究均发现，急进高原后机体血浆醛固酮浓度下降，醛固酮分泌对肾素、血管紧张素Ⅱ刺激的反应性降低。青海大学附属医院学者将大鼠从平原快速带至海拔 2.261 km 再带入海拔 3.8 km 处时，血浆醛固酮水平随海拔升高而降低，从平原的（124.13 ± 49.80）pg/mL 分别降至（83.53 ± 24.75）pg/mL、（60.50 ± 23.93）pg/mL。健康人进入高原后血浆醛固酮浓度低于进入高原前，且随海拔升高而降低。赵书平等报道，健康人从海平面渐次进入 2.8 km、4.8 km 高原时，血浆醛固酮从（336.92 ± 156.26）pmol/L 分别降低至（204.51 ± 55.26）pmol/L、（170.11 ± 41.49）pmol/L。高原世居藏族和汉族血浆醛固酮含量差异无统计学意义，但明显低于低海拔或海平面居民。因此，进入高原后机体醛固酮促进肾远曲小管和集合管重吸收 Na^+、Cl^- 和 H_2O 的作用减弱，而表现出一定的利尿作用，使水分丢失增加，对高原环境机体血浆量（PV）有一定影响。

2. 抗利尿激素分泌变化　在高原环境中机体 ADH 水平变化对 PV 有一定的影响。青海大学附属医院研究者将大鼠自 2.26 km 地区带至海拔 4.6 km 地区后，分别于 24 h、48 h、72 h、1 周及 1 个月检测血浆 ADH，发现 ADH 浓度在初入高原后呈下降趋势，48 h 达到最低，随后逐渐回升，至 1 周时接近对照组水平，1 个月时达到最高水平。提示在急性低氧的早期 ADH 分泌降低，可能与 PV 减少有一定的关系；而随着低氧时间延长，ADH 逐渐恢复甚至增高。国内外临床研究证实，健康人在低氧条件下或进入高原后，血浆 ADH 水平升高。研究报道，西藏藏族青年血浆 ADH 含量高于汉族青年，海拔 2.261 km、3.84 km、4.28 km 地区的世居健康藏族人血浆 ADH 含量随海拔升高而增高，而同一海拔地区的藏族人血浆 ADH 含量随着年龄的增长而升高。ADH 这种变化的确切机制及对低氧适应的意义需要进一步研究。

3. 血浆心房利钠肽（ANP）水平变化　个别研究发现，人进入高原后血浆 ANP 浓度降低，但多数研究报道血浆 ANP 水平随海拔增高而增加。动物实验证明，将大鼠从平原快速带至海拔 2.261 km 再带入海拔 3.8 km 处时，血浆 ANP 浓度由（63.67 ± 9.5）pg/mL 分别升高至（121.90 ± 9.98）pg/mL 和（174.83 ± 12.48）pg/mL。采用低压低氧舱模拟急进 4.5 km 高原研究中，在模拟高原 22 h 血浆 ANP 由（79 ± 31）ng/L 升高到（100 ± 42）ng/L。临床观察也发现高原健康人血浆 ANP

随着海拔升高而增加，2.26 km 地区居民血浆 ANP 为（326.00 ± 31.02）ng/L，而 4.7 km 地区居民高达（2 140.86 ± 163.72）ng/L。ANP 增高则发挥利尿、拮抗肾素 – 血管紧张素 – 醛固酮系统、抑制 ADH 的分泌等作用，对高原机体 PV 减少起着重要的作用。

（四）淋巴细胞功能

根据细胞生长发育过程、细胞表面标志和功能不同，淋巴细胞可分为 T 淋巴细胞、B 淋巴细胞及自然杀伤（NK）细胞。T 淋巴细胞主要与细胞免疫有关，B 淋巴细胞主要与体液免疫有关，NK 细胞是机体天然免疫的重要执行者。T 细胞呈 $CD3^+$，包括辅助性 T 细胞（Th 细胞）（$CD4^+$）和抑制性 / 细胞毒性 T 细胞（$CD8^+$）。$CD4^+$ 细胞主要起辅助和诱导作用，$CD8^+$ 细胞主要起杀伤和抑制作用。$CD4^+$ 细胞又分为 Th1 和 Th2 细胞，前者主要分泌 IL-2、INF-γ，激活 T 细胞，刺激 T 细胞增殖；后者主要分泌 IL-4、IL-10，激活体液免疫。

动物实验研究发现，低氧在一定程度上抑制 T 淋巴细胞功能，对 B 淋巴细胞功能无明显影响。而高原低氧环境对淋巴细胞功能影响的研究有限。长期居住 5 km 以上高原，可抑制肾上腺皮质功能，使雄激素、雌激素和糖皮质激素等分泌减少，这些激素可抑制免疫应答，使机体体液免疫功能下降。在中度高海拔地区（1.891 km），运动员集训 1 周后外周血 NK 细胞数量和比例明显增高，且持续 4 周以上。Facco M 等发现健康女性从平原进入高原（海拔 5.05 km）后 1 天和 21 天时，$CD3^+$ T 淋巴细胞减少，主要是 $CD4^+$ 细胞减少所致；B 淋巴细胞计数无显著变化，Th1 细胞因子 INF-γ 表达降低，Th2 细胞因子 IL-4 表达无明显变化，T 淋巴细胞有丝分裂原反应中增殖活性明显下降，NK 细胞显著增加，但其细胞活性无变化。表明高原低氧抑制细胞免疫功能，而对体液免疫功能可能无明显影响。Meehan R 等在模拟低压低氧条件下研究发现，健康志愿者在 4 周时间内逐渐从海平面攀登至 2.286 km、7.62 km 海拔，外周血单个核细胞植物血凝素诱导的胸腺嘧啶摄取和蛋白质合成下降，INF-γ 分泌和 NK 细胞毒活性无变化，外周血单个核细胞中单核细胞增加，而 T、B 淋巴细胞无变化，血浆 IgM、IgA 水平增加，IgG 水平无变化，而外周血单个核细胞对有丝分裂原刺激的 IgG、IgM、IgA 分泌无影响。同时，国内一项研究比较分析发现，4.5 km 高原健康汉族人群 $CD4^+$ 细胞、$CD3^-CD19^+$ 细胞（B 细胞）、$CD3^-CD56^+$ 细胞（NK 细胞）百分比均比 2.26 km 地区人群降低，而 $CD8^+$ 细胞百分比增加。说明急性、慢性高原低氧均可抑制 T 淋巴细胞功能，而 B 淋巴细胞功能无明显影响。但也有研究报道，2.8 km、3.5 km 及 4 km 三个海拔地区养路工人的外周血淋巴细胞百分比虽然也无显著变化，但 CD3$^+$、CD4$^+$、CD8$^+$ 细胞百分比及 CD4$^+$/CD8$^+$ 细胞比值随着海拔增高而增加，其中 CD3$^+$ 细胞变化更显著。有关淋巴细胞研究结果不一致，这种差异是否与高海拔地区居住时间及海拔高度不同有关，需要进一步研究。研究发现，海拔 4.5 km 地区汉族健康人外周血 CD4$^+$、CD8$^+$ 细胞百分比与藏族健康人无差异，而 CD3$^-$CD19$^+$ 细胞百分比低于藏族健康人，CD3$^-$CD56$^+$ 细胞比例高于藏族健康人。高原低氧环境对淋巴细胞亚群的影响是否确有民族差异性，值得探讨。

B 淋巴细胞在抗原的刺激下分化为浆细胞，后者产生免疫球蛋白（immunoglobulin，Ig）而介导体液免疫反应。免疫球蛋白包括 IgG、IgM、IgA、IgE 和 IgD 五类。如上所述，低氧和高原环境对 B 淋巴细胞无明显影响，一般认为机体的体液免疫是相对稳定的，不易受低氧影响而改变。但也有研究证明，低氧和高原环境下体液免疫反应异常。国外学者模拟高原低氧研究发现，低氧对初次和再次体液免疫均产生抑制作用，而且抑制作用发生在体液免疫的起始阶段，其抑制作用与中枢促肾上腺皮质素释放激素（corticotropin releasing hormone，CRH）升高有关。同时，临床研究发现高原环境刺激机体的体液免疫反应。国内研究报道，海拔 3.2 km 地区健康人血清 IgG、IgA、IgM 均高于平原值；海拔 4 ~ 5 km 和海拔 5 km 以上人员的血清 C3、IgA 和 IgG 异常率及 C3、IgA、IgM 和 IgG 水平均显著高于低海拔地区人员，且随海拔升高而增加；健康青年人从平原（1.4 km）进入海拔 3.7 km 和 5.38 km 高原第 7 天和半年时血清 IgA、IgG、IgM、C3、C4、CRP 均较平原增高，且随海拔增加而升高，随着在高原居住时间延长，上述指标均有逐渐恢复的趋势，但半年时均未恢复到平原水平。认为机体进入高原低氧环境后，由于细胞低氧，部分细胞发生变性等损害，产生自身抗原，刺激体液免疫反应，随着高原逐渐习服，这种反应逐渐趋于减弱。

五、高原对消化系统的影响

高原低氧时，消化液分泌减少，胃蠕动减少，胃排空时间延长，同时出现食欲下降、摄食量减少等。研究发现，刚进入高原人员的早期缺氧反应以胃肠道症状最为常见，如恶心、呕吐和食欲减退发生率可高达 60%。急性高原反应的消化道症状，常在急性发病初期表现明显。近年研究发现，急性缺氧可使多种消化酶、胃肠道激素、胃酸和胃泌素的分泌量减少，早期出现消化液分泌减少，胃蠕动减少等可能与中枢神经系统缺氧水肿，累及丘脑下部，引起自主神经功能紊乱有关。

胃肠道症状可能与机体为适应缺氧环境而表现出的交感神经兴奋性增高有关。高原缺氧导致能量代谢障碍，由于肠系膜血管和胃肠道充血水肿，而进一步影响吸收过程。

六、高原对营养与代谢的影响

高原地区因大气氧分压低而刺激机体发生多种生理调节、营养物质代谢和需要的改变，改变的程度、性质与缺氧的程度和持续时间长短、机体的健康状态及其他环境因素等有关。缺氧环境由于供氧不足，将干扰机体内营养物质的代谢，损害大脑功能，加之缺氧引起的食欲减退和胃肠功能紊乱，更加重了缺氧环境能量和其他营养素的供给不足。

（一）能量及宏量营养素代谢变化

人体对高原地区的反应，首先是为了从低氧空气中争取到更多的氧而提高机体的呼吸量，因此必然呼出过量的二氧化碳，影响机体正常的酸碱平衡。严重低氧情况下食欲减退，能量供给不足，线粒体功能受到影响，因而代谢率降低。

1. 蛋白质的消化、吸收和代谢　蛋白质在胃蛋白酶的作用下，被分解为多肽及少量氨基酸。氨基酸和小分子肽在小肠被吸收，先储存于人体各组织、器官和体液中，称为氨基酸池。氨基酸出入细胞是靠氨基酸转运因子即细胞膜蛋白来实现的。进入细胞的氨基酸少数用于合成体内含氮化合物，主要被用来重新合成人体蛋白质。未被利用的氨基酸则代谢转变成尿素、氨和肌酐等，通过尿和其他途径排出体外或转化成糖原和脂肪。近来有研究发现，高原低氧环境下，蛋白质合成减少，分解代谢增强，氮排出增加。初入高原者可出现蛋白尿。如 Bradwel 等报道，20 名登山运动员在 5 km 地区逗留期间均出现蛋白尿，而且当登山高度达到最大值时，尿中蛋白质排出量分别增加 6 倍及 8 倍。这种现象多发生于初进高原或进行登山运动的人，应注意尽可能减轻或纠正负氮平衡，以保持健康和延缓衰老。有报道称，缺氧初期一些氨基酸的代谢及代谢相关酶的活性发生变化，如急速进入高原后，短期之内酪氨酸的氧化增强，与合成儿茶酚胺的酶活性增强有关，表明儿茶酚胺的转换率加快。这些变化与缺氧的应激效应有关。高原低氧环境对人体内氨基酸代谢也有相应的影响。据报道，8 名男性成年人登上 4.3 km 高山 14 天时，血清中谷氨酸浓度增加，亮氨酸、赖氨酸和苏氨酸浓度减少，但分解产物尿素及牛磺酸浓度增高。缺氧可致脑内氨基酸释放增多，尤其是兴奋性氨基酸递质谷氨酸、天冬氨酸大量释放，从而介导了兴奋性氨基酸的神经毒性作用。高原环境对初进高原的人体中氨基酸代谢有一定影响，主要是食欲缺乏与应激反应所诱发，但对高原环境适应的健康人体中，氨基酸代谢是正常的。

我国西藏 4.2 km 地区藏族人和汉族人血液中，非蛋白氮，尿素氮、尿酸、肌酐、氨基氮都在正常范围内，但尿酸、肌酐、氨基氮含量藏族人明显高于汉族人，特别是肌酸明显高于正常值，而藏族人又高于汉族人，说明高原地区人体肌酸代谢有增高的趋势，尤其在高原久住居民最为明显。

高原低氧环境时，蛋白质合成在能量代谢中的作用主要表现在两方面，首先是蛋白质合成需要 ATP，对机体能量平衡产生影响，控制一些不重要蛋白质的合成。另外，蛋白质的合成、糖酵解酶系、应激蛋白、EPO、血管内皮生成因子（VEGF）等，对于调整机体能量代谢途径、促进缺氧习服有重要作用。

Hb、Mb 增加的意义在于加强机体内运输氧及储存氧的能力。李庆芬等报道，高原动物和人骨骼肌中 Mb 的含量比平原高，而平原居民与平原动物（如大鼠、囊鼠和豚鼠）经过 3.1~5.0 km 海拔驯化后，骨骼肌中的 Mb 则会增加。移居高原人群 Mb 增加是心脏在持续低氧环境下的一种代偿性增加，有益于改善组织氧弥散率。组织供氧能力的改善将有助于能源物质的氧化，这对于维持能量平衡有着重要的意义。

2. 脂肪的消化、吸收和转运 脂质（lipid）主要有三酰甘油（triacylglycerol）、磷脂（phospholipid）和固醇（sterol）。机体每天从胃肠道吸收 50~100 g 的三酰甘油，4~6 g 的磷脂，300~450 mg 的胆固醇。食物进入口腔后，在唾液腺分泌的脂肪酶的作用下水解部分脂肪。在高原环境下脂肪动员加速，脂肪分解增加。储存在脂肪细胞中的脂肪，被脂肪酶水解为游离脂肪酸和甘油并释放入血以供其他组织氧化利用的过程，称为脂肪动员。脂肪细胞内的激素敏感性三酰甘油酶是脂肪分解的限速酶，经过一系列的脂解过程，脂肪被分解为甘油及游离脂肪酸释放入血。由于脂肪分解增加，血液中的三酰甘油增高。

人体分解脂肪产生能量比分解糖类产生能量需要更多的氧，因此，需要注意在进入高原适应初期（进入高原的 7~10 天）减少食物中的脂肪比例而增加糖类的比例。严重缺氧时，脂肪氧化不全，可致血、尿酮体增高，而酮体大量聚集可使耐氧能力降低。有研究显示，大鼠不同程度的缺氧，能增加多核细胞 O_2^- 的产生，导致机体脂质过氧化（LPO）反应增强。补充维生素 E（30 mg/d）能有效减轻 LPO 反应。据海拔 4.7 km 地区人群实验观察，久驻高原人群进食高脂高蛋白膳食，能促进食欲，增加能量摄取，体重也有增加，同时发现不会影响脂肪消化吸收，尿中也未发现酮体。因此，膳食中的脂肪摄入量应根据海拔高度、进入高原的时间进行相应调整。

3. 糖类的消化、吸收和代谢　糖类也称碳水化合物（carbohydrate），按其分子结构可分为单糖、双糖和多糖。膳食中的糖类在消化道经酶分解为单糖而被吸收。消化过程从口腔开始，食物进入口腔后通过咀嚼促进唾液的分泌，唾液中的淀粉酶可将淀粉水解为短链多糖和麦芽糖。食物进入胃中在胃酸的作用下使淀粉酶失活，但胃酸本身也具有一定的降解淀粉作用。小肠是糖类水解和吸收的主要场所。小肠吸收的糖类主要是葡萄糖、果糖、半乳糖三种，经门静脉转运到肝。果糖和半乳糖在肝中转变为葡萄糖。葡萄糖在肝内经分解代谢提供机体所需要的能量，多余的葡萄糖一部分合成糖原保留在肝内，另一部分转变成脂肪运送到脂肪组织储存。

急性缺氧条件对能量的产生和利用都有影响。陈东升等通过动物实验研究发现，在急性缺氧条件下，血液中的 ATP 含量显著下降，ATP/ADP 比值也显著下降。能量障碍的原因主要与以下因素有关：①由于氧化酶活力降低，糖的有氧氧化途径受阻，使丙酮酸不能有效氧化脱酸进入三羧酸循环，而转变为乳酸，使血中的乳酸含量显著增加，乳酸 / 丙酮酸比值显著升高。②与氧化磷酸酶的活性降低有关。在缺氧条件下，心、脑组织中琥珀酸脱氢酶（succinate dehydrogenase, SDH）、细胞色素氧化酶（Cyt c）活性显著下降，这是由于某些辅酶（如 NAD^+）和 Fe^{3+} 含量下降所致。

（二）矿物质代谢变化

人体组织中含有自然界各种元素，元素的种类和含量与其生存的地理环境表层元素的组成及膳食摄入量有关。按照化学元素在机体内含量的多少，又将矿物质分为常量元素和微量元素两类。人体所含矿物质中，含量大于体重的 0.01% 的元素，称为常量元素或宏量元素，包括钙、磷、钾、钠、硫、氯、镁 7 种。含量小于体重的 0.01% 的元素称为微量元素。

急性低氧时，水代谢呈平衡状态，但电解质代谢出现紊乱，细胞外液转移入细胞内，出现细胞水肿、引起细胞内外电解质平衡紊乱，表现为血中钾、钠和氯增加，尿量减少。血钙含量增加，可能与日照有关。因此，建议急速进入高原的人应适当补充钾盐，同时限制钠的摄入量，缺氧初期少尿的人更为重要。由于氧分压及二氧化碳分压的降低，可导致血液的 pH 上升和碱储备减少。据报道，钾摄取量低的登山运动员在补钾之前都有贮存钠的趋势，且急性高原反应症状更严重，时间更长；急速进入高原后心电图的改变与低钾血症相似。

微量元素锌、铜、铁和锰是机体多种金属酶的组成成分和激活因子。有研究证实，机体缺氧时，体内 Zn 和 Fe 水平下降较为显著，Zn 水平的降低可能与机体脂质过氧化增强有关，因为 Zn 对机体的脂质过氧化反应有抑制作用。机体缺氧时，组织的脂质过氧化增强，这促使 Zn 从血液向组织转移。Fe 水平下降可能原因是：①缺氧导致血红蛋白代偿性的合成增强，需要大量的 Fe 供给；②一些与能量代谢密切相关的酶代偿性地活性增高，而这些酶的成分含有 Fe，如细胞色素氧化酶和琥珀酸脱氢酶。高原缺氧初期，Fe 的吸收率显著增加，这是骨髓生成红细胞增加，Fe 的需要量增高促进了 Fe 吸收的缘故，而不是血氧饱和度和小肠组织氧分压降低的直接作用。

Cu 的水平在急性缺氧条件下无明显变化，而 Mn 的水平随缺氧程度加重呈升高的趋势，这种变化趋势的原因尚不清楚，可能的解释是：急性高原缺氧时机体代谢障碍和脂质过氧化增强，在代偿反应过程中，含 Zn 和 Fe 的酶对氧化的反应较快，而以 Cu 和 Mn 为辅基的酶（如铜蓝蛋白、Mn–SOD 酶）反应较慢，因此 Cu 的水平在急性缺氧变化不明显，Mn 的升高可能是组织中的 Mn 向血中转移所致。

（三）维生素代谢变化

维生素是维持机体正常代谢和生理功能所必需的一类低分子有机化合物。它们的共同特点为：①以维生素本身的形式或能被机体利用的前体化合物的形式存在于天然食物中；②不提供能量，但具有特殊的代谢功能；③一般不能在体内合成（维生素 D 例外），或合成的量太少，必须由食物提供；④人体只需少量即可满足，但决不能缺少，如缺少到一定程度，可引起维生素缺乏症。

高原环境条件下，体内一些维生素代谢出现显著的变化。急性低氧时，维生素需要量增加，有学者以维生素 B_1、维生素 B_2 含量不同的饲料喂养大鼠 1 个月，然后模拟海拔 8 km 高度缺氧条件，停留 90 min，连续 4 天或 9 天，结果发现，低氧组大鼠尿中维生素 B_1、维生素 B_2 均增加，暴露 9 天后脑中的维生素 B_1、肝中的维生素 B_2 含量明显减少。有研究证明，初入海拔 3.7 km 高原的青年的核黄素（维生素 B_2）摄入量要高于久居高原者和平原人的供给量标准，才能预防维生素 B_2 缺乏症的发生。维生素 B_2 缺乏早期表现为疲倦、乏力、活动能力和注意力减退，继而出现唇炎、口角炎、舌炎、眼睑炎、结膜炎、皮炎、角膜血管增生等。

大剂量补充维生素具有促进高原习服的作用。有研究表明，大剂量水溶性维生素 B_1、维生素 B_2 及维生素 PP 为主的复合营养剂补充有利于维持高原环境下人体的血氧饱和度，改善心功能、体能和记忆功能。关于维生素促进高原习服的作用机制目前尚未完全阐明，但研究表明维生素 C 对心肌的保护作用与其减轻缺氧所致的钠离子通道紊乱有关。维生素 C 除抗氧化功能外，可间接通过影响低氧诱导因子、NO 合成酶等发挥作用。维生素 C 有助于改善缺氧条件下氧的运输和心血管功能。

2007 年，Magalaes 等研究证明，低氧时维生素 E 对线粒体的保护作用与其维持线粒体外膜的完整性有关，并具有防止细胞凋亡信号传导途径激活的作用，维生素 E 和维生素 C 之间具有协同作用，同时存在时抗氧化能力大大提高。有研究显示，维生素 E 有降低血小板聚集的作用，可缓解血液黏稠度，以促进更多的游离铁至血中。补充维生素 E 能减少组织氧的消耗，促进红细胞的生成和含铁血红素的细胞酶的合成，有利于高原习服。

有研究发现，缺氧导致肌细胞线粒体结构破坏，从而导致代谢障碍。Belakoyski 等研究发现，维生素 B_1、维生素 B_2 和维生素 PP 能有效提高动物的能量代谢，使血中乳酸水平显著下降，心、脑组织中的 SDH 和 Cyt c 活性增高，使血液中的 ATP 合成增多。高剂量的维生素 B_1、维生素 B_2 和维生素 PP 能提高动物能量代谢过程所需酶的活性，从而提高能量代谢。

不同海拔，对机体营养素代谢的影响也不同，海拔越高营养素需要量越大。研究者测定不同模拟高度大鼠全血谷胱甘肽还原酶活性（BGR-AC）、全血转羟乙醛酶活性（TPP 效应），发现随着模拟高度的上升，BGR-AC 有上升的趋势，但从 4 km 到 8 km 之间，差别不显著。TPP 效应的变化更加明显，仅 6 km 与 0 m 相比差别显著。不同模拟高度大鼠全血维生素 C 随高度的上升而明显下降，8 km 模拟高度与地面对照组差别不明显。大鼠血清维生素 E 含量随模拟高度上升而下降，6 ~ 8 km 下降幅度较大。

动物实验表明，大鼠在不同模拟高度（4 ~ 8 km）和不同缺氧时间（8 ~ 24 h），维生素 B_1、维生素 B_2、维生素 C 和维生素 E 的需要量均随缺氧的加重而升高。复合维生素能延长缺氧小鼠存活时间和降低大鼠脑组织中乳酸含量。酵母和抗坏血酸制剂可提高缺氧大鼠肝、脑组织中细胞色素氧化酶和琥珀酸脱羧酶活性或防止其活性下降。同期进行的人体研究结果表明，高原急性缺氧条件下，入藏海拔 3.7 km，补充维生素、微量元素 1 周，能够提高机体急性缺氧耐力，减轻急性高原反应。在海拔 4.7 km 高度上，每日补充维生素 A 6 000 IU、维生素 B_2 20 mg、维生素 C 300 mg、烟酸 20 mg、泛酸钙 5 mg、维生素 E 60 mg 和维生素 PP 50 mg，可提高缺氧适应能力。缺氧条件下营养代谢的变化是缺氧的原发性影响（即组织缺氧）和继发性影响（如缺氧的厌食效应和应激效应等）的综合作用结果，由于厌食效应可使机体处于类似半饥饿状态，因此从营养学角度防止或减轻厌食效应是十分重要的，摄入足够的能量，可以避免营养代谢的许多不利变化。

七、高原习服机制

高原环境下，由于空气中氧分压降低，供氧减少，当平原人群进入这种低压低氧环境中，机体为适应环境变化满足机体需求，会发生一系列的改变，其中红细胞与血红蛋白代偿性增多，从而提高携氧能力。而血氧饱和度及红细胞携氧能力的改变是适应高原低氧环境的重要评价指标。高原习服是指平原人在高原上生活数周、数月、数年甚至3代以内，产生的一种非遗传性的生理和形态改变，以适应高原低压低氧的环境。习服良好的平原人群进入高原后，能够在高原低压低氧环境中正常生活或工作，无任何不适应症状。但习服不良的平原人群进入高原后会出现一系列的代偿反应或功能失调或各系统（如呼吸、神经、循环系统等）的紊乱。由于高原上居住时间的延长会出现各种急性、慢性高原疾病，这些因素严重影响高原工作及生活的人群。因此良好高原习服对于在高原上工作、学习、旅游人群的身体健康具有重要的意义。

高原低氧习服可能的机制：①低氧通气反应，肺通气量增加，主要是潮气量增加；②红细胞和血红蛋白增多；③心率加快，心输出量增加；④毛细血管密度增加；⑤能量代谢和物质代谢调整等。

高原低氧习服的适应过程存在时间依赖性，其中呼吸系统是发生最早、反应最明显的系统之一。肺功能（包括通气功能和弥散功能）对于机体高原低氧习服即适应能力具有重要作用。平原健康男性青年急进高原后由于外周气道阻力降低，使肺通气能力增强，肺弥散常数显著增加，引起肺弥散功能增强。平原居民进入高原地区往往会产生不同程度的高原反应。而在高原地区世居的少数民族，已经由于长期自然选择，适应了高原环境，这种适应能力是可以遗传的。

目前关于高原适应的研究多集中在以序列改变为基础的基因多态性引起的多等位基因方面，近年来表观遗传学的新理论、新方法的出现为解释发育性适应提供了可能，基因的表观遗传学改变也可遗传，且已被证明同样是基因调节的重要方式。有研究运用改良的 MS-RDA 方法发现了在世居高原和平原柯尔克孜族人群血液基因中甲基化水平差异的 DNA 片段。对得到的 11 条差异的 DNA 片段进行克隆、序列分析及 BLAST 分析后发现有 5 条被 Gen Bank 收录的差异片段，其中 2 条为在线粒体基因组中编码 COX1 的序列，3 条为编码 NADH 脱氢酶的序列。从甲基化差异入手，研究高原人群和平原人群的差异，找到差异位点对应的功能基因，可以为下一步高原医药学研究开辟新的方向。

八、高原用氧

高原环境对人体影响最大的是由于环境低氧而引起的低张性缺氧，而氧气疗法（氧疗）可以从根本上解决缺氧的问题，是一种简单、方便、经济、安全的治疗方法。氧疗不仅是急、慢性高原病的首要治疗措施，并且对于提高高原人群生存质量有着重要的意义。但是，用氧不当也可对人体产生不利影响。进入高原后，用氧不当可能延缓人体对高原低氧环境的适应过程。而吸入氧浓度过高、时间过长，还可导致氧中毒，反而加重机体的缺氧，造成难以调和的治疗矛盾。因此，对于高原用氧问题应该有一个正确的认识。

1. 氧的反常效应及氧中毒   在生理或病理性低氧血症的情况下，突然吸入纯氧可能出现短暂的发作性缺氧症状加重或其他机体情况恶化现象，如意识丧失或全身肌肉抽搐等，称为"氧的反常效应"。在严重缺氧条件下，吸氧的反应是普遍存在的，只是症状轻重有所不同。一般来说，缺氧越严重，吸氧反应症状发生率越高。而在缺氧程度相同时，吸入的氧分压越高，吸氧反应症状越重。与所有的药物都有毒副作用一样，高氧也会产生毒性反应，甚至引起细胞死亡，这就是氧中毒。氧中毒的发生与否主要取决于吸入气氧分压，氧分压过高时即使吸入气氧浓度正常也可能氧中毒。根据损伤的靶器官不同，可将氧中毒分肺型和脑型两种类型。肺是氧中毒最易受累的器官，高氧主要是损伤支气管黏膜和肺表面活性物质。氧疗的患者如发生肺型氧中毒，PaO_2 进一步下降，加重缺氧。脑型氧中毒患者主要出现视觉和听觉障碍、恶心、抽搐、晕厥等神经症状，严重者可昏迷、死亡，也可以出现精神病样表现，如欣快感、各种妄想等。由于吸氧不当可能造成患者氧中毒，加重病情甚至造成死亡，故氧疗时应控制吸氧的浓度和时间，严防氧中毒的发生。高压氧疗时，如果患者出现神经症状，应注意区分"脑型氧中毒"与由缺氧引起的"缺氧性脑病"。前者先抽搐后昏迷，抽搐时患者是清醒的；后者则先昏迷后抽搐。两种情况采取的措施截然相反，对氧中毒患者应控制吸氧，但对缺氧性脑病患者则应加强氧疗。

2. 氧疗注意问题   呼吸道内保持 95%～100% 的相对湿度是黏液 - 纤毛正常

活动的必要条件。压缩气筒（氧气瓶）中放出的氧气极为干燥，湿度大多低于 4%，若患者鼻咽部功能不好，或氧气湿化不佳，可使气道干燥，净化作用减低，甚至可诱发哮喘。

3. 延缓习服 初入高原后，机体为了适应外界低氧环境，全身各系统从器官组织水平到细胞分子水平，从功能到组织结构，将发生一系列的代偿适应性变化，机体内环境从不平衡到平衡，逐渐取得对高原低氧环境的习服。在此过程中，持续的低氧刺激是引发机体代偿反应的根本原因。在此期间吸氧，则会减轻低氧对机体的刺激作用，延缓机体主动习服于高原低氧环境的过程。

第三节 高原环境的利用

一、高原训练

自从 20 世纪 50 年代苏联研究者提出高原训练有助于提高运动成绩以来，高原运动越来越得到重视。1960 年，埃塞俄比亚运动员在海拔 2.5 km 的亚的斯亚贝巴高原训练后参加罗马奥运会，打破了维持 8 年之久的世界最好马拉松成绩夺冠之后，运用同样训练方式的肯尼亚、坦桑尼亚和摩洛哥长跑运动员也相继在长跑项目上取得了优异成绩。这些非洲运动员运动成绩的取得使高原运动受到国际上的普遍关注，并得到实践和理论研究上的发展。高原训练是当前竞技运动，尤其是体能类项目赛前常用的训练形式。高原训练作为一种特殊的训练手段，可以更大限度地增加运动负荷及提高运动员的携氧能力。并且人们发现，经过高原训练的运动员回到平原后运动成绩比在平原训练的运动员提高更明显，因此，高原训练成为中长跑等有氧耐力项目运动员赛前有效的、针对性强的训练方法。但是，高原训练欲获得理想的训练效果，需考虑诸多因素，诸如上高原的时机、高原训练的持续时间、负荷的量和强度、训练内容等一系列的问题。这些都影响了高原训练在实践中的应用，为此人们一直在寻找一种两全其美的方法。

1966 年，美国奥委会组织召开了首次国际性高原训练研讨会"海拔对运动技能的影响研讨会"，从而奠定了高原运动训练实践与理论发展的基础。目前世界各地已陆续建成并投入使用的高原训练基地达 60 多个，分布在 5 大洲 25 个国家，几乎覆盖了所有奥运会项目的运动员在进行高原训练。20 世纪 80 年代中期至今，体育科研工作者借鉴医学界对低氧的研究成果，不断改进高原训练的方法，探索一些新的低氧训练模式，并建立了一些新的训练手段及模拟训练方法（如高住低训、低住高训、间歇性低氧训练、低压低氧舱训练、呼吸低氧混合气体、模拟高原训练场馆、可调氧分压式睡舱等）。这些训练模式的研究围绕不同的低氧条件而展开。虽然新的低氧训练模式从理论上优于传统的高原训练，但目前国内外研究还存在以下问题。首先，关于低氧训练的研究比较单一，绝大多数都是以单纯某一种训练模式为研究对象，很少有将几种低氧训练模式相互比较的系统研究；其次，研究范围比较局限，主要集中在氧转运和氧利用方面，已有研究认为，低氧训练并不能明显改善运动员的某些生理参数，却有利于运动能力的改善，关于这方面的机制研究近年未有新的突破；另外，多数研究是观察对血液成分影响，偶尔有些分子和细胞水平的文章，但还不够系统。

近年来高原训练的生理学研究较多，人到了高原的低氧环境以后，由于空气密度减少，呼吸时从鼻腔运送空气到肺泡过程中所遇阻力减少，十分有利于呼吸道中的空气流动。然而，由于空气成分的改变，人到了高原后的呼吸效率会降低，最终造成体内缺氧。研究表明，随高度的增加，机体运输氧气的能力逐渐下降，即体内的缺氧程度在不断加大。高原造成的机体缺氧可刺激人体产生一系列的抗缺氧反应，如血红蛋白和肌红蛋白增加，线粒体增多，2,3-二磷酸甘油酸（2,3-DPG）及氧化酶活性上升等，从而提高血液运氧及肌肉利用氧的能力，提高耐力。高原训练对运动员来讲好比一把双刃剑，或者超水平发挥比赛成绩，或者低于正常水平，考虑高原训练对运动员影响最大的可能是有氧能力和糖酵解能力。高原缺氧还会造成最大摄氧量降低，对运动训练有一定的积极意义。进行高原训练时只需要较小的运动强度即可达到平原锻炼心肺功能的效果。若以平原同样负荷运动，则能进一步增加体内缺氧程度，刺激人体产生更大的抗缺氧反应。加上在高原缺氧环境下呼吸、循环系统功能亢进，从理论上讲，运动员可通过高原缺氧时的安静和运动这两方面的合成作用来提高耐力。经过50余年的发展，对高原运动的普遍认识基本集中在通过高原环境的习服，机体对缺氧环境可以产生适应，而在高原上同时进行运动训练获得的适应，有利于使人体呼吸、循环等系统的功能得到增强，从而能够促进运动成绩尤其是耐力项目成绩的提高。高原训练对有氧代谢能力的提高有积极作用，其机制主要表现在对红细胞、酶、最大摄氧量、乳酸耐受力等方面的调控增强，以上综合作用有利于提高机体运输氧的能力、心脏供血能力、骨骼肌的代谢能力、最大摄氧量，从而提高运动能力。研究表明高原训练可使机体红细胞数量和血红蛋白不同程度地增加，高原地区含氧量低于平原的特点非常有助于运动员机体携氧能力的提高。近 20 年来在国内游泳界普遍采用 21~28 天的训练周期，摸索出了一套较成熟的训练模式。高原训练有助于运动员取得好成绩，此模式在国际上已达到较高的水平。

高原训练对运动员的影响主要集中在以下几个方面。

1. 高原训练与红细胞的生成　人类很早以前就发现进入高原后红细胞和血红蛋白将随即增加。Viauh 于 1890 年在秘鲁和玻利维亚的安第斯山考察中发现，高原居民普遍存在着 RBC 增多的现象。在 1891 年还报道了登山者的 RBCC，发现在平原为 5.0×10^{12}/L 的登山者在短期到达 4.54 km 的山区时，其 RBCC 可升高到 $(7.8~8.0) \times 10^{12}$/L。国内外对高原训练 RBC 和 Hb 变化的报道较多，并且研究结果大体一致，其总体规律是上高原 1 周后，RBC 和 Hb 都有所升高，但升高的幅度各研究报道有所不同；高原训练 2 周时 RBC 和 Hb 水平接近平原时的水平；3~4 周时 RBC 和 Hb 水平略显下降，有时低于平原时的水平；高原训练回平原后，则较训练前的水平高。高原训练期间 RBC 和 Hb 水平的起伏，除受高原缺氧刺激 RBC 生成发生变化外，还受高原脱水、训练量、持续时间及训练强度等因素的影响。

2. 高原训练与红细胞生成素的生成　高原训练对 EPO 影响的研究，报道结果不一致。Berglund 1988 年观察了 41 名男子和 31 女子滑雪运动员的血清 EPO 水平，发现男女之间无明显差异；冬训 2 个月前后 18 名运动员（男性 12 名，女性 6 名）的 EPO 水平没有明显改变。Berglund 于 1992 年发现，亚高原训练 8~10 天，网织红细胞数达最大值，3 周的高原训练可导致 Hb 升高 1%~4%，但 EPO 水平在上高原后即升高，1 周后下降，并认为维持高水平 EPO 并不是在高原上 RBC 持续增加所必需的。Robert 于 1992 年发现，7 名男子世界级游泳运动员在 2.225 km 高原训练 3 周，EPO 均值在高原为 (16.6 ± 2.0) ~ (18.4 ± 2.3) mU/mL，明显高于高原训练后的 (13.5 ± 2.8) ~ (14.2 ± 1.1) mU/mL。另有人报道，5 名男子竞技自行车运动员在采用高住低练模式（每天在 3 km 高度上居留 18 h，其余 6 h 在平原训练），训练 11 天后，EPO 水平显著升高（$P < 0.05$）。但 Schmidt 等 1993 年发现，高原训练期间血清 EPO 水平与海平面的值无差异。冯连世等人的研究结果也表明，在高原训练 1 周时，血清 EPO 水平下降，但 RBC、Hb 和网织红细胞数量却增加；在高原训练 4 周及高原训练后第 3、5 周，EPO 水平虽仍低于上高原前的水平，但 RBC 和 Hb 却持续升高，因此认为高水平 EPO 维持并不是在高原训练期间 RBC 和 Hb 持续增加所必需的。与单纯待在高原上相比，高原训练似乎更能促进红细胞的

生成。研究发现，在中等海拔高度训练组和久居高原安静组之间，前者的网织红细胞明显增加，这表明缺氧和运动这两种刺激是分别起作用的。

EPO 的分泌和 RBC 的生成还与血清睾酮的水平有关。高原训练期血清睾酮水平变化趋势与血清 EPO 的变化趋势基本保持一致；睾酮 / 皮质醇比值上升，并与网织红细胞数的升高是同步的。这说明虽然上高原后血清睾酮下降，但因睾酮 / 皮质醇比值的升高，仍可导致机体内蛋白质合成大于分解，促使 RBC 和 Hb 升高。另外，缺氧环境并不一定能促进红细胞生成，它还与缺氧程度有关。Hb 浓度在升到 4 km 海拔的过程中直线上升，以后在上升到约 6 km 过程中则上升不成比例，此时红细胞生成下降。EPO 的活性在血氧饱和度降到低于 60% 时显著降低。造成高原训练对 EPO 影响研究结果不同的原因，可能与上高原后取血测试的时间不同及高原训练的海拔高度不同有关。

3. 高原训练对 RBC 变形能力的影响　在血液成分中，与高原训练关系较密切的是 RBC。由于 RBC 的变形性（能力）在很大程度上影响着血液对组织的供氧能力及对 CO_2 和其他物质的运输能力，因此，RBC 的变形性对运动员的运动能力有着重要的影响，有关高原训练过程中 RBC 变形性的变化规律的研究显得很必要。

高原训练产生的运动加缺氧的刺激会对 RBC 变形性产生复杂和深刻的影响。通过观察模拟不同海拔训练对大鼠 RBC 变形性的影响发现：平原和高原训练 1 周都可提高大鼠 RBC 的变形性，但高原训练 1 周不及平原训练 1 周那么显著；模拟在海拔 2 km 训练时，训练对 RBC 变形性的影响占主导地位，而在 3 km、4 km 高海拔训练时，高原缺氧则是影响 RBC 变形性的主要因素。

适度的运动训练能提高 RBC 变形性是机体对运动训练的良好适应。Schmid 等研究发现，高原训练开始后 1 周血 2,3-DPG 提高，并在整个训练期间都保持上升，而血中 2,3-DPG 能通过改善 RBC 膜的功能状况使 RBC 变形性增强。一段时间的运动训练能使运动功能发生适应性改善，而高原训练中高原缺氧加运动训练的双重刺激又有其特殊的一面。与单纯生活在高原相比，高原训练似乎更能促进 RBC 生成，加速 RBC 的更新。

4. 高原训练与血液流变学的关系　机体在高原低氧情况下，血液及其成分的流变学特性对循环系统的生理和病理，特别是对微循环的功能有重要影响。

我国高原医学工作者对不同海拔世居和移居者的血液流变学特性进行了研究，发现随海拔高度的不断增高，血液流变学多具有"浓"（血细胞比容增高）、"黏"（全血黏度增高）、"聚"（红细胞电泳时间延长）的典型特点。这些变化是导致高原居民血流动力学改变的一个重要因素。在高原上进行运动训练的运动员，其血液流变学特征的改变对运动员机能的影响及此影响对运动员回平原后的训练及比赛产生的机能效益，是研究者关注的焦点。目前这方面的研究不多且就某些问题有争议。多数研究表明，高原训练可导致机体 RBC 和 Hb 不同程度地增加，但目前存在争议的焦点是，RBC 和 Hb 升高的原因是红细胞生成的绝对值增加，还是由于血浆渗漏造成血容量或血浆量减少所致。有关这方面的研究结果报道不一致。现在较为认可的观点，是高原训练对血液红细胞相对数量的影响有可能是血容量减少和红细胞生成增加同时作用的结果。高原训练的高原缺氧和运动训练的双重刺激对血液流变学特征产生复杂和深刻的影响。经过长期训练的运动员，安静时红细胞渗透脆性、悬液黏度、红细胞电泳时间、红细胞沉降率比一般人有明显下降，红细胞滤过率和红细胞变形能力比一般人明显增加。由于长期训练使红细胞变形能力增加，血细胞比容减少，运动员安静状态血液黏度较一般人明显下降。

　　血液黏度是血液流变学研究的核心问题，其主要影响因素包括 Hct、血浆黏度、红细胞变形性等，其中 Hct 是影响血液黏度最重要的因素。有研究表明，Hct 升高到 50%~60% 时，血液黏滞性呈线性增加，当超过这一水平时血液黏滞性呈指数增加。酒井秋男曾提出了一个"Hct 最适值"概念，他认为 Hct 加大是对高原环境的适应，但若增多过剩反而不利，Hct 最适值应是 50% 左右。适宜的高原训练应控制 Hct 在最适值范围内，使红细胞有效摄氧达到较佳状态，并且对血液黏度也有利。冯连世等的研究也表明高原训练时红细胞沉降率、红细胞沉降率方程 K、纤维蛋白原等下降和网织红细胞增加，并且高原训练对血流特征产生的有利影响在下高原 3 周后得到了充分体现。

　　红细胞变形性是影响血液黏度的另一重要因素，运动员在高原训练中网织红细胞增加，这是血液红细胞平均年龄下降的表现，而年幼的红细胞比老化红细胞具有更强的变形能力。动物实验结果表明，高原训练能显著提高大鼠红细胞变形能力。红细胞变形性的提高对改善血液黏度、提高血液流变性都是大有裨益的。因此，高原训练期间机体血液流变学特征可能会得到改善，显著增加的红细胞数及较佳的血液流变性提高了机体对低氧环境的耐受力。

　　5. 高原训练对运动员内分泌系统的影响　　国内多数研究认为高原训练对血清睾酮的影响较大，其中有人认为高原训练后血清睾酮较上高原之前有比较显著的提高；也有人认为上高原后的血清睾酮呈渐进性下降，至第 4 周达到最低点，回到平原后 3 周后逐渐回升，至 4~6 周达到最高点。后者的观点认为高原训练对垂体－性腺轴及机体合成代谢能力有较大的影响作用，其影响作用会大于平原训练的影响，并且会有一定的滞后效应。与平原训练相比，同样强度的训练计划，运动员的主观疲劳表现在高原训练会出现得更早，但训练对机体血清睾酮的影响却迟于平原训练。关于运动员的主观疲劳表现在高原训练会出现得更早的问题，可以解释为在高原缺氧状态下神经中枢的保护性抑制导致机体对疲劳较为敏感。高原训练对机体血清睾酮的影响是否较平原训练出现更晚这个问题需要进一步研究，目前的文献显示高原训练（21～28天）回到平原后20～30天血清睾酮会达到较高水平，而游离睾酮对训练强度的变化更敏感一些。目前国内有关高原训练的研究对象主要是运动员，但由于很多研究手段的限制及人体个体差异不利于对高原训练的机制深入研究，而模拟高原运动的动物模型研究将克服临床研究的缺陷，目前有关于大鼠模拟高原游泳运动方面的研究报道，但这方面的研究相对较少。

　　血清睾酮的变化趋势与游离睾酮的变化趋势基本保持一致，只是在血清睾酮水平下降时，游离睾酮仍保持在一定的水平上。这可能是高原训练过程中运动员对睾酮下降时保持运动能力的一种适应。有关高原训练前后血清睾酮和游离睾酮的变化规律及其与运动员机能状态的关系和意义，值得进一步深入观察和研究。有关高原训练后尿激素排泄量的研究也有报道。Fischer 等 1992 年观察了 36 名优秀赛艇运动员，在 1.85 km 高原训练 23 天的尿 17－酮－类固醇和 17－羟－类固醇的排泄量，发现高原训练结束后和第 1 周的 17－羟－类固醇的排泄量比较没有明显变化，而 17－酮－类固醇的排泄量明显增加。也有人报道，缺氧结合运动训练，可使运动员尿内儿茶酚胺排出量明显增高，并发现在较高海拔高度进行同等负荷运动后，运动员尿去甲肾上腺素排泄量明显增加，肾上腺素的排出量明显减少。认为对运动员尿中去甲肾上腺素排出量的测定，可了解运动员对高原训练的适应情况。

二、低氧研究与老年病

　　我国随着老龄化社会的到来，老年病的发病率也随之上升，尤其是心脑血管疾病、糖尿病、认知功能障碍等疾病的患病人数逐年增加，给社会及家庭造成沉重负担。研究发现持续低氧状态可以引起及加重部分老年病，而适当的低氧干预可以显著提升机体对后续的高强度缺氧损伤的抵抗能力，对机体产生保护作用。低氧对老年病的影响已经成为目前医学界研究的热点之一。统计发现，心脑血管疾病 80% 与组织缺氧缺血相关，而低氧干预能够产生新的组织保护物质，增强低灌注区域抵抗缺氧缺血的能力。"低氧医学"的概念最初为"低氧预适应",最早于 1963 年提出,指的是通过预先反复低强度的低氧处理,调动机体内源性的保护机制,显著提升机体对后续的高强度缺氧损伤的抵抗能力,为一些老年病的防治提出了有别于传统高浓度氧治疗疾病的新思路。

(一)低氧研究与缺血性脑血管病

低氧血症可诱发和加重缺血性脑血管病的发展,长期、反复的低氧刺激可引起 EPO 增多,红细胞生成增多,引起血液黏度增加,且低氧引起血管收缩,导致血流减少,进一步发展可引起缺血性脑血管病的发生。然而,也有研究发现在脑梗死发生之前反复给予短时间的低氧干预可以减少脑梗死的体积。另有研究发现,对局部组织采用低氧干预同样可以起到对缺血脑组织的保护作用。有关低氧脑保护的临床随机对照研究显示,对颅内动脉狭窄患者行双上肢 5 个循环的 5 min/5 min 的缺血/再灌注低氧干预训练,每天进行 2 次,连续训练 300 天后,结果发现低氧训练可将此类患者的脑卒中复发率降低 18.7%,缩短卒中后的恢复时间,采用 SPECT、经颅多普勒检查发现颅内血流灌注明显优于未进行低氧训练的患者,可取得满意的临床效果。对于低氧脑保护可能的机制主要从基础实验方面给予研究,可能存在以下几方面:①低氧干预可有效降低血脑屏障的通透性。脑梗死发生后,血脑屏障最先遭到破坏,可加重脑水肿,有害物质容易进入脑组织,进一步增加脑梗死面积,形成恶性循环。低氧干预可通过降低基质金属蛋白酶(MMP-9)的水平、抑制血管内皮层粘连蛋白和纤连蛋白的缺失等途径有效保护血脑屏障的完整性,减轻脑水肿,减小梗死体积,保护缺血脑组织。②缺氧诱导因子-1(HIF-1)可以在缺氧的情况下诱导活化低氧细胞因子,如 EPO、血管内皮生长因子(VEGF)等。这些活性物质在组织缺氧条件下释放增多,可有效促进血管内皮细胞分裂、新生血管形成及侧支循环建立,有效降低细胞耗氧量,增加缺氧器官的供氧能力,使机体迅速耐受低氧环境。③增加缺血组织的脑血流量。低氧干预可以激活蛋白激酶 C(protein kinase C,PKC)的表达,同时抑制性神经受体核苷转运蛋白 ENT1(equilibrative nucleoside transporter 1)表达增多,引起神经元细胞膜超极化或激活 PKC,在脑缺血发生后维持脑血流量及脑保护重建方面起重要作用。④抑制细胞凋亡和坏死。低氧干预可通过下调 caspase-3、caspase-6、caspase-9 和 Bax 的表达,上调 Bcl-2 的表达,阻止细胞凋亡起到脑保护作用。⑤减轻局部炎症反应。过强的炎症反应可以加重神经功能的恶化,而低氧干预可以抑制髓过氧化物酶、炎症基因及中性粒细胞的活性,增

加白介素 –1β 的表达，减轻炎症反应，起到脑保护的作用。⑥其他可能具有保护作用的因素，如肿瘤坏死因子、热休克蛋白、抗自由基损伤等也有相关文献报道。

（二）低氧研究与冠状动脉粥样硬化性心脏病

从世界范围看，心肌梗死引起的死亡率位居首位，对老年人危害更大。临床资料显示，持续低氧状态可影响脂蛋白受体活性，导致低密度脂蛋白含量增高，加速冠状血管动脉硬化的过程；低氧引起血管收缩，血小板聚集增多，减少心肌供血，导致冠心病发作。心脏低氧保护的概念由 Murry 于 1986 年首次提出，提前的低氧干预可对冠状动脉粥样硬化性心脏病起到保护作用，对缺血心肌的保护作用主要体现在可以减小心肌梗死的面积，减少心肌梗死后恶性心律失常的发生，减慢心脏能量代谢和减轻心脏超微结构损伤。他在对猪心脏的冠状动脉进行 40 min 的长时间栓塞之前，对冠状动脉实施了 4 个循环的 5 min/5 min 的栓塞 / 再灌的原位低氧干预措施，发现心脏梗死体积较未干预组明显减小。另外一项对狗的基础实验显示，无论是在栓塞冠状动脉之前还是在栓塞冠状动脉再通之前给予低氧干预，都能够有效减轻心肌缺血区域的水肿，具有心肌保护的作用。有研究对 333 例首发的 ST 段抬高型急性心肌梗死患者的临床随机对照研究发现，在患者发生心肌梗死后尽快给予双上肢 4 个 5 min/5 min 缺血 / 再灌注循环的低氧干预措施，然后对患者进行长期随访（最长 4.9 年，平均 3.8 年），发现低氧干预可以明显改善患者的预后。低氧干预对心肌的保护作用虽得到大家的认同，但其确切机制尚不明确，主要的保护机制可能为：①腺苷可减少心肌能量消耗。②一氧化氮（NO）和一氧化氮合酶（NOS）可减轻心肌细胞损伤，NO 可减少线粒体的耗氧量，从而保护心肌。③ PKC 可激活线粒体 K_{ATP} 通道，减轻 Ca^{2+} 超载，促进线粒体呼吸和增加能量合成，保证缺血心肌供氧量。④环氧化酶 –2（COX–2）在组织缺血时的表达上调可引起前列腺素水平升高，从而抑制氧自由基、血小板聚集，保护缺血器官，且与 NO 具有协同作用。

（三）低氧研究与认知功能障碍

认知功能障碍性疾病对老年人日常生活质量的影响很大。多项基础实验发现，长期慢性间歇低氧可引起小鼠空间学习和记忆能力的降低，且学习记忆损害程度与低氧暴露时间呈正相关。有研究发现，对雄性 Balb/c 近交系小鼠进行 4 个周期的低氧训练后，发现反复短时间的低氧干预对小鼠短期空间学习和记忆能力有一定促进作用，可加快小鼠的反应时间。另外一项基础实验对大鼠进行一侧的大脑中动脉栓塞 1 h 后给予 3 天的血流恢复，在恢复血流之前对大鼠进行单侧肢体 3 个 5 min/5 min 栓塞 / 再灌的低氧干预，水迷宫结果发现局部低氧干预同样可以提高大鼠的空间记忆和学习能力。Tao Xu 等对双侧颈总动脉闭塞后的大鼠进行单侧肢体 3 个 10 min/10 min 栓塞 / 再灌循环低氧干预，得到了低氧干预对大鼠认知功能障碍的恢复有促进作用的结论。低氧干预防治认知功能障碍的保护机制可能为：①保护脑内海马 CA1 区的胆碱能神经元，而此部位的神经元主要与学习和记忆有关。②抑制细胞凋亡。低氧干预可上调 Bcl-2 的表达，阻止相关区域的细胞凋亡，起到认知功能保护的作用。

（四）低氧研究与糖尿病

目前低氧与糖尿病的相关性研究较少且存在争议。田彦明等通过低压低氧（模拟 5 km 高空）方法对 2 型糖尿病大鼠进行连续 28 天的干预处理，然后对其进行葡萄糖耐量实验，发现低压低氧干预组大鼠的血糖水平较未干预组低，低氧干预可以改善糖耐量异常，此保护可能与低压低氧改善胰岛素抵抗有关。有临床研究发现，2 型糖尿病不影响低氧干预治疗症状性冠状动脉狭窄心脏病的效果，且低氧干预能够改善此类患者的临床症状。但也有对 750 例 2 型糖尿病合并 OSAHS 的患者的研究发现，2 型糖尿病患者空腹血糖水平与夜间是否存在低氧相关，夜间低氧患者血糖水平高于夜间无低氧患者，而采用无创通气治疗后可以降低此类患者的昼夜血糖水平。杨永刚对急性脑梗死合并 2 型糖尿病患者研究发现，脑梗死发病之前的低氧适应对合并糖尿病的患者的 VEGF、MMP-9 水平影响不明显，说明低氧干预对脑梗死合并 2 型糖尿病患者的保护作用不明显。国外多项研究发现，高血糖可以降低甚至抵消低氧干预对缺血梗死的保护。

（五）低氧研究与肺动脉高压

肺动脉高压是机体长期处于低氧状态下，引起肺血管各层膜发生改变，释放多重血管收缩因子，导致血管异常收缩、肺血管阻力及肺动脉压力升高，最终导致右心衰竭。低氧使肺动脉压力升高的机制有：①当机体处于低氧状态时，肺动脉内 5-HT 的表达量增加，刺激平滑肌细胞的迁移和细胞骨架重组，促使血管壁增厚；②低氧环境导致内皮细胞肥大、增生，造成血小板激活和凝集、纤溶系统异常、肺血管通透性增加，最终导致肺动脉平滑肌增生；③内皮细胞在低氧环境下，扩血管因子释放减少或失去活性，缩血管因子释放增多；④低氧促进血管外膜成纤维细胞的增殖，并且成纤维细胞进一步促进巨噬细胞的迁移和黏附，导致肺动脉血管重塑。

（六）低氧研究与骨关节炎

骨关节炎是维持关节软骨合成和分解的代谢失衡所致，而代谢的失衡与氧化和抗氧化系统失衡关系密切。多项临床研究发现，骨关节炎患者关节软骨中的氧浓度降低，HIF-1α 和 HIF-2α 表达升高，促使软骨细胞分泌 VEGF，最终诱导血管生长侵入软骨引起软骨细胞凋亡，导致关节炎发生。另有一项基础实验发现，对胶原蛋白诱导大鼠关节炎之前给予连续 28 天 5 h/d 的低压低氧（相当于 3 km 高的环境）处理，可以明显降低大鼠关节炎的发生率，其机制主要为低压低氧的干预可通过下调 HIF-1α 和 NF-κB 的表达，降低 TNF-α 和 IL-17 的表达而减少炎症反应来保护关节。

（七）低氧研究与高血压

高血压是发病率较高的疾病，其所引起的并发症，如脑出血、心力衰竭、肾损害需要及早预防。一项大鼠的基础实验发现，由睡眠呼吸暂停引起的低氧血症可导致血压升高，并且可持续存在；临床研究同样发现此现象，且呼吸暂停引起的低氧血症越严重，血压升高越明显，通过无创气道正压通气改善血氧饱和度后，血压可以相应降低。低氧引起血压升高的机制主要为机体处于间歇性低氧状态时，可诱导血管内皮功能障碍，交感神经激活，脂质代谢紊乱和氧化应激增加，进而增加动脉血管硬度，导致血压升高。

较多研究发现长期低氧环境对机体产生不利影响，而提前的低氧干预措施对机体可能产生有利影响，能够降低后续长时间低氧带来的损害。低氧医学是基于通过对机体的短时程、非致死性的低氧干预，激发机体内源性的保护机制对身体多个器官起到保护作用，具有简单、无创、成本低、可操作的优点，多个基础实验证实低氧对器官的保护作用，且对老年人易患的缺血性血管病、糖尿病、认知功能障碍等的防治研究也正在向临床方面转化，但是其确切的保护机制尚缺乏统一的认识，对低氧干预的方式（缺氧、模拟高原低压低氧实现的低氧干预）、干预的时间点及持续时间等方面没有统一的标准，需要从基础实验及临床方面进行进一步研究。高原环境低压低氧对疾病影响的研究可在低氧研究基础上进一步开展。

参考文献

[1] 高钰琪. 高原病理生理学［M］. 北京：人民卫生出版社，2006.

[2] 金惠铭，王建枝. 病理生理学［M］.7 版. 北京：人民卫生出版社，2008.

[3] 李广文，罗玉敏. 低氧医学与老年病防治 [J]. 生命科学仪器，2015，13（4）：5-9.

[4] 李桂源. 病理生理学 [M]. 2 版. 北京：人民卫生出版社，2010.

[5] 刘娟，李小薇，赵莲，等. 高原低压低氧环境对红细胞携放氧的影响 [J]. 中国输血杂志，2017，30（8）：872-873.

[6] 刘忠，李文华. 高原低氧适应遗传基因与非适应者的差异 [J]. 中国组织工程研究与临床康复，2011，15（7）：1285-1289.

[7] 罗勇军，刘福玉，陈丽，等. 高原习服适应中白细胞线粒体 DNA 拷贝数的变化规律 [J]. 第三军医大学学报，2011，33（4）：359-375.

[8] 聂鸿靖，田云梅，张东祥，等. 高原低氧习服大鼠红细胞变形性的化规律及其分子机制 [J]. 中国应用生理学杂志，2011，27（1）：23-28.

[9] 孙长颢. 营养与食品卫生学 [M]. 6 版. 北京：人民卫生出版社，2010.

[10] 翟羽. 高原低氧习服 – 适应过程中肺功能改变的初步研究 [D]. 重庆：第三军医大学，2007.

[11] 张峥桥. 高原适应表观遗传学甲基化研究技术 MS-RDA 的优化与应用 [D]. 北京：中国人民解放军军事医学科学院，2015.

[12] Balduini W, Carloni S, Buonocore G. Autophagy in hypoxia-ischemia induced brain injury [J]. J Matern Fetal Neonatal Med, 2012, 25（Suppl I）：30-34.

[13] Chen Y C, Lin F C, Shiao G M, et al. Effect of rapid ascent to high altitude on autonomic cardiovascular modulation [J]. Am J Med Sci, 2008, 336（3）：248-253.

[14] Dhar P, Sharma V K, Hota K B, et al. Autonomic cardiovascular responses in acclimatized lowlanders on prolonged stay at high altitude: a longitudinal follow up study [J]. PLoS One, 2014, 9（1）：e84274.

[15] Facco M, Zilli C, Siviero M, et al. Modulation of immune response by the acute and chronic exposure to high altitude [J]. Med Sci Sports Exerc, 2005, 37（5）：768-774.

[16] Heather L C, Cole M A, Tan J J, et al. Metabolic adaptation to chronic hypoxia in cardiac mitochondria [J]. Basic Res Cardiol, 2012, 107（3）：268.

[17] Heinicke K, Prommer N, Cajigal J, et al. Long-term exposure to intermittenthypoxia results in increased hemoglobin mass, reduced plasma volume, and erythropoietinplasma levels in man [J]. Eur J Appl Physiol, 2003, 88（6）：535-543.

[18] Jacobs R A, Lundhy C, Robach P, et al. Red blood cell volume and the capacity for exercise at moderate to high altitude [J]. Sports Med, 2012, 42（8）：643-663.

[19] Jansen G F, Basnyat B. Brain blood flow in Andean and Himalayan high-altitude populations: evidence of different traits for the same environmental constraint [J]. J Cereb Blood Flow Metab, 2011, 31（2）：706-714.

[20] Kaczmarek A, Vandenabcele P, Krysko D V. Necroptosis: the release of damage-associated molecular patterns and its physiological relevance [J]. Immunity, 2013, 38（2）：209-223.

［21］Leon-velarde F，Gambo A，Chuquiza J A，et al. Hematological parameters in high altitude residents living at 4355，4660，and 5500 meters above sea level［J］. High Alt Med Biol，2000，1（2）：97-104.

［22］Magalhaes J，Ferreira R，Neuparth M J，et al. Vitamin E prevents hypobaric hypoxia-induced mitochondrial dysfunction in skeletal muscle［J］. Clin Sci（Lond），2007，113（12）：459-466.

［23］Maiti P，Singh S B，Mallick B，et al. High altitude memory impairment is due to neuronal apoptosis in hippocampus，cortex and striatum［J］. J Chem Neuroanat，2008，36（3-4）：227-238.

［24］Mazzeo R S，Reeves J T. Adrenergic contribution during acclimatization to high altitude：perspectives from Pikes Peak［J］. Exerc Sport Sci Rev，2003，31（1）：13-18.

［25］Messerli-Burgy N，Meyer K，Steptoe A，et al. Autonomic and cardiovascular effects of acute high altitude exposure after myocardial infarction and in normal volunteers［J］. Circ J，2009，73（8）：1485-1491.

［26］Naeije R. Physiological adaptation of the cardiovascular system to high altitude［J］. Prog Cardiovasc Dis，2010，52（6）：456-466.

［27］Simonson T S，McClain D A，Jorde L B，et al. Genetic determinants of Tibetan high-altitude adaptation［J］. Hum Genet，2012，131（4）：527-533.

［28］Singh S N，Vats P，Kumria M M，et al. Effect of high altitude（7,620 m）exposure on glutathione and related metabolism in rats［J］. Eur J Appl Physiol，2001，84（3）：233-237.

［29］Siques P，Brito J，Leon-velarde F，et al. Hematological and lipid profile changes in sea-level natives after exposure to 3550-m altitude for 8 months［J］. High Alt Med Biol，2007，8（4）：286-295.

［30］Storz J F，Moriyama H. Mechanisms of hemoglobin adaptation to high altitude hypoxia［J］. High Alt Med Biol，2008，9（2）：148-157.

［31］West J B. High Altitude Medicine and Physiology［M］. 4th ed. London：Hodder Amold，2007.

6

第六章　生物节律

　　许多生物都存在着有趣的生物钟现象。例如，危地马拉有一种第纳鸟，它每过 30 min 就会"叽叽喳喳"地叫上一阵子，而且误差只有 15 s，因此那里的居民就用它们的叫声来推算时间，称为"鸟钟"；在非洲的密林里有一种报时虫，它每过 1 h 就变换一种颜色，在那里生活的家家户户就把这种小虫捉回家，看它变色以推算时间，称为"虫钟"。

　　在植物中也有类似的例子。在南非有一种大叶树，它的叶子每隔两小时就翻动一次，因此当地居民称其为"活树钟"；在南美洲的阿根廷，有一种野花能报时，每到初夏晚上 8 时左右便纷纷开放，被称为"花钟"。

　　万物之灵的人类，同样受着生物节律的支配。什么是人体生物钟？有人把人体内的生物节律形象地比喻为"隐性时钟"。科学家研究证实，每个人从诞生之日直至生命终结，体内都存在着多种自然节律，如体力、智力、情绪、血压、经期等，人们将这些自然节律称作生物节律（biological rhythm）或生命节奏。人体内存在一种决定人们睡眠和觉醒的生物种，生物钟根据大脑的指令，调节全身各种器官以 24 h 为周期发挥作用。

　　生物钟能够在生命体内控制时间、空间发生发展的质和量。地球上的所有动物都有一种叫"生物钟"的生理机制，也就是从白天到夜晚的一个 24 h 循环节律，比如一个光 – 暗的周期，与地球自转一次吻合。人类的这种功能受"内在时钟"的控制，已适应地球表面的昼夜交替变化，并在外环境作用下，逐渐形成内环境稳定和节律稳定。生物钟是受下丘脑"视交叉上核"（SCN）控制的，和所有的哺乳动物一样，人类大脑中 SCN 所在的区域正处在口腔上腭上方，我们有昼夜节律的睡眠、清醒和饮食行为都归因于生物钟作用。

第一节   生物节律现象

在自然界，从最简单的真核单细胞生物到高等动植物乃至人类的生命活动，其过程既不是均匀连续的也不是随机变化的，而是有时间的有序性，即具有节律性。近代时间生物学证实，生物界进行有规律的周期性活动是一种普遍现象，生物节律不仅广泛存在于各种生物的生命活动中，而且在生物的各个层次均有反映，因此节律是生命活动的基本特征之一。在人类，各种生理、生化功能，心理行为和反应以至细胞形态和结构等都具有节律性变化，生理心理功能节律皆属于生物节律范畴。机体生存期间，除保持内环境相对稳定外，各种功能还显示出同步于周围环境物理参数周期性变化的节律现象。

机体生理心理功能节律现象比较复杂，涉及频率范围广，其周期从秒到年，最短的周期仅 0.1 s，而最长的则接近 1 年。因此，可根据频率的高低区分为超日节律、近日节律和亚日节律三种节律。例如人的心电图、脑电图、呼吸等均属超日节律，休息 – 活动、觉醒 – 睡眠、血液和尿液成分的变化等则属近日节律，而月经周期、冬眠周期等属于亚日节律。

一、生理功能的似昼夜节律

地球围绕地轴自转一周历时 24 h，在地球表面上栖居和生活的生物及人类，在 24 h 内都要经历一段光亮（白昼）和一段黑暗（夜晚）的时间，此 24 h 即被称为一个"太阳日"。昼夜循环交替是人感受最深刻的环境条件节律变化。人的时间概念也是由太阳系天体周期运动现象所引起的。

在一个太阳日内，人的觉醒和睡眠是其生物节律最明显的表现。一般来说，白天是人们从事工作、学习、娱乐和旅行等活动的时间；而当夜幕降临以后，活动逐步减少，并进入睡眠。现已证明，除觉醒和睡眠的周期性节律外，人的心血管、呼吸、内分泌、代谢等生理功能，以及心理、认知功能等，也都显示出与环境周期相同的似昼夜节律性变化。也就是说，人体生理功能的周期性变化与环境的昼夜交替保持着"同步化"（synchronization）关系。

生物节律在维持代谢与生理功能的内稳态过程中起着非常重要的调控作用。哺乳动物生物节律由转录翻译反馈回路（transcriptional/translational feedback loop，TTFL）的核心振荡器驱动，其主构架由转录激活因子 CLOCK/BMAL1 和转录抑制因子 PER/CRY 组成。这些组件共同工作，生物产生 24 h 的内源节律。同时，生物钟的精确运行不仅靠简单的 TTFL，更有多层级、网络化的信号调控参与其中。在 2009 年，有研究证实在人骨肉瘤细胞（U2OS）中进行的基因组范围的 siRNA 筛选，确认了哺乳动物细胞内许多通路都参与生物钟调控网络的构建，如受生物钟调控的细胞周期通路。因此，哺乳动物生物钟与许多信号网络是互相交织、互相影响的，也因此影响到哺乳动物机体方方面面的生理和行为。

低氧信号通路参与血管生成、细胞迁移、红细胞生成素产生等关键生理过程，及脑卒中、心肌梗死等病理进程。早期的基因克隆研究表明，低氧信号通路的关键因子 HIF1A/ARNT 和 CLOCK/BMAL1 序列相近，结构相似度高，提示这两条通路之间有可能存在相互调控。然而后续的体外实验出现诸多相互矛盾的现象，而体内实验由于受限于当时模拟低氧诱导试剂 Ni^{2+}/Co^{2+} 的较强毒副作用而无法获得明显进展。最近研究发现一系列经典的 *HIF1A* 靶标基因，如 *Glut1*、*Vegfa*、*Epo*、*Egln1-3* 都在特定的时间点（ZT6-9 时相）诱导表达水平显著高于其他时间点。类似现象在一个临床三期药物 FG-4592（EGLN 抑制剂，用于激活低氧通路）诱导也有看到，即所谓"昼夜节律门"（circadian gating）现象。另有研究发现，低氧信号的激活反过来会减慢生物钟的周期和降低其振幅。生物钟与低氧通路至少在两个层面有相互作用：在染色质水平上，HIF1A/BMAL1 有协同激活下游基因转录的功能；在更上一层基因表达方面，CLOCK/BMAL1 能够激活 *HIF1A* 基因的表达，而 *HIF1A* 又能激活另一核心基因 *PER2* 的表达。有研究证实，心肌细胞在病理情况下的低氧反应受到生物节律影响。在不同时间点心肌缺血造成的严重程度不同，在生物钟功能异常的突变体小鼠（*Per1*/*Per2* 双敲除）中，心脏缺血会造成更严重的心肌细胞损伤。可能的解释是低氧会激活凋亡基因 *Bnip3* 的表达，而在 *Per1*/*Per2* 双敲除中，低氧反应更强烈，*Bnip3* 激活水平更高，从而引起了更严重的细胞死亡。这说明正常功能的生物钟可能对心肌细胞（在心肌梗死时）有一定的保护作用。

1. 体温的似昼夜节律　人的体温在 4—6 时最低，7—9 时迅速升高，此后上升缓慢，17—19 时达到最高，22 时后缓慢下降。最高值与最低值相差约 1℃。体温的似昼夜节律在出生后 2～6 个月开始出现，出生后 2 年内形成。体温是由机体的产热与散热的动态平衡所决定的，故体温的似昼夜节律正是这两种生理过程的共同体现。机体的产热量，清晨安静时偏低，但仅产热量的波动还不能完全解释体温似昼夜节律现象。另一方面，皮肤温度的昼夜波动与体温变化关系较为密切，故认为体温似昼夜节律主要是由于皮肤血流量增减引起的散热变化所决定的。此外，不论在温带地区，还是在热带地区，体温似昼夜节律的波动情况基本相近，这可能是下丘脑的体温调节中枢整合活动的结果。

2. 肾上腺皮质激素分泌功能的似昼夜节律　在人体内分泌功能的似昼夜节律现象中，以肾上腺皮质的糖代谢激素——氢化可的松分泌的似昼夜节律最为典型。血浆中氢化可的松浓度的昼夜变化为：从 0 时起急剧上升，6 时左右达最大值，然后逐渐降低，到 24 时又达最低值。另一类肾上腺皮质激素，即盐皮质激素——醛固酮的分泌功能也表现出似昼夜节律变化：起床时分泌量最高，开始活动时分泌量逐渐减少。但在静卧时则不出现这种节律性变化，故可认为醛固酮的分泌节律是因姿势改变而出现的外源性节律。

3. 肾功能的似昼夜节律　在中午和午后这段时间，尿量及尿中的钙、钠、钾和氯的含量达最大值；在深夜到早晨这段时间达最小值。但上述的一些节律现象也受生活方式及饮食等因素的影响。夜间尿量的减少是由于垂体后叶分泌的抗利尿激素的节律所致，血浆中的抗利尿激素的浓度在尿量最少时出现最大值。

4. 交感神经活动的似昼夜节律　白天交感神经活动占优势，夜晚副交感神经活动占优势。尿中的儿茶酚胺及儿茶酚胺的代谢产物——香草基扁桃酸的排泄量白天多夜间少。由此可知，交感神经的活动在白天增强。

5. 人体的"时钟"　人体一天中的各种生理活动波动如图 6-1 所示。

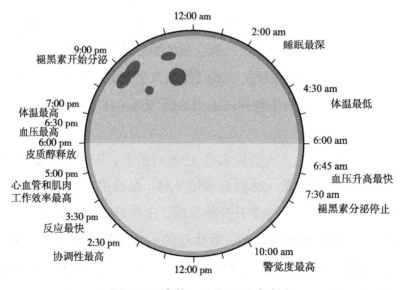

图 6-1　人体一天生理活动波动

1时：处于深夜，大多数人已经睡了3～5h，经入睡期—浅睡期—中等程度睡眠期—深睡期，此时进入有梦睡眠期。此时易醒、有梦，对痛特别敏感，有些疾病此时易加剧。

2时：肝仍继续工作，利用这段人体安静的时间，加紧产生人体所需要的各种物质，并把一些有害物质清除出体外。此时人体大部分器官工作节律均放慢或停止工作，处于休整状态。

3时：全身休息，肌肉完全放松，此时血压低，脉搏和呼吸次数少。

4时：血压更低，脑部的供血量最少，肌肉处于最微弱的循环状态，呼吸仍然很弱。此时全身器官节律仍放慢，但听力很敏锐，易被微小的动静所惊醒。

5时：肾分泌少，人体已经历了3～4个"睡眠周期"（无梦睡眠与有梦睡眠构成睡眠周期），此时觉醒起床，很快就能进入精神饱满状态。

6时：血压升高，心跳加快，体温上升，肾上腺皮质激素分泌开始增加，机体已经苏醒，想睡也睡不安稳了。此时为第一次最佳记忆时期。

7时：肾上腺皮质激素的分泌进入高潮，体温上升，血液加速流动，免疫功能加强。

8时：机体休息完毕而进入兴奋状态，大脑记忆力强，为第二次最佳记忆时期。

9时：神经兴奋性提高，记忆仍保持最佳状态，疾病感染率降低，对痛觉最不敏感。此时心脏开足马力工作，精力旺盛。

10时：积极性上升，热情将持续到午饭，人体处于第一次最佳状态，苦痛易消。此时为内向性格者创造力最旺盛时刻。

11时：心脏照样有节奏地继续工作，并与心理的积极状态保持一致，人体不易感到疲劳，几乎感觉不到大的工作压力。

12时：人体的全部精力都已调动起来，全身总动员，须进餐。此时对酒精仍敏感。

13时：午饭后，精神困倦，白天第一阶段的兴奋期已过，此时感到有些疲劳，宜适当休息，最好午睡0.5～1h。

14时：精力消退，此时是24h周期中的第二个低潮阶段，此时反应迟缓。

15时：身体状态重新改善，感觉器官此时尤其敏感。工作能力逐渐恢复，是外向型性格者分析和创造力最旺盛的时刻，可持续数小时。

16时：血液中糖分增加，但很快又会下降，医生把这一过程称为"饭后糖尿病"。

17 时：工作效率更高，嗅觉、味觉处于最敏感时期，听觉处于一天中的第二高潮。此时开始锻炼比早晨效果好。

18 时：体力和耐力达一天中最高峰，想多运动的愿望上升。此时痛感重新下降，运动员此时应更加努力训练，可取得好的运动和训练成绩。

19 时：血压上升，心理稳定性降到最低点，精神最不稳定，容易激动。

20 时：当天的食物、水分都已充分贮备，体重最重。反应异常迅速、敏捷。

21 时：记忆力特别好，直到临睡前也是一天中最佳的记忆时间段（也是最高效时）。

22 时：体温开始下降，睡意降临，免疫功能增强，血液内的白细胞增多。呼吸减慢，脉搏和心跳降低，激素分泌水平下降。体内大部分功能趋于低潮。

23 时：人体准备休息，细胞修复工作开始。

0 时：身体开始其最繁重的工作，产生新的细胞，为下一天做好准备。

6. 低压低氧对生理功能似昼夜节律的影响　在海拔高的高原地区，呼吸系统和心血管系统最早出现明显的反应，人体的最大摄氧能力和无氧代谢阈值会降低，导致人体动脉血氧饱和度下降，耗氧量增加，心率加快，机体的基本活动能力会随之下降。急速进入高原地区的人由于机体的血氧过少通常会产生一些呼吸系统相关症状，如呼吸困难、胸闷、咳嗽、气短和发绀等。进入高原初期，肺循环压力增高，肺血液流速增加，部分肺毛细血管网打开，肺弥散常数显著增加，使肺泡中的氧气更容易进入血液，由于外周气道阻力降低与小气道扩张，肺通气增加。

有研究表明，急性低氧低压暴露会引起静息心率和心输出量的显著增加。但人体进入高原后，在长期习服过程中心脏 ATP 生成不足，会导致心动过缓和心输出量减少。脑的耗氧量占机体总耗氧量的 23%。在低压低氧的高原地区，维持人脑的正常功能对于提高脑对低氧环境的耐受性有非常重要的意义。海马是学习和记忆的关键脑区，对缺氧缺血尤其敏感，且耐受性差。线粒体是对低氧反应最为敏感的细胞器，对低氧的应答主要表现为氧化应激与能量代谢障碍。过多的活性氧（ROS）会对线粒体产生广泛损伤并使其膜电位降低，线粒体转运孔开放，释放促凋亡和坏死因子，引发细胞凋亡和坏死，最终威胁细胞生存。研究表明，线粒体自噬可以作为一种防御机制而清除损伤的线粒体和过量产生的 ROS，确保细胞内线粒体功能稳定和细胞存活，而耐力训练对细胞自噬也具有一定的调节作用。

二、心理功能的似昼夜节律

心理功能也存在似昼夜节律性变化。警觉度、反应时间、视觉寻觅速度等功能在早晨最差，而在下午或黄昏时最好。在哈佛大学医学院的一项精确控制的实验中，被试者连续清醒状态卧床 60 h，观察体温和一些心理功能指标的变化，可见体温表现明显的似昼夜节律，心理功能指标（认知能力和警觉度）从第 2 天开始也表现出与体温节律一致的变化，体温节律高峰时（黄昏）心理功能指标也是峰值。

1. 心境障碍（mood disorder）　又称情感障碍，主要包括抑郁症、躁狂症、躁狂－抑郁症、焦虑症及由此导致的自杀，以及各种疾病引起的心境障碍。其中抑郁症是危害全人类身心健康的常见病，患病率在我国为 10%~15%。

2. 焦虑症　焦虑症是常见的心理疾病，包括广泛性焦虑（generalized anxiety disorder，GAD）、恐惧症、惊恐发作、创伤后应激障碍（posttraumatic stress disorder，PTSD）及强迫症（obsessive-compulsive disorder，OCD）等。惊恐发作的终生患病率为 3%，GAD 为 5%，对特定事物的恐惧症为 11%，社交恐惧为 13%，OCD 为 3%。焦虑的症状常不如抑郁、精神分裂症等疾病那样剧烈，但却可以导致其他的异常，如酗酒和抑郁等。

3. 抑郁症　重性抑郁症（major depression）比双相心境障碍（bipolar mood disorder）发病更普遍，前者的发病率相当于后者的 10 倍。重性抑郁症患者女性多于男性，而双相心境障碍的患者中男女比例大致相仿。双相心境障碍更可能在同一家族中出现，患者的年龄更小。双相心境障碍中的遗传因素影响更大，而重性抑郁症则更多受到环境因素的影响。双相心境障碍往往复发，而且持续时间长，而重性抑郁症在相当一部分患者身上只发作一次。双相心境障碍的自杀率更高。

这两种疾病所涉及的基因、脑内化学物质和脑环路都不尽相同。

抑郁症患者的大脑中海马状突起比正常人要小，他们的杏仁核也可能体积缩小，其他脑组织也受到一定影响。在老年发病的抑郁症中，额叶的体积变小。抑郁症患者大脑不同区域的血流和葡萄糖吸收与正常人有差异。PET 检查发现抑郁症患者左半球前额叶的脑活动增强。

4. 低压低氧对心理功能的影响　进入高原地区后，心理上对高原气候条件的恐惧、紧张、焦虑，也是影响睡眠质量的因素。有心理暗示的人往往出现呼吸急促、心跳加快、心慌、轻微头痛等高原反应症状，由于担心自己患上"高原病"，初进高原时发生的代偿性生理心理反应都有可能给人以暗示。过多、过频的这些心理暗示，通过一些生理心理现象表现出来，最普遍的就是焦虑和失眠。

刚进入高原地区的平原人，在进入高原环境时会出现焦虑、恐怖、敌对等负性心理表现，其原因主要是对高原环境的不了解和对未知之事的不确定。焦虑是一种常见的心理异常，常见躯体表现有出汗、颤抖、头晕和心动过速等，还包括头痛、心悸、气喘和睡眠失常等。虽无明确证据证明焦虑和睡眠紊乱之间有固定的因果联系，但是精神刺激会使焦虑等不良情绪发生，无形中亦会强化睡眠紊乱在内的不适，更加增加了焦虑的水平。除此之外，精神状态与呼吸系统症状也存在着一定的关联，哮喘、慢性阻塞性肺疾病等往往也会引起焦虑等不良情绪的产生。但是，随着机体对高原低氧环境的逐渐适应，不良的情绪也会慢慢消退。

低压低氧环境对人体产生生理和心理上的影响，尤其是初到高原者，可能会产生剧烈的急性高原反应，如头痛、恶心、失眠、眩晕，严重者发生高原脑水肿、高原肺水肿，致死率很高。另外，处于不同海拔及不同低压持续时间会对认知功能产生影响。人群研究和动物实验发现，围生期低氧暴露会使胎儿智力发育滞后和发育不足。低压低氧暴露同样对成年大鼠的学习记忆功能产生不利影响。高原低压环境会对脑内神经递质产生影响。50 kPa 水平（模拟 5 ~ 6 km 海拔）低压低氧对认知功能有影响，低压低氧暴露的气压值和暴露时间与学习能力下降呈高度相关性。低压低氧暴露会引起脑内众多部位的神经元死亡，如海马 CA1 和 CA3 区、齿状回、丘脑、皮质、纹状体。在行为学研究中，低压低氧暴露使新生大鼠的空间记忆产生严重的损伤，在成年大鼠中，2 ~ 6 h 低压低氧暴露会使大鼠行为出现显著改变。在低压低氧初期，脑内处于低灌注水平，易造成兴奋性中毒。低压低氧环境下，下丘脑多种神经肽的合成和释放受到影响。现在研究认为在急性缺氧情况下，脑内兴奋性氨基酸浓度升高，可能会导致兴奋性神经毒性的发生，以致大量神经元死亡。

低压低氧对神经系统的影响是一个极为复杂的过程，它能影响多种神经递质的合成和分泌，进而影响动物的学习记忆等高级功能。长期的高原环境下，由于氧的缺乏，能量供应不足，进而影响蛋白质的合成。高原低氧环境刺激促肾上腺皮质激素释放激素（CRF），激活下丘脑 – 垂体 – 肾上腺皮质（HPA）轴，激起机体的低氧应激反应，可抑制生长、生殖、代谢和免疫功能等。低氧激起促肾上腺皮质激素释放激素受体 –1（CRFR1）及基因信号通路在网络中的广泛表达，控制多种低氧相关靶基因、靶蛋白的改变，影响多种重要生理功能，如对脑认知功能的损伤和促进双重作用，诱发焦虑等行为，抑制胰岛素糖代谢和生长发育等。其中，CRF 参与调节痛觉的神经通路，过度分泌可能会引起头痛。除此之外，CRF 也具有促焦虑和诱导焦虑的作用，低氧应激时诱导 CRF 释放，可以通过敏感化 5HT2 受体信号通路参与焦虑行为。另外，CRFR1 控制的抗焦虑的 Glu 和 DA 系统失衡亦可能导致情绪紊乱。

三、机体功能的年节律

除似昼夜节律外，机体生理功能还随季节变动而呈现节律性变化，称年节律（circannual rhythm）或"季节变动"。例如，基础代谢（冬季 > 夏季），体液量（夏季 > 冬季），尿量（冬季 > 夏季），交感神经活动（冬季 > 夏季），甲状腺功能（冬季 > 夏季），脂肪代谢（冬季 > 夏季）等，均有季节变动。上述变化主要是机体在长期演化繁衍过程中，对外界气候条件不断适应的结果。如在实验室的恒定环境中饲养的大鼠在冬季仍显示出能量代谢增高变化；恒温环境条件下饲养的羊，在冬季仍然出现垂体后叶催产素分泌反射性增强等。这些实验表明，即使照明、气温条件恒定，动物生理功能仍存在着年节律。因此，可推测机体内同样具有控制年节律的生物钟。

四、似昼夜节律形成的机制

1. 似昼夜节律的周期 人体生理、心理功能的主要节律性变化虽然是以太阳日为基础的，但其周期并非恰等于 24 h，而是一种周期近似 24 h 的节律，故有"似昼夜节律"之称。此种节律的周期可由于人工调制而变更其长短。例如，在地处北极圈内的挪威的北角，夏季无昼夜变化，一日 24 h 均为白昼。在此种环境条件下，使两组学生分别依据两种特殊的手表来安排其一昼夜活动：一组用的手表走得较快，表针走 24 h 实际上只有 21 h；第二组用的表走得较慢，一昼夜时间延长为 28 h。结果表明，由于缺乏外界环境的明暗昼夜变化，所有被试者的生理节律均处于自由运转状态，周期则变得长短不等，其变异范围为 21 ~ 28 h，多数人接近 25 h。

有的研究者在隔离实验中观察到，如使健康人在地下掩蔽部中自由活动，在自己想睡的时候就睡觉，结果发现多数人有 25 h 的周期性节律，但个别也有长达 28 ~ 35 h 的周期性节律。此时激素的分泌和体温的节律往往与睡眠觉醒的节律不同。这种现象称为"内部脱离同步调节"。人的活动（睡眠觉醒）节律可以在 23~50 h 的范围内变化，但体温、电解质排泄、激素分泌等的周期都保持在 25 h，没有任何变化。因此有人认为，睡眠觉醒节律与其他生理节律可能是由两个不同的生物钟支配的。

2. 似昼夜节律的内源性　当人与外界时间信息完全隔绝时，其睡眠觉醒、体温、内分泌等功能仍显示一定的周期现象。这种在缺乏外界时间信息条件下仍能继续保持的生理节律称"自激节律"或"自主性节律"（self-rhythm）。此种生理节律显然属于"内源性节律"（endogenic rhythm）。

（1）机体内源性节律的基本特征表现：即使无光照等周期性变化的同步因素，其似昼夜节律虽稍偏移，但仍继续存在。让人住在地下室里，排除一切自然与社会的时间性因素，过着自己任意开、关灯和任意就寝起床的生活，观察他们的体温与睡眠觉醒的节律变化。结果表明，当去除同步因素后，这些节律仍继续存在，但其周期有所延长，同时体温节律的峰顶向开始觉醒时的方向偏移。

由此可见，似昼夜节律与昼夜节律（ciradian rhythm）并非同一概念，前者指在光、温度等因素没有昼夜变动的恒定环境中，机体表现出来的本身固有的节律。因为在这种情况下显露出来的机体似昼夜节律与环境变动节律并不恰好等于一昼夜的 24 h。更确切地说，似昼夜节律是指生物节律，而昼夜节律则指环境节律。

（2）对似昼夜节律的认识：似昼夜节律所表现出的特征与典型的内源性生物节律并不一致，前者是以太阳日为基础的，而后者（如心跳、呼吸）则是来自机体本身的节律性运动。似昼夜节律究竟属于"内源性"还是"外源性"，是研究生物钟的科学家们当前仍在讨论的问题之一，对其解释亦有两种不同的理论。

一种理论认为，生物钟是生物体内固有的，来源于生物体内部的作用，其内源性节律是进化过程的结果，节律周期是预先由基因确定下来的，因此是由遗传因素所决定的。他们认为，生物在千百万年进化过程中，只有那些在生理和行为上适应宇宙的自然节律者才能生存下来。并认为一些特殊的细胞、组织或器官不仅由生物体内固有的守时机制控制，而且其节律一定与新陈代谢率，即生物体内复杂的化学物理变化的发生率有着十分密切的关系。此外，因为似昼夜节律在实验室人为控制的条件下仍能起作用，它们似乎完全不受环境中各种因素的影响，这个事实也为内源性节律受遗传因素控制的理论提供了有力的根据。

另一种理论则认为，生物节律是生物体的生理功能对来自宇宙环境的某种外部信号的反应，它们受外力的调节，是外源性的。似昼夜节律可能是由外界环境的几种物理因素（气压、光、温度、电磁等）与机体代谢功能相互作用产生的。地球永恒的有节律的自转是同似昼夜节律有着明显联系的一个环境因素，故把地球自转当做引起生物节律的原因。此外，人体的生理、心理似昼夜节律也还与社会活动周期有关。据调查，生活在北极圈内的因纽特人和印第安人，由于没有昼夜交替的自然环境的时间暗示，他们的似昼夜节律与每天规律的社会活动环境周期相同步。在同步状态下，表征生理功能的似昼夜节律与社会活动时间密切相关，如体温在机体活动时升高，体温和机体活动两者间即为内在性同步关系。

尽管两种理论在似昼夜节律形成的机制上各有其实验观察作依据，但强调一种机制并不能对似昼夜节律现象做出满意的解释。目前的基本认识是：由遗传因素所决定、生物机体所固有的内源性自激节律是形成似昼夜节律的内因，而外界环境周期变化则是可对其施加"调制"影响的外在原因。

五、生物钟的实质及其在医学中的意义

如前所述，生物节律是生物体生命活动的固有属性和内在规律。目前已有证据表明，机体内具有产生和控制生物节律的机制，能感知和测定时间、产生节律性振荡信号，从而调节机体各种生理功能的周期性活动，使之按一定时间程序有节律性地进行。由于这种机制的作用类似时钟，故称为生物钟，也称为生物测时机制，或生物节律振荡系统（oscillatory system）。

生物钟的实质是能自律地产生振荡信号（即其活动具有自动节律性）的脑内结构，称之为振荡器（oscillator）。振荡器通过特定的感受器和感觉传入通路，接受环境授时因子的影响，以调整自身的振荡节律，使其与环境节律相同步；同时，它发出振荡信号（周期性变化的神经信号或体液因素）去影响其他各种生理功能系统，使它们的活动按一定的节律进行。

在川匡子在研究严重脑障碍儿童的机体节律时发现，睡眠觉醒、皮质醇分泌及体温的似昼夜节律分别发生障碍，这说明机体可能有几个生物钟。

隔离实验的结果表明，人体有两种生物钟：一种是支配睡眠觉醒、活动休息等节律的周期容易变动的弱生物钟；另一种是支配体温节律而周期很少变动、持25 h 的周期的强生物钟。但是这种说法尚未得到肯定。

关于似昼夜节律的脑内控制机制，目前普遍认为与视上核（SCN）有关。因为光照是维持似昼夜节律重要的外界同步因素之一。光的感受器位于视网膜，视网膜 – 下丘脑神经通路终止于下丘脑的视上核。当把大鼠和田鼠的视上核破坏后，

睡眠觉醒、进食行动、肾上腺皮质激素分泌等的似昼夜节律消失。故一般认为视上核是维持似昼夜节律的整合中枢。又如，破坏恒河猴的视上核时，其睡眠觉醒、进食行动等似昼夜节律消失，而体温节律仍存在。这说明，恒河猴的与体温似昼夜节律有关的生物钟可能在视上核以外。

近年来发现，褪黑素（melatonin）有加强中枢抑制过程从而促进睡眠的作用。该激素是由松果体细胞所含有的丰富的 5- 羟色胺经特殊酶系作用转变而成的。由于褪黑素的合成与分泌受光照和黑暗的调节，在人血浆中的浓度白昼降低，夜晚升高，故有人认为，松果体可能通过褪黑素的昼夜分泌周期，向中枢神经系统发放"时间信号"，转而影响若干与时间有关的生理功能节律，如睡眠觉醒、体温等的节律。动物实验证明，将鸟类的松果体切除后，体温的昼夜周期变化亦消失。因此推测，松果体细胞也是维持生物似昼夜节律的一种生物钟。

目前，根据许多实验资料可认为生物钟的实质如下：①生物钟是由体内几个复杂的生物钟所构成的；②下丘脑的视上核有整合这些生物钟的功能；③某些神经通路和外界环境的同步因素与引起似昼夜节律有关；④某些激素，如由视上核产生的抗利尿激素及松果体细胞分泌的褪黑素，能影响似昼夜节律的活动。

人体与动物实验均已证明，不同时间、不同生物对激素、药物及放射线等均有不同反应。例如，大鼠对去甲肾腺素的产热反应，在黑暗夜间活动期比早晨休息期为大；对某些药物（如酒精、巴比妥、烟碱等）的毒性效应在活动期亦增强。小鼠对 X 射线的敏感性在休息期（白天）降低，而在活动期（黑夜）升高，故用相同剂量的 X 射线照射时，其活动期的死亡率比休息期高。又如，在下午 3 时使用除虫菊酯杀蝇特别有效，而用以杀灭蟑螂，则于下午 5 时半最有效；三氧甲烷在晚上 11 时杀灭蟋蟀最成功。

除了在较低等生物中光照、药物等具有最大效能的时间外，在人类也有类似表现。如心脏病患者在凌晨 4 时对洋地黄的敏感度约大于平时的 40 倍，糖尿病患者亦是在凌晨 4 时对胰岛素最敏感。

低压低氧舱利用低压低氧对人体进行预防及治疗的过程中，仍存在昼夜节律问题，例如已经进行的实验中，就发现在不同时间进舱的效果有差异，具体原因及不同疾病时间点的选择仍在实验验证中。

总之，尽管时间生物学（chronobiology）仍处在初期，但它已经并正在给医学以重大而深远的影响，展现出广阔的发展前景。

第二节　生物节律与睡眠

一、睡眠的状态

睡眠有两种状态，即快速眼动（rapid eye movement，REM）睡眠和非快速眼动（non-rapid eye movement，NREM）睡眠。

睡眠是一种持续的、可逆的，并伴随着反应能力减弱和主动行为消失的行为状态。睡眠状态可以迅速转变到觉醒状态。这是睡眠不同于昏迷、麻醉和冬眠等丧失感觉和行为能力状态的一个显著标志。睡眠不但广泛地存在于哺乳类和鸟类，也存在于包括昆虫在内的一些低等动物。

与觉醒相比，睡眠不但伴随有脑电、肌张力和眼球运动的改变，也表现出很多其他生理和心理活动的改变。在非快速眼动睡眠期，心率规律，血压平稳；呼吸频率慢而规则，呼吸道阻力增加，血液中二氧化碳分压增高。同时，机体和脑组织代谢水平下降，表现为体温和脑温下降，脑组织的血流量、耗氧量及葡萄糖消耗量减少。生长激素的分泌主要出现在慢波睡眠阶段，如果睡眠推迟，生长激素的分泌也随之推迟。性激素分泌的高峰也出现在睡眠期间。

在快速眼动睡眠期，肢体远端的肌肉和面部表情肌会出现短促的抽动。脑桥、外侧膝状体和枕叶皮质出现短促的电位波动，称之为PGO波（pontogeniculooccipital wave）。这些现象及快速眼球运动系统称为时相性活动（phasic activity）。与此相对应，持续性的脑电去同步化和肌张力消失等现象则称之为紧张性活动（tonic activity）。快速眼动睡眠期还有其他的生理改变：心率和呼吸的频率不规则；主动的体温调节功能消失，体温随着环境温度而改变；脑组织的血流量、耗氧量及葡萄糖消耗量增高（与觉醒时类似），脑温也因此而升高。但脑组织的血流量和耗氧量在不同脑区的分布与觉醒时不同。在快速眼动睡眠时，背外侧前额叶的血流量和耗氧量明显降低。

心理活动在睡眠过程中并未消失，但与觉醒时相比有明显的区别。睡眠过程中的心理活动主要表现为做梦。如果在快速眼动睡眠中被唤醒，约80%的人会报告正在做梦。在非快速眼动睡眠过程中做梦的比例约为40%。而在正常睡眠情况下，绝大多数的梦会被忘掉。觉醒时心理活动的过程是由自我意愿、感觉信息和个体与环境的相互作用所支配。而在做梦时，这些因素基本上是不起作用的。睡眠伴随着对外界刺激反应能力的下降。睡眠的听觉唤醒阈值在快速眼动睡眠时最高，慢波睡眠时其次，二期睡眠时更低。由于大脑接受不到外界的信息，做梦的主要内容来自长时记忆。由于缺乏主动思维的控制和外界信息的反馈调节，做梦的内容也大多不符合常识。

二、睡眠的昼夜分布

从单细胞生物到人类，从细胞内的生化代谢到复杂的行为，昼夜节律是存在于生物界的普遍现象。地球的自转造成了昼夜日照的差别，并由此产生了昼夜温度及营养食物供应的差别。在漫长的进化过程中，各种生物为了适应代谢、营养、食物及安全等方面的生存需要，逐渐形成了内在的昼夜节律。这种内在的生物节律的周期通常接近 24 h，因而被称为近日节律（circadian rhythm）。近日节律是自动运行的，它不依赖于任何外界的时间信号。在不存在任何外界时间信号的条件下，这种内在的生物节律就将表现出来。然而以日光为主的各种时间信号在调节近日节律的时相方面起着关键的作用。这些信号可使惯常的生物活动提早或推迟出现，称之为位相提前（phase advance）或位相推迟（phase delay）。

睡眠也同样受到近日节律的调节。日出而作、日落而息，这是人类觉醒和睡眠活动的明显特点。人类觉醒和睡眠的周期略长于 24 h。有些家族的睡眠障碍，就是由于遗传性的改变使患者的内在生物节律明显短于 24 h，而导致其睡眠觉醒周期不能适应外界 24 h 的光照周期。在现代社会生活中，睡眠经常受到干扰的一个重要原因就是夜间活动的增加和东西向的旅行扰乱了正常的睡眠节律。当人们乘飞机由西向东或由东向西做长途旅行时，睡眠要分别产生位相提前或位相推迟反应才能逐步适应新的明暗周期。

三、产生睡眠和觉醒状态的神经机制

早在 1930 年，von Economo 就观察到不同的病毒性脑炎患者会表现出截然相反的睡眠改变：当脑损伤位于下丘脑前部时，睡眠量明显减少；而当脑损伤位于下丘脑后部时，觉醒时间则大为减少。由此，他提出下丘脑前部是调节睡眠的中枢。随后 Hess 发现，用电刺激狗的下丘脑可以引起狗的睡眠，这为睡眠是一个主动过程提供了证据。1946 年，Nauta 观察到横切下丘脑的后部产生持续性的睡眠，并认为这种现象的产生是因为下丘脑后部的横切断了觉醒中枢和前脑的联系。反之，横切大鼠下丘脑的前部则导致持久的失眠状态。他进一步提出，位于下丘脑前部的睡眠中枢周期性地增强其活动，从而周期性地抑制觉醒中枢并由此引起睡眠。此后大量的研究一方面确认了下丘脑前部和后部各自在睡眠和觉醒中的促进作用，另一方面则进一步揭示出睡眠和觉醒都不是由单一的中枢所调控的，而是由复杂的系统共同控制的。

四、觉醒的神经机制

正常的觉醒得以维持依赖于脑干网状结构的谷氨酸能神经元、基底前脑和脑干的胆碱能系统、脑干的去甲肾上腺素能系统、5-羟色胺系统和多巴胺能系统，以及下丘脑的组胺能系统和促食欲素（orexin）系统。这些系统的共同特点就是都在脑内形成广泛的弥散的投射。这种特点显然使少量的神经元易于控制全脑的功能状态。然而这几类神经元在觉醒中的作用是不同的。其中网状结构的谷氨酸能神经元、基底前脑胆碱能神经元和脑干的一部分胆碱能神经元的放电活动在觉醒和快速眼动睡眠时明显高于非快速眼动睡眠时。而去甲肾上腺素能、5-羟色胺能、组胺能和促食欲素能（orexinergic）神经元的放电活动都是在觉醒时频率最高，在非快速眼动睡眠时频率降低，在快速眼动睡眠时几乎停止。

1949年，Magoun、Morruzzi和Lindsley等发现，损毁脑干的特异性上行感觉通路并不影响动物的觉醒状态。反之，损毁中脑网状结构之后动物就处于持续昏迷状态。与此同时，他们还发现电刺激脑干网状结构可以导致觉醒。这些经典的研究确认了脑干网状结构对于维持觉醒状态起到的关键作用。脑干网状结构也因此被称为网状结构上行激活系统。这个系统的一个重要成分是由谷氨酸能神经元组成的弥散多突触通路。这一系统在中脑以上形成一条腹侧通路和一条背侧通路。前者经由下丘脑进而影响前脑的功能活动，后者投射到丘脑并通过丘脑的谷氨酸能非特异性投射系统进而影响大脑皮质的激活。

参与觉醒的脑干胆碱能神经元位于中脑和脑桥之间的背外侧被盖核和脚桥被盖核，这些神经是网状结构上行激活系统的另一重要成分。其中很多神经元的放电频率在觉醒和快速眼动睡眠时增高，这些神经元除直接兴奋脑干网状结构和丘脑网状核的神经元之外，还可以增强基底前脑胆碱能神经元的活动。胆碱能神经元位于隔区、斜角带和基底大细胞核，这些核团投射到大脑皮质和海马及杏仁核等区域。在觉醒和快速眼动睡眠时，来自于脑干网状结构和胆碱能神经元的上行冲动使丘脑神经元处于去极化状态。位于丘脑感觉接替核、网状核及大脑皮质的神经元都呈现紧张性放电。由于处于较高的兴奋状态，这些神经元的低阈值钙离子通道处于失活状态。这种状态使上行的感觉冲动易于通过丘脑感觉接替核到达大脑皮质。与非快速眼动睡眠时相比,基底前脑胆碱能神经元的活动和乙酰胆碱在皮质的释放也在觉醒和快速眼动睡眠时增高。刺激基底大细胞核可以引导其脑电去同步化。如果用阿托品阻断胆碱能 M 受体,动物仍能维持觉醒时的行为,但同时其脑电却表现出持续性的高波幅慢波活动。由此可见,胆碱能神经元对于维持脑电的激活状态起到了非常重要的作用。

多巴胺能神经元主要位于中脑的黑质和腹侧被盖区及下丘脑。与其他参与觉醒的神经元不同,这些多巴胺能神经元并未表现出与睡眠和觉醒周期相关的变化活动。最新的研究表明,位于中脑导水管灰质腹侧的多巴胺能神经元在觉醒时增强活动,选择性地损毁这些多巴胺能神经元可以减少觉醒。相反,增强多巴胺功能则增加觉醒。多巴胺在尾状核的释放在觉醒时明显高于睡眠时,运动时最高。在觉醒和快速眼动睡眠时,多巴胺在伏隔核和内侧前额叶的释放也高于在非快速眼动睡眠时。刺激多巴胺 D1、D2 或 D3 型受体都可以增加觉醒。多巴胺对睡眠和觉醒的作用可能主要是由中脑导水管灰质腹侧的多巴胺能神经元介导的,而黑质和腹侧被盖区的多巴胺能神经元则有可能与维持觉醒时的行为有关。黑质的多巴胺神经元通过投射到纹状体而参与运动调节。由多巴胺减少导致的帕金森病除表现出震颤麻痹和肌强直外,还表现出运动减少。反之,多巴胺增多则引起舞蹈症。

脑内的去甲肾上腺素能神经元主要位于蓝斑和延髓。这些神经元在中枢神经系统有着广泛的投射,刺激或抑制蓝斑可以分别抑制或增强脑电的慢波活动。去甲肾上腺素的释放随蓝斑神经元放电频率的增加而增加。阻断 α 受体和 β 受体可增加脑电的慢波活动并减少运动行为。缺乏去甲肾上腺素的小鼠睡眠量并不改变,但其唤醒阈值却大为增高,其睡眠潜伏期也不因外界刺激而延长。去甲肾上腺素能神经元可以被多种应激性刺激和时相性刺激所激活,并通过其对前脑的投射影响觉醒时的认知过程和情绪反应。去甲肾上腺素对皮质神经元的作用是抑制性的。一般认为,这种作用会提高感觉信号对背景噪声的相对强度(即提高信噪比),从而有助于增强选择性注意。蓝斑的去甲肾上腺素能神经元也投射到杏仁核,并通过后者参与情绪反应。而延髓的去甲肾上腺素能神经元则可通过其对下丘脑的投射影响应激反应。除了这些即时性的作用之外,去甲肾上腺素能神经元还直接调节觉醒依赖性的基因表达。脑内很多基因的表达都是在觉醒时高于睡眠时。如果损毁蓝斑,这种差别也随之消失。

5- 羟色胺能神经元位于脑干的中缝核群如中缝背核和中缝大核等核团。这些神经元也广泛地投射到不同的脑区。由于5-羟色胺受体种类繁多、分布广泛、作用复杂，这些神经元在睡眠和觉醒中的作用一直难以准确描述。早期应用局部损毁和5-羟色胺合成抑制剂的研究提示它们参与睡眠的控制。然而最近的研究则显示，应用5-羟色胺1A、1B、2或3型受体激动剂可以增加觉醒。而增加5-羟色胺合成或抑制5-羟色胺的回收都增加觉醒和抑制快速眼动睡眠。与去甲肾上腺素能神经元不同，5-羟色胺能神经元并不调节觉醒依赖性的基因表达。

组胺能神经元位于下丘脑后部的结节乳头体区。这个区域大体相当于前文提及的觉醒中枢。组胺能神经元在脑内有广泛的投射。组胺的产生依赖于组氨酸脱羧酶。敲除组氨酸脱羧酶可使小鼠的觉醒大为减少。组胺受体包括H1、H2和H3三种类型，在视前区和脑干网状结构，组胺都可以通过H1受体促进觉醒，H2受体激动剂和拮抗剂在视前区也可分别增加觉醒和睡眠，H3为抑制性突触前自身受体，H3受体激动剂可通过抑制组胺能神经元自身的活动而抑制觉醒。很多种抗过敏的药物能抑制觉醒也是由于其抗组胺作用。这些都说明组胺能神经元对维持正常的觉醒十分重要。

促食欲素属于肽类神经递质，包括促食欲素A和促食欲素B，两者为同一基因的产物，由同一mRNA前体经过不同的剪接而来。促食欲素能神经元位于下丘脑外侧的穹窿周区。此区大致相当于传统上所说的摄食中枢。而促食欲素也因其促进摄食的作用而得名。1998年以来，多方面的研究证明促食欲素也参与睡眠和觉醒的控制，并在其中起到重要作用。促食欲素能神经元投射到大脑皮质和几乎所有上述参与觉醒控制的系统。促食欲素促进觉醒的作用至少部分地是由组胺能神经元介导的。促食欲素能神经元在觉醒时的高频放电对抑制快速眼动睡眠十分重要。发作性睡病（narcolepsy）的患者可由觉醒状态直接进入快速眼动睡眠。在90%以上的发作性睡病患者中，脑脊液中的促食欲素水平都降低或检测不到。而敲除促食欲素的小鼠也表现出发作性睡眠。促食欲素对快速眼动睡眠的抑制作用至少部分是由于其对去甲肾上腺素能和5-羟色胺能神经元的兴奋性的影响。

第三节　睡眠的调节

一、调节正常睡眠的主要因素

睡眠的调节主要涉及三个方面：睡眠的稳态（sleep homeostasis）、睡眠的近日节律和睡眠的超日节律（ultradian rhythm）。睡眠的稳态调节是指通过各种机制使睡眠的总量和深度维持在一个相对稳定的水平。其基本过程是睡眠的压力（sleep pressure）随觉醒时间的延长而逐渐增加，并随睡眠时间的延长而降低，这一过程也称为睡眠过程［sleep（S）process］。近日节律则是通过睡眠和觉醒阈值的波动来调节睡眠和觉醒在昼夜之间的分布，这一过程也称为近日节律过程［circadian（C）process］。而睡眠的超日节律则是指非快速眼动睡眠和快速眼动睡眠的周期性转变。在正常情况下，某一时刻的睡眠倾向（sleep propensity）是由这三种过程共同决定的。

二、睡眠的稳态调节

睡眠剥夺后，不但睡眠的时间会延长，睡眠的深度也会增加。脑电的慢波活动是睡眠深度或强度的一个客观指标。根据脑电在慢波频率的功率，这种慢波活动的幅度可以非常准确地计算出来。如前所述，睡眠时的慢波活动在入睡后的第一个周期最多，以后逐次减少。在非快速眼动睡眠过程中，脑电中慢波活动的幅度从第一周期到最后周期递减。反之，觉醒时间越长，随后的非快速眼动睡眠中慢波活动的幅度也越高。由此可见，非快速眼动睡眠过程中慢波活动的幅度反映了睡眠的压力。也可以说，睡眠的压力随觉醒的延长而逐渐增加，随睡眠的延长而逐渐释放。

两千多年前，希腊名医希波克拉底就曾经猜测觉醒时在体内积累起来的某种物质会引起睡眠。100多年前，日本的Ishimori（1909）和法国的Pieron（1913）分别在实验中观察到，剥夺犬的睡眠后，将其脑脊液注射到其他犬的脑室中可以引起睡眠，这说明在脑脊液中存在着某种促进睡眠的物质。最近几十年来，经过许多实验室的不懈努力，现在已知的促进睡眠的物质至少有几十种。实验结果一再证明，无论哪一种促进睡眠的物质都同时具有其他作用，而且无论哪一种促进睡眠的物质对于睡眠都不是必不可少的。这一方面说明睡眠的调节极为复杂，另一方面也说明关于睡眠调节物质的研究已远远超出睡眠稳态调节的范围。参与睡眠调节的物质很多，在此只介绍腺苷（adenosine）、前列腺素D2（prostaglandin D2，PGD2）、生长激素释放激素（growth hormone releasing hormone，GHRH）、白细胞介素-1（inerleukin-1，IL-1）和肿瘤坏死因子（tumor necrosis factor，TNF）。由于大多数睡眠调节物质的释放和作用方式是经过内分泌、旁分泌和（或）自分泌，它们也被称为体液因子（humoral factor）。

　　腺苷是 ATP 的代谢产物。在基底前脑，腺苷在细胞外液中的浓度随觉醒时间的延长而升高，随睡眠时间的延长而降低。这些变化反映了脑组织能量代谢在睡眠和觉醒过程中的改变。剥夺睡眠可以增高基底前脑 A1 型腺苷受体 mRNA 的水平。这种改变选择性地发生在胆碱能神经元。腺苷对非快速眼动睡眠的促进作用已被大量的药理学实验证实。而咖啡因之所以能增强觉醒和抑制睡眠就是因为咖啡因能够阻断腺苷的受体。腺苷对睡眠的影响主要通过两种机制：一种机制是通过 A1 型腺苷受体作用于基底前脑的胆碱能神经元。腺苷通过抑制这些胆碱能神经元而抑制觉醒。将腺苷微透析到基底前脑的胆碱能神经核团可以增加睡眠。反之，将 A1 型腺苷受体 mRNA 的反义核苷酸透析到同一脑区则可抑制自发睡眠，并抑制剥夺睡眠引起的睡眠及慢波活动的反跳。另一种机制是作用于腹外侧视前区的 A2A 型腺苷受体，从而直接或间接促进腹外侧视前区内 γ- 氨基丁酸能神经元的活动。将 A2A 型腺苷受体激动剂微量透析到视前区腹侧的蛛网膜下腔，可使下丘脑后部增加 γ- 氨基丁酸的释放和减少组胺的释放，并增加睡眠。

　　前列腺素 D2 是脑组织中的一种主要前列腺素。前列腺素 D2 在脑脊液中的浓度随剥夺睡眠时间的增加而增高。各种前列腺素都由花生四烯酸经过多步骤的酶促反应而形成。环氧化酶（COX）的作用是其中的一个必要步骤。前列腺素 D2 由前列腺素 H2 经过前列腺素 D 合成酶的作用而形成。前列腺素 D 合成酶主要来自蛛网膜和脉络丛，并释放到脑脊液中。抑制前列腺素 D 合成酶导致睡眠减少。相反，携带人类前列腺素 D 合成酶基因的转基因小鼠则表现出睡眠增加。前列腺素 D2 对睡眠的影响主要通过视前区，前列腺素 D2 的受体主要集中在视前区。将前列腺素 D2 微量透析到视前区腹侧的蛛网膜下腔，可以增加 *c-fos* 在腹外侧视前区的表达，减少其在下丘脑后部的表达，并同时增加睡眠。除前列腺素 D2 之外，脑组织中还存在着前列腺素 E2。前列腺素 E2 可以通过作用于下丘脑后部抑制睡眠。

　　生长激素主要是在慢波睡眠时释放的。而生长激素的释放主要接受生长激素释放激素的刺激作用和生长抑素（somatostatin）的反馈调节。生长激素释放激素及其 mRNA 随昼夜节律而变化，并且在睡眠剥夺后增加。脑室内注射生长激素释放激素可以增加非快速眼动睡眠并增强脑电的慢波活动，同时也可以增加快速眼动睡眠。如果在脑室内注射生长激素释放激素的抗体去中和其作用，则会得到相反的结果。快速眼动睡眠的改变是由生长激素和生长抑素介导的。这两种激素都可以促进快速眼动睡眠。如果切除脑垂体从而去除生长激素和生长抑素的作用，生长激素释放激素仍能增加非快速眼动睡眠，但并不影响快速眼动睡眠。生长激素释放激素是在下丘脑由两组神经元合成的：一组神经元位于弓状核，投射到正中隆起，并在那里释放生长激素释放激素，从而控制生长激素在垂体的分泌。另一组神经元位于腹内侧核及其附近，投射到视前区和正中隆起。这一组神经元既参与睡眠的调节，也参与生长激素的调节。生长激素释放激素对睡眠的调节是通过视前区及其附近的结构实现的。在视前区及其附近微量注射生长激素释放激素选择性地增加非快速眼动睡眠。反之，在同一区域微量注射生长激素释放激素受体阻断剂则选择性地抑制非快速眼动睡眠。生长激素释放激素对睡眠和生长激素的双重作用说明了为何在正常情况下非快速眼睡眠和生长激素的分泌是联系在一起的。

大量的研究表明，各种各样的细胞因子（cytokine）都可以影响睡眠。大体上说，促炎症反应的（pro-inflammatory）细胞因子可以增加或增强非快速眼动睡眠，而抗炎症反应的（anti-inflammatory）细胞因子可以减少或减弱非快速眼睡眠。其中研究最深入的是白细胞介素 -1β 和肿瘤坏死因子 α，两者都属于促炎症反应的细胞因子。在脑内，白细胞介素 -1β 和肿瘤坏死因子 α 主要由胶质细胞产生。剥夺睡眠数小时即可增加两者 mRNA 在脑内的水平。如果将外源性的白细胞介素 -1β 或肿瘤坏死因子 α 注射到脑室内，可以增加非快速眼动睡眠，增强脑电的慢波活动，减少快速眼动睡眠。反之，如果用各种方法减弱或阻断脑内白细胞介素 -1β 或肿瘤坏死因子 α 的作用，则可以减少非快速眼动睡眠并降低脑电的慢波活动。敲除白细胞介素 -1 的 1 型受体，可减少小鼠的睡眠，并消除白细胞介素 -1β 对睡眠的作用。与此类似，敲除肿瘤坏死因子 55 kD 型受体，也可以减少小鼠的睡眠，并消除肿瘤坏死因子 α 对睡眠的作用。目前，我们对于白细胞介素 -1β 和肿瘤坏死因子 α 如何影响睡眠仍不十分明了。在视前区腹侧的蛛网膜下腔灌流白细胞介素 -1β 和肿瘤坏死因子 α 都可以增加非快速眼动睡眠，如果用环氧化酶抑制剂阻断前列腺素的合成，则可阻断两者对非快速眼动睡眠的促进作用。在内侧视前区微量注射肿瘤坏死因子 α 也可以促进睡眠。白细胞介素 -1β 对非快速眼动睡眠和脑电慢波活动的影响部分是由生长激素释放激素介导的。如果预先抑制脑内的生长激素释放激素，白细胞介素 -1β 对睡眠的影响就大为减弱。白细胞介素 -1β 也可以直接作用于皮质而影响脑电的慢波活动。

综上所述，多种睡眠调节物质都参与睡眠的稳态调节过程。其中腺苷、前列腺素 D2、生长激素释放激素、白细胞介素 -1 和肿瘤坏死因子起到了重要作用。这些物质对睡眠的作用不仅限于睡眠的稳态调节，其功能也不仅限于睡眠的调节。

不同的睡眠调节物质之间存在着复杂的相互作用，这些物质可通过作用于视前区和基底前脑对睡眠进行调节。

第四节　睡眠的功能

睡眠占据了动物生命中大量的时间。睡眠过程中动物无法从事许多对生存至关重要的活动，如感知、运动、觅食、摄食、筑巢、迁移、求偶、猎取和逃避等。人类和各种动物一样，每天都要在大量的时间里放弃众多的生命活动以换取睡眠，睡眠对于维系生存是必不可少的。睡眠对生存的重要性至少要等同于上述生命活动的重要性。大量动物实验也充分证明，长期剥夺睡眠无一例外地都导致动物的死亡。

长期以来，许多人试图用不同的方法从不同的方面去回答我们为什么需要睡眠。迄今为止，在这个领域中对睡眠的功能尚未形成一致的看法。在此扼要介绍一些重要的研究发现和代表性的观点。

一、睡眠对生长和发育的作用

睡眠，尤其快速眼动睡眠，在发育期间占据支配地位。这一现象令大多数人相信睡眠促进生长和发育。快速眼动睡眠的时间与脑组织发育程度的关系十分密切，而与整个机体的发育程度关系不大。快速眼动睡眠能够促进脑的发育是一个广为接受的观点。一些实验研究也证实，在发育期间剥夺快速眼动睡眠可以妨碍脑的发育。例如，剥夺新生大鼠的睡眠可以永久性地妨碍单胺神经元的发育，并导致类似抑郁症的行为改变。又如，在发育期间剥夺单侧视觉输入会影响外侧膝状体神经元的发育，被剥夺视觉输入的神经元的体积减小，仍接受视觉输入的神经元的体积增加。剥夺快速眼动睡眠会进一步增加这种区别。而损毁脑干的 PGO-On 神经元通路也会产生类似快速眼动睡眠剥夺的作用。这说明快速眼动睡眠对视觉神经元发育的影响依赖于睡眠过程中的自发性电活动。

非快速眼动睡眠也与生长发育有关。慢波睡眠在儿童发育期最多，而生长激素主要在慢波睡眠时分泌，这提示慢波睡眠对机体的发育起重要作用。另一方面，脑电的慢波活动本身与脑的发育有密切关系。在发育期，前额叶的慢波活动与前额叶皮质突触密度相关。而枕叶的慢波活动则依赖于视觉输入。如果在视觉皮质发育的敏感期剥夺视觉输入，视觉皮质的慢波活动就大为减弱。

二、睡眠对保存机体能量的作用

机体的能量消耗睡眠时明显低于清醒运动时。一方面，睡眠可以降低机体的代谢率。另一方面，睡眠时体温的降低和体表面积的缩小（由于蜷曲身体）可以减少能量的释放。这种区别对小动物较为明显，可减少 40% ~ 50%。然而人类安静清醒时消耗的能量仅比在睡眠时略有增加，这种额外消耗的能量只需少量的食物即可补充。每天睡眠花费的大量时间和少量节约下来的能量相比似乎有些浪费。在长期剥夺睡眠的情况下，动物的摄食量可以加倍，同时体重却日益降低，体温也日益下降，这似乎提示睡眠的功能是保存机体的能量，然而大量补充能量却不能扭转这种趋势。因此，尽管无人能否认睡眠有助于保存机体的能量，却很少有人相信保存能量是睡眠的基本功能。

三、睡眠对脑糖原储备的作用

脑组织几乎以葡萄糖为唯一的能量来源。而脑内的主要能量储备是脑糖原。Bannington 和 Heller（1995）提出，觉醒时脑的高代谢水平使脑糖原的储备逐渐降低，进而导致细胞内 ATP 水平的下降和细胞外腺苷水平的升高，细胞外腺苷水平升高则引起非快速眼动睡眠，而非快速眼动睡眠的基本功能就在于恢复脑糖原的水平。这个理论的特点就在于将睡眠的功能和睡眠的稳态调节之间通过脑糖原和腺苷的代谢巧妙地联系起来。有不少实验证明脑糖原水平随睡眠剥夺而降低，随睡眠恢复而增高。然而，最近的研究表明，睡眠剥夺对脑糖原水平的影响存在很大的种属差异。例如，C57BL/6 小鼠在睡眠剥夺后，脑糖原水平不但未降低反而增高。这说明脑糖原水平既不是脑能量代谢的可靠指标，也不是睡眠和觉醒时间的可靠指标。此外，脑糖原储备水平很低，仅能维持 4 ~ 5 min 的脑功能活动。因此，通过睡眠来提高脑糖原储备从而满足觉醒时的能量需求是非常低效的，不足以说明睡眠的基本功能。

四、睡眠对记忆巩固的作用

睡眠在记忆巩固（memory consolidation）过程中的作用一直是睡眠功能研究中最活跃的领域。记忆可分为陈述性记忆和非陈述性记忆。近来的研究反复证实，一些非陈述性记忆如视觉质感分辨（visual texture discrimination）和手指敲击运动序列工作（motor sequence task），在学习活动后会随时间的推移而增强，这种增强依赖于学习后的睡眠。如果在学习后剥夺睡眠，这种记忆增强现象就完全消失。剥夺睡眠也可以影响陈述性记忆的巩固。例如，学习后剥夺睡眠可以妨碍词配对联想（paired associate）和空间记忆（spatial memory）。根据对人的研究，剥夺非快速眼动睡眠主要影响陈述性记忆，而剥夺快速眼动睡眠主要影响非陈述性记忆。然而这种区别只是相对的，实验表明有些种类的记忆如视觉质感分辨和空间记忆都受到非快速眼动睡眠和快速眼动睡眠的影响。大量的动物实验也证明，剥夺全部睡眠或选择性地剥夺快速眼动睡眠都可以妨碍空间记忆。同时也应指出，睡眠并非对各种记忆都具有促进作用。

　　睡眠促进记忆巩固的机制尚不明了，然而一些重要的发现极具提示意义。在空间学习过程中，海马的神经元之间形成新的相关性放电，一些神经元由不同步放电改为同步放电。在随后的睡眠过程中，这种新的相关性放电会回放出来。类似的回放在大脑皮质也可以见到，而且会随回放时间的增加而增强。这些回放现象主要见于非快速眼动睡眠时，可能参与了将海马的不稳定记忆转化为皮质的稳定记忆的过程，但这还不足以说明记忆的巩固过程。长时记忆的形成和巩固需要通过细胞内信号转导、基因表达、蛋白质合成及突触形态改变等过程，将最初的突触电活动转化为突触连接上的稳定改变。在快速眼动睡眠时诱发海马突触的长时程强化（long-term potentiation，LTP），可以导致与突触可塑性改变有关的基因表达。这种基因表达最初见于海马，然后逐渐扩展到皮质。Ribeiro 等（2004）提出，睡眠通过两个阶段促进记忆的巩固，非快速眼动睡眠时记忆痕迹的反复激活导致记忆回放的逐渐增强，而快速眼动睡眠时基因表达则进一步导致记忆的巩固。

第五节　高原睡眠

　　高原特殊的自然环境对人的影响是多方面的，然而神经系统对高原高寒低氧最敏感，易受影响，出现一系列的神经功能失调症状。在高原低氧、低气压等特殊环境下，机体的神经、呼吸调节功能和昼夜生理节律均有变化，随着海拔的升高，将会引起睡眠模式的紊乱及夜间周期性呼吸的发作。很多研究表明，居住在高海拔地区的人们存在着严重的睡眠紊乱，脑力活动可发生衰退，其变化程度与海拔高度和在高原停留时间的长短有很大关系。初入高原的人睡眠期间出现的典型症状有频繁觉醒、周期性呼吸、气短、多梦和头痛。头痛和急性高原病（AMS）症状可能在晨起时加重，日间减轻。研究发现首次到达海拔 3.050 km 和 3.815 km

的人当中，睡眠功能紊乱者达 83%。脑电图（EEG）研究表明，高原睡眠质量明显降低，轻度睡眠增加，而深度睡眠及快速眼动睡眠减少，甚至 REM 睡眠消失。慢性缺氧可使大脑的感觉和智力的敏感度降低，记忆力和分析能力丧失。高原低氧对神经功能的影响导致睡眠结构的改变，引起失眠、睡眠质量降低。其结果加深了中枢神经功能的紊乱，使其对高原环境适应调节能力下降，甚至可能发生夜间睡眠呼吸暂停综合征等病症的病理生理改变，使高原睡眠紊乱的机制变得更为复杂。

潘磊（2007）观察 30 例高原移居者并与其在平原的多导睡眠监测结果比较，观察对象均出现了睡眠紊乱和明显的去氧饱和作用，主要表现为睡眠结构的改变，周期性呼吸、平均血氧饱和度的下降及氧减指数的增加。与平原比较，非快速眼动睡眠中 I 期（分别为 10.19% ± 6.14%、7.29% ± 5.62%）、Ⅱ 期（分别为 52.65% ± 10.65%、41.92% ± 12.45%）睡眠增加，尤以 Ⅱ 期睡眠增加更为明显，最高比值为 73%，Ⅲ 期（分别为 6.97% ± 6.77%、15.12% ± 10.65%）、Ⅳ 期（分别为 6.95% ± 6.77%、11.49% ± 7.45%）深睡眠减少。REM 睡眠减少，其中 5 例无 REM 睡眠，5 例无Ⅳ期睡眠，由于作为核心睡眠的慢波睡眠比率下降，入睡后觉醒次数及睡眠期转换次数增加，整夜睡眠多处于表浅状态，呈片段状睡眠，睡眠的连续性遭到严重破坏，睡眠质量差，导致工作效率、警觉性下降。在 Lake Lusious 的调查中，60.0% 的志愿者在高原睡眠后头晕，53.3% 有日间困倦、嗜睡，90.0% 疲乏，43.3% 有睡眠困难，也进一步说明高原睡眠紊乱对高原移居者日间活动的影响。高原睡眠时普遍存在低氧血症，并且随着海拔高度的增高，SaO_2 进一步下降，低氧血症导致了中枢的不稳定性，产生呼吸波动导致周期性呼吸的发生，周期性呼吸发生的时间与低氧性的过度通气的时间呈正相关。30 例移居者在海拔 3.8 km 高度睡眠时，入睡前平均 SaO_2 高于睡眠期间的平均 SaO_2，睡眠期间均出现周期性呼吸，均发生在 Ⅱ 期睡眠，在 Ⅱ 期睡眠中，既可见周期性呼吸，亦可见规律性呼吸，周期性呼吸发生的最高次数为 19 次，时间最长为 199.35 min，占总 NREM 睡眠的 59.07%。周期性呼吸发生时，呼气末 CO_2（$ETCO_2$）水平下降，而血氧饱和度无明显下降，与 NREM 期规律性呼吸时的平均 SaO_2 比较，周期性呼吸时的平均 SaO_2 略高于规律性呼吸（分别为 86.25% ± 2.33%、83.33% ± 3.27%，$P < 0.05$），提示高原睡眠时出现的周期性呼吸在维持夜间平均 SaO_2 方面有一定作用，进一步验证了 Masuyama 等的高原睡眠时周期性呼吸是一种生理上的保护反应的结论。

一、高原睡眠紊乱的基本表现

1. 频繁觉醒　Anholm 等对模拟海拔 7.62 km 高原环境中的 5 例受试对象进行了为期 6 周的研究发现，平均每例受试者夜间觉醒 37 次，在回到海平面后平均为 15 次，总睡眠时间由 337 min 减至 167 min。REM 睡眠占整个睡眠时间的百分比由 18% 降为 4%。短暂觉醒由每小时 22 次增至每小时 161 次。部分研究人员认为，频繁觉醒在一定程度上是由周期性呼吸引起的。有证据表明，周期性呼吸强度增加时，觉醒的频率上升。可以想象，呼吸暂停之后，要连续进行几次深呼吸，此时肌张力显著增强，势必会引起觉醒。然而，即使没有周期性呼吸的人，在高原上觉醒的次数也较平原多，说明频繁觉醒的发生还存在其他机制。频繁觉醒使人处于一种睡眠剥夺状态，从而出现日间疲乏、困倦等表现。

2. 周期性呼吸　早在 19 世纪，人们就已经注意到了高原周期性呼吸现象。1857 年，Tyndall 第一次登上勃朗峰时，同伴惊奇地发现他熟睡时出现了呼吸暂停。1886 年，意大利生理学家 Mosso 进行高原现场研究时，在其哥哥身上观察到一种奇怪的呼吸现象，在 3 ~ 4 次深呼吸后出现约 10 s 的呼吸停止，这种变化在睡眠期间持续出现。他还观察到其他形式的反常呼吸，包括由深呼吸和浅呼吸组成的周期性呼吸，但呼吸没有停止。典型的周期性呼吸包括 2 ~ 3 次深呼吸，接着是 18 ~ 20 s 的呼吸暂停。周期性呼吸在由平原进入高原的人当中相当普遍，并具有较大差异。研究表明，在海拔 3.05 km 以上，几乎所有的人在睡眠期间都会出现周期性呼吸，清醒休息状态时偶尔也会出现，女性周期性呼吸较男性少见，而高原世居者没有这种呼吸。呼吸暂停后要进行几次连续的深呼吸时常常感觉气短而导致频繁觉醒。周期性呼吸时打鼾的人更是令同伴非常难受。在海拔 3.05 km 以上，周期性呼吸频率并不随高度上升而增加，多数周期性呼吸发生于 NREM 安静睡眠期，吸氧后可消除。Masuyama 等研究表明，有高通气反应（HVR）的人周期性呼吸频率高，且持续时间长。他们还发现，周期性呼吸越长，睡眠时动脉血氧饱和度越高，周期性呼吸时动脉血氧饱和度比周期性呼吸开始前明显升高，因此推测，周期性呼吸能够改善动脉血氧合作用。

虽然周期性呼吸看似一种反常呼吸，但它不仅是一种无害的现象，而且对由低地进入高原的健康人在生理上是有益的，因此应视为机体的一种自我保护机制而不是 AMS 症状，而频繁觉醒和严重的睡眠紊乱则通常被认为是 AMS 症状。周期性呼吸是发生于正常人的一种现象，而与此相似的呼吸模式——陈 - 施呼吸是发生于心力衰竭患者的一种呼吸现象，也有深呼吸（呼吸窘迫）和呼吸停止（呼吸暂停 / 窒息）。陈 – 施呼吸随心力衰竭程度而变化，可长达 40 s，包括过度通气期和呼吸暂停期，这两期持续时间相近。周期性呼吸伴有动脉血 PO_2 和 PCO_2 的周期性变化，心力衰竭患者的陈 – 施呼吸周期长，PO_2 也有类似的周期性变化。值得注意的是，两种呼吸模式中，深呼吸时 PO_2 最低，而呼吸停止时 PO_2 最高，这是循环时间和颈动脉体对 PO_2 变化反应延迟的结果。

3. 夜间呼吸窘迫　在高原由气短引起的觉醒非常普遍，并常伴有无法深呼吸的感觉和胸部束缚感。与心力衰竭引起的呼吸窘迫不同，这种感觉不能因坐起及走动而缓解，可持续数小时甚至整个晚上，并伴有恐惧感，这些症状在起床开始活动后即消失。出现呼吸窘迫的原因可能是睡眠低氧血症导致的轻度高原肺水肿（HAPE）。众所周知，HAPE 的症状往往在夜间加重。但这种解释也仅仅是一种推测，还没有关于这方面的研究。

4. 睡眠性低氧血症　正常人在睡眠期间，中枢神经系统活动减弱，表现为体温控制丧失，肌肉弛缓，疼痛阈值上升，呼吸、心率及血压下降。呼吸活动下降可导致动脉血 PCO_2 轻度上升及相应的 PO_2 轻度下降。多数正常人达高原后可出现睡眠性低氧血症，有些人甚至比较严重。

Sutton 等研究发现，在海拔 3.355 km，受试者均出现了睡眠性低氧血症，经过 8 ~ 11 天的短期习服，睡眠时动脉血氧饱和度可以得到改善，但更长时间的习服似乎并不能减轻睡眠性低氧血症。虽然周期性呼吸时 SaO_2 变化较大，但并不伴有更严重的睡眠性低氧血症。睡眠性低氧血症引发头痛和（或）气短，并导致频繁觉醒，这可能是 AMS 在夜间和起床后最初几小时症状加重的原因。此外，夜间血液发生浓缩，表现为血红蛋白及血细胞比容在起床时比睡前高。

5. 睡眠时的心脏节律　在高原，伴随着周期性呼吸，心率和心脏节律也发生周期性变化，深呼吸时心率加快，呼吸停止时心率减慢。Cumming 记录了他本人在海拔 5.033 km 睡眠时的心电图，发现有明显的窦性心律失常，心率降低至 33/min，还可见到房性期前收缩及交界性逸搏心律。Hori 等观察了 14 例登山者在海拔 4.4 km、7.8 km 及 5.71 km 时的 24 h 动态心电图的变化，发现清醒时的平均心率为（94 ± 4.9）/min，睡眠时为（75 ± 6.7）/min，睡眠期最低心率为（62 ± 5.0）/min。有些登山者的正常心律完全消失，其睡眠时的平均心率与清醒时相近，QT 间期延长非常显著。

在低压低氧舱中模拟海拔 5.492 km、6.1 km、7.62 km 对 7 例受试者进行研究表明，在 60 s 内心律由窦性心动过缓变成了窦性心动过速。在每一海拔，最慢心率都接近，但最快心率出现于海拔最高处，达到 105/min。心率的快周期可能与周期性呼吸相关。每一周期先出现 6 次慢性心跳（平均 40/min），接着增加到 16 次（120/min）。周期长度随海拔高度增加而缩短，在海平面没有观察到这种现象。在海拔 3.813 km，可观察到周期性呼吸及心率的周期性变化，但变化的幅度较小。

缓慢性心律失常在每一高度都很普遍，而这在海平面上较少见。常见的心律失常有：①P 波阻滞，无 PR 间期延长；②窦性停搏或明显的心动过缓，伴交界性或室性异搏心律；③窦性心动过缓，心率可降至 24/min，不伴逸搏心律；④房室分离，无交界性心律；⑤室性心律。在高原上出现这些心律失常的机制尚未阐明，由于在平原患有睡眠呼吸暂停的人也有相似的心律失常并伴有心率的周期性波动，因此推测低氧血症可能是一个重要原因。给这类患者注射阿托品可以减轻心动过缓，从而消除周期性心律失常，但是吸入 100% 氧气减轻心律变化的作用较微，说明心律失常可能是迷走神经作用于窦房结的结果。

6. 高原困倦　平原人在到达高原数小时内最容易感到困倦，表现为打哈欠、瞌睡。睡眠性低氧血症可能是导致发绀和神志不清的原因，进入高原的人应对这一现象有所了解，否则可能会产生严重后果。

二、高原睡眠紊乱的机制

高原睡眠频繁觉醒的机制尚未阐明。有些觉醒是由周期性呼吸、气短、头痛及低氧作用于神经系统所引起的。间断性的呼吸道阻塞也可以引起觉醒，特别是打鼾的人更易出现。

周期性呼吸与低氧血症、低动脉血 PO_2 及内在的正常呼吸节律相关。内在呼吸节律具有增、减周期性变化，这种周期性变化出现于睡眠状态而不是清醒状态。由于呼吸中枢的精确控制，动脉血 PCO_2 变化非常轻微，PCO_2 上升可刺激呼吸，而 PCO_2 下降则产生呼吸抑制作用。这个系统反应非常迅速，在高原，特别是初入高原时，呼吸主要由感受动脉血 PO_2 的外周化学感受器控制。低氧过度通气引起动脉血 PCO_2 下降，使其对呼吸的控制作用减弱。由于外周化学感受器对动脉血 PO_2 的反应比较缓慢，致使呼吸的正常节律性变化加强，呼吸减弱导致动脉血 PCO_2 上升并刺激呼吸；呼吸增强降低动脉血 PCO_2、增加 PO_2，后者对颈动脉体的呼吸刺激作用丧失，因此产生周期性呼吸。周期性呼吸时，呼吸暂停的周期性变化不是由呼吸道阻塞引起的，而是呼吸刺激未达到刺激阈值所致，因此呼吸暂停期不存在呼吸肌、膈肌或腹部运动。到达高原 1~2 周后，起初的呼吸性碱中毒由于碳酸氢盐的分泌而得到代偿，周期性呼吸的趋势减弱，然而 PCO_2 仍然较低，有些人在高原上停留期间一直都有周期性呼吸。高原世居者不表现出周期性呼吸。

睡眠性低氧血症可能是碱中毒和低 PO_2 引起的通气衰减对中枢呼吸控制机制产生抑制所致。睡眠期间，即使是在海平面，中枢神经系统功能也下调，导致通气下降。高原通气下降幅度同海平面相似，但由于氧解离曲线形状的变化，动脉血氧饱和度下降更多，致使某些人发生低氧性呼吸抑制。动物实验证实，严重低氧可导致呼吸抑制。HAPE 患者中如果出现严重的缺氧，吸氧可引起反相的通气增强，说明低氧抑制了呼吸中枢。另一个可能抑制呼吸中枢的因素是心动过缓导致的脑血流减少，显然，心率降至 30/min，甚至出现心脏停搏数秒，心输出量及脑血流显著减少，此外，上述变化也可抑制呼吸中枢活动和通气运动。

三、高原睡眠紊乱的预防和治疗

（一）药物对高原睡眠紊乱的预防和治疗作用

哈振德等（2004）研究表明，睡前口服复方红景天和乙酰唑胺可以减轻睡眠性低氧血症，还可以减弱周期性呼吸，降低觉醒频率，缓解 AMS 症状。

1. 低氧环境条件下睡眠结构的改变及药物的调节作用　把移居海拔 5.38 km 高原 1 年的 24 例青年随机分为复方红景天组（每次 2 粒，每日 2 次）、乙酰唑胺组（每次 0.25 g，每日 2 次）和混合组（复方红景天 + 乙酰唑胺），每组 8 例。在服药前和服用药物 24 天后进行睡眠结构监测，根据监测结果，计算各期睡眠百分率，并求得总监测时间（TRP）、总睡眠时间（TST）、总觉醒时间（TWT）、有效睡眠指数（SEI）及慢波睡眠比率（DSS）。结果表明，三组青年服药后较服药前非快速眼动睡眠Ⅰ、Ⅱ期缩短，Ⅲ、Ⅳ期延长，快速眼动睡眠期延长，均有显著性差异（$P < 1.01$）；TWT 缩短，SEI、DSS 升高有显著性差异（$P < 0.01$）。复方红景天和乙酰唑胺通过增加慢波睡眠比率、减少觉醒次数和时间、维持睡眠结构的连续性而得以改善高原移居者的睡眠质量。

2. 复方红景天和乙酰唑胺对睡眠中 SaO_2 的改善作用　对上述青年在服用复方红景天和乙酰唑胺前后记录睡眠结构的同时监测 SaO_2，根据监测结果计算清醒时 SaO_2（$WSaO_2$）、监测过程中最低 SaO_2（$LSaO_2$）、平均 SaO_2（$MSaO_2$）、每小时血氧饱和度下降 ≥ 4% 的次数即氧减饱和度指数（DI4）、$SaO_2 \leq 80\%$ 的时间占总监测时间的百分比（SIT80）。结果显示，三组青年服药后较服药前 $WSaO_2$、$LSaO_2$、$MSaO_2$ 均增高，DI4 及 SIT80 均减少，差异有显著性（$P < 0.01$）；服药 24 天后乙酰唑胺组的 SIT80 较复方红景天组高，差异有显著性（$P < 0.05$），提示复方红景天和乙酰唑胺均能提高动脉血 PO_2 和 SaO_2，抑制周期性呼吸和睡眠呼吸暂停的频繁发作，进而改善移居者的睡眠质量。

3. 移居者睡眠呼吸障碍的特征及药物的调节作用　对上述青年在服用复方红景天和乙酰唑胺前后进行口鼻气流、胸腹部呼吸运动监测，计算周期性呼吸和睡眠呼吸暂停出现的频度并分析周期性呼吸和睡眠呼吸暂停在各睡眠时相的分布情况（睡眠呼吸暂停指口鼻气流消失 10 s 以上，周期性呼吸是以呼吸运动逐渐增强增快又逐渐减弱减慢与呼吸运动消失交替出现各一次为一周期）。结果表明，三组青年服药后，周期性呼吸和睡眠呼吸暂停出现的次数减少，平均时间缩短，差异有显著性（$P < 0.01$）。服药后复方红景天组和乙酰唑胺组分布于睡眠 Ⅱ 期的周期性呼吸减少有显著性（$P < 0.05$ 或 $P < 0.01$）；而混合组分布于 NREM 各期的周期性呼吸次数均显著减少（$P < 0.05$）。睡眠呼吸暂停多分布于非快速动眼睡眠 Ⅰ、Ⅱ 期，尤其频发于 Ⅰ 期，服用药物后三组青年 Ⅰ 期睡眠呼吸暂停频率显著减少（$P < 0.05$）。提示高原移居者随着对低氧环境的逐渐适应，低氧反应的敏感性下降，反应阈值适应性升高，呼吸中枢发生钝化现象，在睡眠时较易发生中枢性呼吸暂停（CSA），加之夜间频发的觉醒使得呼吸控制功能很不稳定，这又增加了发生 CSA 的概率，而呼吸暂停时常因心率变慢导致心输出量减少，进而使回流至肺毛细血管的混合静脉血血氧含量降低，加速 SaO_2 的下降，易出现肺动脉高压，右心室负荷过重，是引发急、慢性高原病的重要原因。

4. 药物对睡眠呼吸紊乱警觉性的作用　对上述青年在服用复方红景天和乙酰唑胺 24 天前后进行前晚 23:30 及次晨 8:30 的视觉注意分配和缺失记忆测验。结果服药后晚、晨视觉注意分配测验中平均操作时间缩短，总次数和正确次数增加，错误次数减少，均有显著性差异（$P < 0.05$ 或 $P < 0.01$）；晚、晨缺失记忆测验中错误次数明显减少（$P < 0.01$），提示复方红景天和乙酰唑胺通过改善睡眠质量，减轻机体的缺氧性损伤，从而使大脑警觉性得以提高。

另外，巴比妥类、可待因及地西泮等药物在海平面使用时可抑制呼吸，在高原上，由于氧解离曲线形状改变，同样程度的抑制会导致更严重的低氧血症，因此一般不主张使用这些药物。但是，充足的睡眠有利于大脑充分休息，增加全身抵抗力和对低氧的耐受能力。所以，有高原反应并伴睡眠功能紊乱的人可以服用小剂量的镇静安眠药。

（二）富氧室的建立及其对高原移居者睡眠呼吸的影响

增加氧气浓度亦可大大改善睡眠质量和认知能力。夜间吸入低流量氧气能增加PO_2而使气短、头痛缓解。起初氧气可延长周期性呼吸的暂停相，但数分钟后周期性呼吸即可恢复。吸入CO_2虽可消除呼吸暂停，但深浅呼吸周期仍然存在。最近，通过空气调节设备向房间里注入氧气提高氧气浓度的技术已经成熟。这在降低有效高度方面非常有效，氧气浓度每增加1%可使有效高度降低0.3 km。换言之，海拔5 km的房间内含有27%的氧气，其有效高度就是3 km。在海拔5.38 km将室内氧气浓度增加到27%~28%，5例受试者入室内休息和睡眠10 h，进行心电图、口鼻气流、胸腹部呼吸运动监测，同时检测SaO_2的变化，记录呼吸暂停的次数和时间，并与常氧组进行比较。结果表明，富氧组呼吸频率增加，脉搏减慢，均无统计学意义（$P > 0.05$），但SaO_2的增高有非常显著性差异（$P < 0.001$）；常氧情况下频发的睡眠呼吸暂停在富氧环境中得到明显改善。说明在高海拔地区适度提高局部环境吸入气中的氧浓度可明显纠正机体缺氧，抑制呼吸障碍的发生，改善睡眠质量。而且富氧室的制作经济简便，很容易在高原基层推广应用。因此，在高原上建立富氧的房间是改善高原睡眠的有效措施之一。

（三）低压低氧对睡眠的影响

高原地理环境特征，如高原低氧、低气压、干燥、寒冷等特殊自然条件使睡眠节律发生变化，随着海拔的升高会引起睡眠节律的紊乱。高原睡眠节律的紊乱与高原过度呼吸导致低氧血症有关。高原睡眠时普遍存在低氧血症，并且随着海拔的增加，SaO_2进一步下降，低氧血症导致了睡眠中枢的不稳定，使正常生理睡眠节律丧失。主要表现为浅睡眠增多，如非快速眼动睡眠中的S1、S2期睡眠增加；深睡眠减少，如快速眼动睡眠减少。在正常的睡眠周期中，非快速眼动睡眠与快速眼动睡眠交替转换，非快速眼动睡眠持续80~120 min，后转入快速眼动睡眠，后者维持20~30 min，后再转入非快速眼动睡眠，这种交替转化整晚要反复4~5次，越接近后期，快速眼动睡眠时间越长，可从初期的20~30 min延长至60~90 min，但长期高原低氧可使睡眠周期中的非快速眼动睡眠百分率高达73%，而快速眼动睡眠大幅度减少，严重影响睡眠质量。

高原低氧对中枢神经系统功能的影响导致睡眠结构的改变，引起失眠、睡眠质量下降，其结果会加重中枢神经功能的紊乱，使其对高原环境适应的调节能力下降。随着海拔的升高，会进一步引起睡眠模式的改变。一般认为，缺氧是造成高原睡眠障碍的主要原因。睡眠是由中枢神经系统或大脑控制的，而脑组织是对缺氧最敏感的器官之一。因此，高原低氧对睡眠的影响实际上是中枢神经系统功能受影响的反映。有关睡眠的发生机制，主要有两种假设：一是"被动睡眠过程说"，即睡眠是一个消极被动过程；二是"主动睡眠过程说"，即睡眠是一个积极、主动的过程。被动睡眠过程说认为，睡眠仅仅是觉醒状态的停止，是觉醒状态持续一段时间后，出现疲劳的结果，当抑制扩散至皮质下中枢时就引起睡眠。而主动睡眠过程说认为，睡眠不仅仅是觉醒状态的停止，而是由中枢神经系统内部发生的主动过程。位于脑干的睡眠中枢通过脑干网状上行系统对睡眠－觉醒进行调控。人的睡眠正是由上行抑制系统和上行激活系统的相互抗衡来调节睡眠与觉醒的相互转化。不论哪种学说，感觉传入冲动是维持觉醒的必要条件，当传入冲动减少时，中枢的紧张活动开始减退，遂发生觉醒状态向睡眠状态的转变。在高原缺氧条件下，吸入气氧分压降低，血液中氧合血红蛋白含量下降，脑细胞得不到充足供氧，脑神经组织细胞线粒体代谢活动将会发生障碍，ATP生成减少；而颅内压升高，又使脑血液循环受阻，加重了脑能量代谢的障碍，进一步影响大脑神经元的兴奋或抑制性传导，从而干扰上述的神经活动导致睡眠障碍。

低氧血症导致中枢的不稳定，引起呼吸波动造成周期性呼吸的发生，大部分急速进入高原低氧环境的人由于周期性呼吸而睡眠质量明显下降。研究证明，在4.5 km海拔附近，总体睡眠时间、睡眠质量、慢波睡眠和快速眼动睡眠时间均受到影响。而第一阶段的非快速眼动睡眠时间随着海拔高度的增加而增加。睡眠不稳定，觉醒次数增多，呼吸暂停次数和呼吸不全次数也明显增多，且对男性的影响显著高于女性，女性在更高的海拔处才会出现睡眠呼吸暂停的现象。在高原驻留一小段时间后，由于机体对低氧环境的逐渐适应，睡眠状态会有所改善。

低压低氧对睡眠的影响是多方面的，包括睡眠的生物电活动、睡眠的生物节律、维持睡眠状态时正常的脑灌注、与睡眠有关的作业能力等。海拔3 km以上、低氧、寒冷、低压等是影响睡眠的物理因素，其中海拔是主要影响因素。除了低压低氧影响中枢神经系统而诱发睡眠功能障碍外，环境条件恶劣也是影响睡眠的主要原因，包括低气压、寒冷、风速过大、干燥、昼夜温差大等环境特点。

参考文献

[1] 哈振德，何通晗，张西洲，等.富氧对高原移居者睡眠结构的影响[J].中华内科杂志，2004，43（5）：368-370.

[2] 韩济生.神经科学原理[M].2版.北京：北京大学医学出版社，1999.

[3] 吕永达.高原医学与生理学[M].天津：天津科技翻译出版公司，1995.

[4] 张彦博，汪源，刘学良，等.人与高原：青海高原医学研究[M].西宁：青海人民出版社，1996.

[5] Alfano C A, Zakem A H, Costa N M, et al. Sleep problems and their relation to cognitive factors, anxiety, and depressive symptoms in children and adolescents [J]. Depression and Anxiety, 2009, 26（6）：503-512.

[6] Bellivier F, Chaste P, Malafosse A. Association between the TPH gene A218C polymorphism and suicidal behavior: a meta-analysis [J]. Am Med Genetics B Neuropsychiat Genetics, 2004, 124B（1）：87-91.

[7] Brugniaux J V, Schmitt L, Robach P, et al. Living high-training low: tolerance and acclimatization in elite endurance athletes [J]. European Journal of Applied Physiology, 2006, 96（1）：66-77.

[8] Cannistraro P A, Wight C I, Wedig M M, et al. Amygdala responses to human faces in obsessive-compulsive disorder [J]. Biological Psychiatry, 2004, 56（12）：916-920.

[9] Carlson N R. Foundations of Physiological Psychology [M]. 5th ed. Boston: Allyn & Bacon, 2002.

[10] Carretie L, Hinojosa J A, Mercado F. Cerebral patterns of attentional habituation to emotional visual stimuli [J]. Psychophysiology, 2003, 40（3）：381-388.

[11] Caspi A, Sugden K, Moffitt T E, et al. Influence of life stress on depression: moderation by a polymorphism in the 5-HTT gene [J]. Science, 2003, 301（5631）：386-389.

[12] Dolan R J. Emotion, cognition, and behavior [J]. Science, 2002, 298（5596）：1191-1194.

[13] Erk S, Martin S, Walter H. Emotional context during encoding of neutral items modulates brain activation not only during encoding but also during recognition. Neuroimage, 2005, 26（3）：829-838.

[14] Etkin A, Klemenhagen K C, Dudman J T, et al. Individual differences in trait anxiety predict the response of the basolateral amygdala to unconsciously processed fearful faces [J]. Neuron, 2004, 44（6）：1043-1055.

[15] Heath D. High-Altitude Medicine and Pathology [M]. Oxford: Oxford Medical Publications, 1995.

[16] Hoge E A, Marques L S, Wechsler R S, et al. The role of anxiety sensitivity in sleep disturbance in panic disorder[J]. Journal of Anxiety Disorders, 2011, 25（4）：536-538.

[17] Hultgren H. High Altitude Medicine [M] . Stanford: Hultgren Publications, 1997.

[18] Insalaco G. Blood pressure and heartrate during periodic breathing while sleep at high altitude [J] . J Appl Physiol, 2000, 89 (3): 947–955.

[19] Johansson I, Karlson B W, Grankvist G, et al. Disturbed sleep, fatigue, anxiety and depression in myocardial infarction patients [J] . European Journal of Cardiovascular Nursing, 2010, 9 (3): 175–180.

[20] Johnson P L, Edwards N, Burgess K R, et al. Sleep architecture changes during a trek from 1400 to 5000m in the Nepal Himalaya [J] . Journal of Sleep Research, 2010, 19 (lp2): 148–156.

[21] Kalisch R, Salome N, Platzer S, et al. High trait anxiety and hyporeactivity to stress of the dorsomedial prefrontal cortex: a combined phMRI and Fos study in rats [J] . Neuroimage, 2004, 23 (1): 382–391.

[22] Lang P J, Bradley M, Cuthbert B N. International affective picture system (IAPS): instruction manual and affective ratings. Technical Report A–5 [D] . Gainesville: The Center for Research in Psychophysiology, University of Florida, 2001.

[23] Lariviere W R, Fiorenzani P, Ceccarelli I, et al. Central CRH administration changes formalin pain responses in male and female rats [J] . Brain Research, 2011, 1383: 128–134.

[24] Lee G P, Meador K J, Loring D W, et al. Neural substrates of emotion as revealed by functional magnetic resonance imaging [J] . Cogn Behav Neurol, 2004, 17 (1): 9–17.

[25] Lemos V D A, Antunes H K M, Lira F S, et al. High altitude exposure impairs sleep patterns, mood, and cognitive functions [J] . Psychophysiology, 2012, 49 (9): 1298–1306.

[26] Li X Y, Li X B, Luo Y J. Anxiety and attentional bias for threat: An event-related potential study [J] . Neuro Report, 2005, 16 (13): 1501–1505.

[27] Lombardi C S, Meriggi P, Agostoni P, et al. High-altitude hypoxia and periodic breathing during sleep: gender-related differences [J] . Journal of Sleep Research, 2014, 23 (5): 322–330.

[28] Luks A M. Room oxygen enrichment improves sleep and subsequent day-timeperformance at high altitude [J] . Respir Physiol, 1998, 113 (3): 247–258.

[29] Magalhaes A C, Holmes K D, Dale L B, et al. CRF receptor1 regulates anxiety behavior via sensitization of 5–HT2 receptor signaling [J] . Nature Neuroscience, 2010, 13 (5): 622–629.

[30] Magee J C, Carmin C N. The relationship between sleep and anxiety in older adults [J] .Current Psychiatry Reports, 2010, 12 (1): 13–19.

[31] Markou A, Kosten T R, Koob G F. Neurobiological similarities in depression and drug dependence: a self-medication hypothesis [J] . Neuropsychopharmacology, 1998, 18 (3): 135–174.

[32] Mcmanus B M. Metabolic and cardio-respiratory responses to long term work under hypoxie conditions [J] . J Appl Physical, 1974, 2 (4): 22–25.

[33] Phan K L, Wager T, Taylor S F, et al. Functional neuroanatomy of emotion: a meta-analysis of

emotion activation studies in PET and fMRI [J]. Neuroimage, 2002, 16 (2): 331–348.

[34] Phelps E A. Human emotion and memory: interactions of the amygdala and hippocampal complex [J]. Current Opinion Neurobiol, 2004, 14 (2): 198–202.

[35] Plywaczecwski R. Quality of sleep and peioic breathing in healthy individuals working at altitude of 3700 meters [J]. Pol Arch Med Wewn, 1999, 101 (2): 117–121.

[36] Power M, Dalgleish T. Cognition and Emotion: From order to disorder [M]. Hove: Psychology Press, 1997.

[37] Rauch S L, Whalen P J, Shin L M, et al. Exaggerated amygdala response to masked facial stimuli in posttraumatic stress disorder: a functional MRI study [J]. Biological Psychiatry, 2000, 47 (9): 769–776.

[38] Refojo D, Schweizer M, Kuehne C, et al. Glutamatergic and dopaminergic neurons mediate anxiogenic and anxiolytic effects of CRHR1 [J]. Science, 2011, 333 (6051): 1903–1907.

[39] Repa J C, Muller J, Apergis J, et al. Two different lateral amygdala cell populations contribute to the initiation and storage of memory [J]. Nature Neuroscience, 2003, 4 (7): 724–731.

[40] Sergerie K, Lepage M, Armony J L. A face to remember: emotional expression modulates prefrontal activity during memory formation [J]. Neuroimage, 2005, 24 (2): 580–585.

[41] Slattery M J, Essex M J. Specificity in the association of anxiety, depression, and atopic disorders in a community sample of adolescents [J]. Journal of Psychiatric Research, 2010, 45 (6): 788–795.

[42] Ward M P. High Altitude Medicine and Physiology [M]. New York: Chapman & Hall, 1995: 264–282.

[43] West J B. Oxygen enrichment of room air to improve well-being and productivity at high altitude [J]. Int J Occup Environ Health, 1999, 5 (3): 187–193.

7

第七章 低压低氧舱的原理和应用

第一节 低压低氧舱原理

一、低压低氧舱的构造及基本原理

低压低氧舱是在地面条件下通过抽气系统对舱内抽气，使舱内外产生压力差，从而创造低压低氧环境的一种特殊装置。其形状最常见的有长方形、圆柱形。低压低氧舱由舱体、抽气系统、控制系统、监控系统、连接管道、照明系统、警示系统及通信系统等组成。

大型低压低氧舱一般为长方形。舱体由钢板焊接而成，舱体上装有适当大小和数量的观察窗，整个舱体可承受较大压力。舱内一般会被隔成内舱和外舱（过渡舱）两个部分，由其中各通出一根抽气管道，管道上分别装有抽气阀门，两根抽气管道合成抽气总管后，与真空泵连接。在内、外舱隔绝时，操纵两个抽气阀门，可以分别控制内、外舱的抽气量；在内、外舱相通时，只操纵一个阀门即可。内、外舱还分别装有一根进气管道，各装有一个进气阀门，可调节进气量。操纵这些阀门，调节抽气量与进气量的比例，可实现舱内上升、下降和停留的低气压条件。其基本工作原理为：上升时抽气量大于进气量，停留时抽气量等于进气量，下降时抽气量小于进气量。

操纵低压低氧舱的一个重要原则，是使低压低氧舱既能模拟各种不同程度的低气压条件，又能保证在模拟上升的整个过程中，舱内有充分的通气量。

大型低压低氧舱设立外舱（过渡舱）的目的，主要用于解决上升期间个别人员方便进出低压低氧舱的问题。例如，在上升期间，体验者中有人因某种原因不便继续体验，须立即下降，为了不影响其他体验者，可在内、外舱压力相同的情况下，将两舱之间的门打开，让须终止体验的人员退到外舱后，再将此门关闭，然后调节外舱的进气与抽气阀门，则外舱高度可单独下降。此外，如陪同的医生不需要与体验者上升同样高度时，可单独利用外舱上升；如果陪同医生需要由外舱进入内舱，应先将外舱的高度上升至与内舱高度相同，打开两舱之间的门，即可进入内舱（图 7-1）。

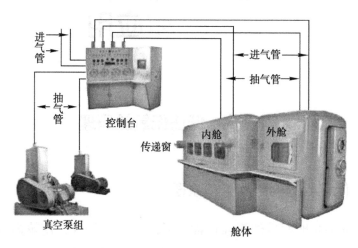

图 7-1　低压低氧舱结构原理示意图

二、低压低氧舱体验的注意事项

（一）体验前准备工作

1. 负责医生应根据体验的目的要求拟定体验计划。计划应包括下列内容：①体验的目的与要求；②体验的人数及分组；③时间安排；④上升的高度、升降速度及停留时间；⑤工作人员分工；⑥对氧气、水、电的要求；⑦特殊情况的处理措施等。

2. 体验人员的身体检查。体验前，负责医生要充分了解体验者的睡眠状况、心肺功能等，并检查体验者脉搏、呼吸、血压、体温、上呼吸道有无炎症，重点检查咽鼓管通气功能（咽鼓管通气功能检查方法见第二章第四节）。

如在体检中发现有下述情况之一者，严禁进行上升体验：①主诉感觉不适或饮食、休息、睡眠、通便情况不好；②上呼吸道急性炎症；③咽鼓管通气功能不良；④鼻炎；⑤中耳炎；⑥鼓膜穿孔；⑦发生过脑梗死或脑出血（＜1 年）；⑧发生过颅脑损伤（＜1 年）；⑨视网膜脱离；⑩快速性心律失常，如心房颤动、期前收缩、室性心动过速等。

3. 体验人员体验前必须学会咽鼓管通气动作，如吞咽、喊叫或捏鼻鼓气等；体验前 1～2 天应控制饮食，不吃易于产气的食物。

4. 体验者在入舱前，应做好饮水、排便等准备工作。

（二）体验过程中的注意事项

1. 负责组织体验的医生应始终集中注意力观察体验者情况及上升高度、升降速度是否符合要求，不得擅离职守，以免发生意外。

2. 在停留期间，如有体验者发生严重腹痛，应立即快速下降高度至腹痛解除为止，视情况，或进行下一步体验，或下降至地面。

3. 在整个下降过程中，体验者应提前做咽鼓管通气动作，不得在出现鼓膜压痛后再做，否则影响咽鼓管通气效果。

4. 在下降过程中，若有人中耳或鼻窦发生压迫感，应将下降速度减慢，必要时可暂停下降；若发生疼痛，应重新上升 500 ~ 1 000 m。待疼痛消失后，再以慢速度下降。

（三）下降至地面后的工作

1. 询问体验者的主观感觉，检查鼓膜情况。

2. 详细整理记录资料。

第二节　低压低氧舱的应用

低压低氧作为一种特殊的环境应激因素，不同于其他应激源，它会导致机体器官、组织和细胞的供氧不足，引起生理乃至病理性变化。严重低氧可危及人体生命。但如能控制好低氧影响程度，将对人体产生有利的效应。低压低氧舱是通过改变舱内大气压来人工模拟低气压和低氧等高空环境的地面设备，是开展航空航天医学、高原医学、高山医学、航空航天装备实验鉴定和专项体能训练的必要设备。世界上第一个低压低氧舱由法国人 Paul Bert 于 1869 年设计制造，用于低压生理学的研究，随着航空事业的发展，它已逐渐成为各个国家研究与探索高空飞行及太空飞行的基本设备。

低压低氧舱已不仅用于飞行员的选拔和高空生理功能训练，还成为测试并增强运动员或体育爱好者缺氧耐力的常规手段。特别是近年来有报道称低压低氧舱已应用于多种疾病的临床治疗，如对梅尼埃病、哮喘、糖尿病、肺病、脊髓损伤后的呼吸功能恢复等有一定的疗效。

一、低氧习服训练

高原地域的特征是空气稀薄，气压低。在高海拔地区，空气中氧和其他气体成分所占的百分比没有变化，但由于随着海拔的升高，大气压逐渐降低，氧分压也相应降低，如海拔 4 km 高原空气中的含氧量仅为平原的 60%。人类进入高海拔地区会因为海拔的快速升高，来不及适应当地的环境，出现体内氧气供应不足的现象，发生高原反应。高原反应即急性高原病（acute high altitude disease，AHAD），是人体到达一定海拔后，为适应因海拔而造成的气压差、含氧量少、空气干燥等的变化而产生的生理反应。一般人体到达海拔 2.7 km 左右时，就会有高原反应，3.5 km 以下的发病率占 37% ~ 51%，3.6 ~ 5 km 的发病率高达 50%。说明海拔越高，高原反应的发病率就越高。低压低氧舱可以在平原上模拟高原的环境，因此平原居民在进入高原之前，先进入低压低氧舱进行低氧习服训练，使得人体逐渐适应缺氧的环境，对今后进入真正的高原环境将有帮助作用。实践证明，这种低氧习服训练是非常有效的。

（一）为入藏人员服务

随着青藏铁路顺利通车，前往高原地区从事科学考察、探险旅游、体育训练及经济开发等的人员越来越多。据西藏自治区旅游局统计，2017 年西藏共接待游客 1 058.4 万人次，实现旅游总收入 126.47 亿元，与 2016 年比分别增长 21.7% 和 30.3%。没有习服的人群初次进入高原后，容易出现头晕、恶心、呕吐等高原反应的相关症状，严重者甚至发生高原肺水肿和高原脑水肿而危及生命。如何保证高原地区旅行的健康安全，引起人们越来越多的关注。

杨海平等开展研究，在进入高原之前，4 人进行为期 10 天、每人每天 3.5 h 的低压低氧舱低氧习服训练。在进入正式的低氧习服实验之前，先做 30 min 4 km 高度的基线，然后进行为期 10 天的实验。训练按照循序渐进的原则，使人体能够逐渐适应高度的不断变化。10 天的实验结束后，接着做一个 4 km 高度的基线对比实验，观察前后两次 4 km 基线对比情况。4 人 10 天习服训练之后，4 km 基线前后对比的血氧饱和度分布图，可以明显看出，血氧饱和度分布有整体提高，平均为 3% ~ 5%，说明模拟高原环境的低压低氧舱内训练取得了一定的效果，然后对这一阶段实验进行高原实地的评估。将进入高原的人员分为 3 组，第一组是经过低氧习服训练的人员，简称训练组；第二组是未经过低氧习服训练急进高原后采取供氧的人员，简称供氧组；第三组是既未进行低氧习服训练，进入高原后也未采取供氧的人员，简称急进组。从实验效果上看，进入高原后，训练组当晚睡眠情况良好，身体各项指标正常，无不适情况。供氧组当晚睡眠情况良好，身体各项指标也正常。急进组中高原反应较大，睡眠监测显示睡眠深度不够，第二天部分人员主诉有头痛、失眠的情况。从各组反应的情况分析，训练组 10 天的训练已经使人体逐渐适应了高原低氧的环境，因此高原反应明显降低；供氧组由于供给氧气的作用，因此高原反应也不明显；急进组在既没有经过训练又没供氧的情况下突然暴露在低氧环境下，机体无法立即适应而产生诸多不适。综合以上实验分析，在平原环境中利用低压低氧舱开展低氧习服训练可以作为进入高原之前的预适应训练，而且效果十分显著。

低压低氧舱的建立和对外开展服务将对入藏人员预防和避免高原病的发生，保障身体健康起到良好作用，因而产生良好的社会影响。

（二）改善登山者的攀登能力

间歇性低氧是一种在一段时间内多次重复进入低氧状态的过程。应用低压低氧舱进行间歇性低氧训练可增加骨骼肌组织储存氧的能力，并改善骨骼肌的微循环，增加线粒体的数量和体积，改善呼吸链的功能，并能促进抗氧化酶系的活性。低氧作为一种应激源，可引起交感神经兴奋，β- 肾上腺素能受体增加，引起交感 - 肾上腺轴活性的反射性增强，诱导机体应激反应，从而使心肌收缩力增强，心搏量提高，心率加快，外周血管舒张，外周循环阻力降低，最终通过增加心输出量使血流速度加快，从而使机体增强运输氧的能力。

Satake 最早提出间歇性低氧可以比长期连续低氧更有效地产生习服效应。12 位受试者于低压低氧舱中模拟登山探险的攀登模式：每天模拟海拔 6 km 高原的低压低氧环境 5 h，随后上升到海拔 8 km 1 h，连续 3 天后即可观察到低氧状态下通气量和氧分压的增加。Wahl 发现登山运动员在相当于海拔 5 km 高原的低压低氧舱中停留 90 min，3 h 后血浆 EPO 升高 55.2%（$P < 0.01$），5 h 后恢复到基础水平。Wilber 研究显示，通过间歇性低氧训练，受试者间歇性低氧时的通气反应（HVR）增强，肺通气及动脉血氧饱和度都有所增加，明显改善登山者的攀登能力。因此，目前研究认为间歇性低氧是有效提高或改善登山者的攀登能力的一种有效途径。职业登山家、俄罗斯人 Aratoli Boukreev 采用了这种训练方式，多次无氧攀登了海拔 8 km 级高峰。1996 年不带氧气瓶，成功无氧攀登珠穆朗玛峰，并打破了人类攀登洛子峰（世界第四高峰）的最快纪录，获得了美国高山学会颁发的最高荣誉奖章。

（三）提高运动员的运动能力

高住低练（living high，training low 或 Hi-Lo training）是 1991 年由美国学者 Levine 首先提出来的。它是从传统高原训练发展起来的一种新型、有效的训练方法，即运动员在高原环境中居住，在平原或较低高度的地方训练，它克服了传统高原训练的许多不足。Levine 等让运动员居住在海拔 2 km，在海拔 1.2 km 每天训练数小时，4 周后，发现运动员 5 km 跑的时间缩短，运动能力提高。人体在中度海拔高原短期居住或间断性居留，低氧环境对人体产生一系列涉及生理生化过程的有益影响。人体对急性低氧产生较大的低氧通气反应，肺泡通气和肺弥散功能均增强，红细胞生成增多，血管内皮细胞合成一氧化氮增多，毛细血管床扩张，血液对组织的供氧能力明显提高，自主神经系统调节使交感神经和副交感神经间达到新的平衡，副交感神经占优势而使心率和血压在高原低氧条件下低于平原水平；血液和组织内超氧化物歧化酶（SOD）的活性增高，组织抗过氧化能力增强，氧自由基代谢获得改善，细胞膜更趋稳定，Ca^{2+} 从细胞质内排出增多，细胞内线粒体酶活性发生变化，改善 NADH（辅酶 I）依赖性的代谢，使线粒体 ATP 合成增多。Levine 等的研究表明，高住低练可有效地提高优秀运动员的运动能力，是很好的高原训练方法。

　　然而高原训练受地域条件的限制，并非所有的运动员都有机会进行高原训练，因此人们在平原创造一种类似高原条件供运动员训练，即模拟高原训练。模拟高原训练易于与训练和比赛结合，便于进行监控，并且可取得与高原训练相似的效果。模拟高原训练有多种形式，利用低压低氧舱进行模拟高原训练是其中一种最为有效的手段。低压低氧舱所模拟的气压环境更接近高原环境，低压低氧舱的占地面积一般在几十至数百平方米，可在舱内训练或居住。大部分学者认为，世居平原的运动员高原训练的最佳高度应为 1.8～2.5 km。高度过低，低氧刺激强度较小，不利于充分挖掘选手机体的潜力；高度过高，则机体在承受较大运动负荷后，不利于恢复，严重者还可能引发高山病症状。

　　应用低压低氧舱进行间歇性低氧训练可提高运动员线粒体钙转运及能量代谢功能，提高脑组织及神经系统的抗缺氧能力，提高机体在缺氧条件下正常心理反应的能力，能使肌细胞受到适宜的刺激，使肌细胞结构和功能产生适应性变化，肌细胞氧化酶活性升高，组织利用氧的能力提高，有利于心肌和骨骼肌的有氧代谢，保证肌组织收缩时的能量供应，提高肌肉的工作效率和运动持久能力。

　　Liu Y 把 21 名受过良好训练的铁人三项运动员分成对照组（低住低练组，在平原居住、训练）、高住低练组（1.98 km 居住，入住时间 ≥ 12 h/d，在平原训练）。2 周训练后发现：在训练末期，高住低练组左心室收缩期直径小于对照组，收缩分数和射血分数比对照组分别增加 9% 和 17%，每搏输出量和心输出量明显增加，结果表明高住低练训练法能改变左心室的收缩性而增强心脏收缩功能。

美国和德国许多优秀运动员经过低压低氧舱模拟高原训练，屡次在国际比赛中取得良好成绩。美国著名马拉松选手萨拉萨尔利用"氧分压训练器"进行仿高原训练，在 1981 年，创造了 2 小时 8 分 13 秒的马拉松世界最好成绩，他在 1980—1982 年间连续 3 次获得重大国际马拉松赛的冠军，并两次创造马拉松世界最好成绩。

为提高运动员的运动能力，目前我国也已经运用低压低氧舱训练运动员。李卫平等通过低压低氧舱模拟高原环境对竞走运动员进行高住低练训练。舱内模拟居留高度为海拔 3 km，每天居留时间为 10 h，舱内实验居留时间共 3 周，选择血红蛋白、尿蛋白、体重为监测指标。经过 3 周低压低氧舱模拟高原环境进行高住低练训练，所有受试运动员血红蛋白均提高了 1 g/dL 以上，平均提高了 1.3 g/dL，从而说明了这种方法对提高运动员的血红蛋白水平有非常明显的效果。在同样的训练强度和测试条件下，受试运动员血乳酸峰值均明显下降，说明受试运动员的有氧代谢能力和运动能力有了较明显提高。实验结束 1 周后参加全国竞走锦标赛，大部分选手的运动能力和运动成绩都有明显提高。这些都说明通过低压低氧舱模拟高原环境的训练方法对耐力性运动项目有着比较明显的提高携氧能力和运动能力的作用。

万嘉珍等对 12 名 16～22 岁男性自行车运动员开展研究，使用低压低氧舱模拟海拔 2 km、3 km、4 km 高原环境，舱内分别停留 5 天、11 天、11 天，每天上午踏车 3 h，其余时间均在舱外进行一般体育训练，采用 PWC170 为评价指标，衡量低压低氧舱内训练的效果。PWC170 指心率 170/min 时的体力工作能力，是一种定量负荷实验，是受试者在劳动负荷中，身体机能动员起来，处于稳定状态下，心率为 170/min 时，每分钟做功的量（功率），以 kgm/min 表示。其理论根据是：在一定的心率范围内（110～180/min），完成的功率愈大，心率愈快，两者直线相关。为此，人为地定出心率 170/min 时完成的功率作为评价指标。近年来国外主要应用于评定人体生理机能状态和衡量旨在提高有氧代谢能力的耐力性训练的效果。结果表明，训练前 PWC170 为（978±34）kgm/min，训练后提高到（1 372±46）kgm/min，增加 40%（$P < 0.01$）。与训练前比较，超声心动图显示受试者心脏容积增加，心室壁增厚，在海拔 4 km 时运动员的每搏输出量（SV）比训练前增加 20%，阻抗心血流图表明在海拔 2 km 时运动员的 SV 增加 15%（$P < 0.05$）。说明间歇性低氧复合训练的方式 27 天，明显提高了运动员有氧代谢能力，有利于快速进入高原地区

人员对缺氧的适应。

（四）提高低氧耐力

低氧耐力评估一直是对飞行员、登山运动员等进行体能检测的一项重要指标。血乳酸被认为是掌握训练强度、评价运动员对训练量及训练强度的适应及掌控，尤其是评价耐力素质的一项敏感指标。剧烈运动时血乳酸及氧自由基生成过多是造成肌肉疲劳最终导致运动能力下降的主要原因。应用低压低氧舱间歇性地吸入低氧气体可提高心、脑、肝等器官中抗过氧化物酶的活性，并提高心脏抵抗再灌注时发生心律失常的能力，提高机体抗过氧化物反应酶的活性，加速氧自由基的清除，这也是国际上公认的间歇性低氧训练提高低氧耐力及运动能力的重要生理机制之一。另外，低压低氧舱间歇性低氧能有效提高血管内皮细胞生长因子mRNA 的表达水平，促进毛细血管的增生和密度，尤其是脑、心肌和骨骼肌毛细血管的增生更加显著，毛细血管密度和通透性的增加，缩短了血氧弥散至细胞的距离，从而有利于血液和组织器官之间的物质交换，增加对细胞的供氧能力，减少运动过程中乳酸的产生量。

薛胜峰等将 24 名赛艇运动员随机分为实验组（$n = 12$）和对照组（$n = 12$），实验组每晚 20:00 至次日晨 6:30 在低氧房内休息和睡眠（10 h/d），低氧条件设置为海拔 2 500 m，对照组在常氧环境里居住。两组日常训练安排基本保持一致，实验组每周进行 2 次低氧训练，低氧条件设置为海拔 2 100 m，采用测功仪10 000 m 的训练方式，负荷为本人平原测功仪最大功率的 65% 强度，训练时间为31 ~ 40 min，血乳酸水平 3 ~ 6 mmol/L；低氧训练前及 20 天低氧训练结束后比较高住高练低训前后的血乳酸水平。结果：高住高练低训结束后，运动员的血乳酸水平均低于高住高练低训前，实验组明显下降（$P < 0.01$），表明低氧训练后，运动员身体清除乳酸的能力得到提高。结论：高住高练低训的训练方法降低了同等运动负荷时的血乳酸值，提高了身体血乳酸的代谢水平，使机体消除乳酸的能力增强；机体在承受相同负荷时，堆积在机体内的乳酸浓度降低，增大了机体承受更大运动负荷的潜力，使机体能够承受更大负荷强度的运动。同时延缓了疲劳的发生，使机体工作的时间延长，也有利于运动后的疲劳恢复。

万利等进行了一项研究，15 名正常训练运动员在室内采用多功能跑台完成800 m 最大速度跑，15 名低压低氧舱训练运动员在低压低氧舱内（低于舱外 20%氧）完成同等强度的运动。结果证实，低压低氧舱训练组血乳酸、血氨峰值出现时间大多在运动后 1 ~ 7 min，基本同步。正常训练组血乳酸、血氨峰值出现时间大多在运动后 4 ~ 13 min，低压低氧舱训练组运动后血乳酸、血氨水平恢复的速率比正常训练组快，低压低氧舱训练可通过刺激机体产生最大血乳酸、血氨水平以发展运动员的无氧代谢能力和耐酸、耐氨的能力。

EPO 也可以作为耐力运动训练的评价、预测指标，当机体处于缺氧环境时，EPO 分泌增加，红细胞数量上升，从 EPO 分泌到红细胞数量上升，需要一段时间，红细胞绝对数量上升应发生在缺氧 1 周后。在这一周内发生红细胞数量、Hct、Hb 的升高，红细胞绝对数量上升后，血液载氧能力增强。Hct、Hb、RBC、RC 作为评价当前状态的指标，而 EPO 可作为预见最佳运动状态的指标。

Samaja 的研究表明，定期进入低压低氧舱间歇性低氧训练可促进肾分泌 EPO 增加，引起血液 RBCC、Hb、2,3- 磷酸甘油酸、血细胞比容、网织红细胞计数的增加，有利于体内氧的运输。适宜的低氧刺激，引起 EPO 生成增加和血清睾酮 / 皮质醇的比值升高，刺激骨髓的造血功能，促进红细胞的生成，提高细胞对氧的利用率。因此，进入低压低氧舱间歇性低氧训练可改善血液流变学特征，显著增加红细胞的变形能力，聚集性下降，抑制血细胞比容增高所引起的血液黏度的过度升高，改善血液黏度，提高血液流变性；增加血液对组织的供氧能力及对 CO_2 和其他物质的运输能力，显著提高机体对低氧环境的耐受能力。另外，间歇性低氧训练对血氧饱和度也有良性影响，从而提高机体对低氧环境和大强度运动的耐受力。

Levine 等发现，常压下训练、低压低氧舱中生活 28 天，EPO 升高可持续到运动后 1 周。Wilber 等研究发现，2 500 m 连续低压低氧舱训练，第一天血浆 EPO 有 78% 的上升。Chapman 等用每天间断处于低压低氧舱（海拔从 4 000 m 升高到 5 000 m）3 ~ 5 h，共 9 天，触发 EPO 的分泌，Hct、Hb、RBCC、RC 均显著升高，因此低压低氧舱作为增强机体组织对缺氧耐受性的手段在体育运动训练中广泛应用。

二、过敏性哮喘治疗

人体在低氧条件下呼吸道小支气管平滑肌的应激性降低，从而减轻收缩痉挛，减少哮喘发作。吉尔吉斯斯坦国家心血管病研究所在海拔 3 200 m 建立了高山疗养院，Brinkulov 等报道在该疗养院利用高原低氧环境治疗支气管哮喘，包括少数并发阻塞性肺气肿的患者，其基本方法是让患者做一套呼吸体操及每天上、下午集体缓慢徒步行走于山间各 1 ~ 2 h，除哮喘急性发作外一般均不用药，治疗过程

15~30 天，治疗后 76% 的患者收效明显。Soorenbaev 等观察慢性阻塞性肺疾病患者在海拔 2 430 m 居住后，发现患者第一秒用力呼气量（FEV_1）和动脉血氧饱和度（SaO_2）均有增高，并认为其原因与高原地区远离工业区，空气清新，污染较少，致敏原较少有关，而且低氧环境下机体交感神经和肾上腺皮质活性增强，血清去甲肾上腺素和皮质激素增高，降低支气管痉挛，也是高原低氧环境支气管哮喘改善的主要原因。

我国学者观察到 15 例在平原患有支气管哮喘的青藏铁路建筑工人，在海拔 3 500~4 900 m 高原工地劳动，初期仍服用药物，15~40 天后，7 例患者症状缓解而药量减小，2 个月后 8 例哮喘消失而停药，全部 15 例患者在高原工作 6 个月后返回平原，在 3~5 个月内哮喘发作次数明显减少而且症状较轻。

应用低压低氧舱间歇性低氧训练可使呼吸系统调节功能增强，提高机体在低氧状态下的肺通气功能，增加每分通气量和肺泡通气量，增加肺活量和肺总容量，使动脉血氧分压和动脉血氧饱和度维持在较高水平。

桂芹等选用轻、中度哮喘缓解期患儿 27 例，在低压低氧舱内进行间歇性低压低氧治疗 10 天，观察其治疗效果，检测血浆皮质醇和血清可溶性白介素 -2 受体（sIL-2R）的变化，比较肺功能改变。哮喘患儿治疗后随访显示，27 例哮喘缓解期患儿应用低压低氧舱治疗后除 1 例患儿在治疗期有哮喘发作治疗无效外，26 例患儿均自觉通气功能改善，运动耐力提高，肺功能改善；血清 sIL-2R 下降，近期有效率为 96.3%。随访 3~12 个月，发现 3 例仍发作频繁，需使用 β 受体激动剂，其余患儿显效 10 例，有效 14 例，发作间歇延长，发作次数从治疗前的每年 7~10 次及以上减少到每年平均 4~5 次及以下，用药次数减少，症状减轻，远期有效率达 88.9%。患者肺功能变化：低压低氧舱治疗后肺功能明显改善，最大呼气流速（PEF）明显增加，从治疗前的 67.23%±15.15% 增加到治疗后的 91.08%±24.69%（$P < 0.01$）。第一秒用力呼气量明显增加，从 67.00%±12.29% 增加到 77.62%±13.35%（$P < 0.05$）。低压低氧舱治疗使治疗后血浆皮质醇明显提高，而血清 sIL-2R 明显减少，sIL-2R 从治疗前的（475.8±38.32）U/mL 下降到（372.2±38.03）U/mL（$P < 0.01$），且 sIL-2R 与皮质醇的变化呈显著负相关（$r = -0.850\ 4$，$P < 0.01$）。结果表明低压缺氧舱治疗哮喘是有效的，患者临床症状和肺功能改善。

Wu X F 等测试低压低氧舱对儿童支气管哮喘的治疗效果，190 个男孩和女孩（4~14 岁）进行治疗（在低氧低压舱模拟海拔 2 000 m），疗程 10 天（2 h/d）。

结果显示，支气管哮喘患儿精确控制率为 22.6%，好转率为 38.4%，有效率为 18.9%，无效率为 20%。动脉血氧饱和度增加（从 96.7% ± 0.3% 到 98.3% ± 0.2%）、呼吸峰流量（最大流量）增加 [从（274.9 ± 9.9）L/min 到（290.8 ± 9.3）L/min]。结果证实了低压低氧舱对儿童支气管哮喘治疗的有效性。

熊建平等采用 10% 卵蛋白（OA）致敏和 5 次 1% OA 诱发复制哮喘豚鼠动物模型，应用模拟高原低压低氧舱治疗，设立正常对照组、哮喘对照组和低压低氧舱治疗组三组。利用模拟 4 000 m 海拔高原条件的低压低氧舱治疗干预，结束后三组均做血清皮质醇检测、支气管肺泡灌洗液（BALF）中嗜酸性粒细胞（EOS）计数、低密度 EOS 百分率（HEOS）和外周血 $CD4^+$ T 淋巴细胞数量及气道平滑肌张力的测定。结果显示：哮喘对照组和低压低氧舱治疗组外周血 EOS、BALF 中 EOS 绝对值均非常显著高于正常对照组，低压低氧舱治疗组非常显著低于哮喘对照组（$P < 0.01$）；正常对照组和低压低氧舱治疗组的血清皮质醇含量均非常显著地高于哮喘对照组（$P < 0.01$），且低压低氧舱治疗组与正常对照组无显著差异（$P > 0.05$）。哮喘对照组和低压低氧舱治疗组 BALF 中 EOS 绝对值及 HEOS 百分率均数均非常显著高于正常对照组，同时，低压低氧舱治疗组非常显著低于哮喘对照组（$P < 0.01$）；正常对照组和低压低氧舱治疗组外周血 $CD4^+$ T 淋巴细胞数量明显低于哮喘对照组（$P < 0.01$）；哮喘对照组气道平滑肌张力明显增高。实验结果说明，模拟高原低压低氧舱治疗能使哮喘缓解期豚鼠血清皮质醇升高，抑制 $CD4^+$ T 淋巴细胞活化，进而使其外周血 EOS 和 BALF 中 EOS 减少，降低气道平滑肌张力，有利于预防哮喘复发或减轻哮喘发作症状，可作为临床预防和治疗哮喘的一种新方法。

孔祥英等用卵蛋白致敏和诱发复制哮喘动物模型，分为哮喘发作组、缓解组和低压低氧舱治疗组，并设立正常对照组进行放射免疫法测定血浆及支气管灌洗液（BALF）中内皮素（ET）含量及血浆皮质醇水平，肺组织切片光镜检查。结果显示，光镜下哮喘发作组肺组织切片见嗜酸性粒细胞浸润明显，缓解组浸润较少，低压低氧舱治疗组则明显减少；哮喘发作组、缓解组血浆皮质醇水平分别明显高于和低于正常组及低压低氧舱治疗组，而低压低氧舱治疗组与正常对照组无明显差异；血浆 ET 含量哮喘缓解组明显高于其他三组，而 BALF 中 ET 含量则为哮喘发作组明显高于其他三组，后三组之间无明显差异。实验结果说明经低压低氧舱治疗后，哮喘豚鼠血浆及 BALF 中内皮素降低而血浆中皮质醇增高，肺组织嗜酸性粒细胞浸润减少，这可能是模拟高原环境防治哮喘的机制之一，进一步证明低压低氧舱治疗哮喘的有效性。

低压低氧舱治疗哮喘已经应用于临床，正成为一种简单有效的哮喘治疗方式。目前常用治疗方式为：哮喘患儿每天早 8:00 进入低压低氧舱中，以 3 m/s 的速度进行减压，达到相当海拔 2 500 m 高度，维持 2 h，然后再逐渐升压恢复到正常状态，患儿即可出低压低氧舱。一个疗程为 10 天，经 2~3 个疗程治疗哮喘患儿临床症状和肺功能均有明显改善。

三、梅尼埃病治疗

梅尼埃病为突然发作的非炎性迷路病变，具有眩晕、耳聋、耳鸣及有时有患侧耳内闷胀感等症状。男女发病率无明显差异，患者多为青壮年，多为单耳发病，是由维生素缺乏及精神神经因素等引起自主神经功能紊乱，血管神经功能失调，毛细血管渗透性增加，导致内耳膜迷路积水，内耳压力增高，蜗管及球囊膨大，刺激耳蜗及前庭感受器，引起耳鸣、耳聋、眩晕等一系列临床症状。

急性发作期的梅尼埃病患者低压低氧舱治疗有效的结果与梅尼埃病的发作是由内耳压力增高所致的理论相吻合。当梅尼埃病患者处低压低氧舱中，其静脉压下降，脑脊液及内耳压力也随之下降。又因患者在治疗期间避免做使咽鼓管开放的动作，中耳腔压力高于内耳压力，通过蜗窗及前庭窗将压力差作用于内耳淋巴液，使之向脑脊液排出，最终内耳腔内压力降低，改善眩晕、耳鸣等症状。

Densert 等提出了通过暴露于低气压环境下，即低压治疗来降低梅尼埃病患者内耳压力的设想，并发现，将梅尼埃病患者置于低压低氧舱内，他们的低频感音性听力减退，耳鸣、耳闷塞及眩晕等症状得到了即时改善。1999 年，瑞典林雪平大学医学院 Karlmar 利用低压低氧舱进行了梅尼埃病治疗的临床研究。其方法是利用低压低氧舱进行压力的快速变化，分为 3 个循环：以 10 m/s 的速度从地面快速上升至 1 000 m，保持 10 min 后，以 40 m/s 的速度下降至地面并保持 2~3 s；随后以同样的模式完成 2 000 m 和 2 300 m 的压力变化。实验中共 34 位患者接受了这一治疗。其中有效 23 人，有效率 67.7%；无效 9 人，无效率 26.5%；加重 2 人，负效应 5.7%，这是第一次文献报道应用低压低氧舱治疗梅尼埃病可能有效，说明压力变化可能对于内耳性疾病产生作用。Tjernström 等曾报道，经低压治疗的 46 例（47 耳）梅尼埃病患者中，有 21 耳获得了即时听力增益。2009 年，瑞典马尔默大学医院的 Brännström 对梅尼埃病患者中 10 例具有波动特点的低频区听力下降患者进行低压低氧舱治疗，减压速度大于 10 Pa/s，直到中耳压力高于咽鼓管开放压力水平（100～500 Pa），保持 5 min，之后以 3～5 Pa/s 增压速度恢复到正常大气压，虽然纯音测听结果显示治疗无效，但有 6 例患者的言语识别率稍有提升。van Deelen G W 在 Soesterberg 国家航空航天医学中心对 34 例梅尼埃病患者进行了低压低氧舱治疗实验。34 例患者中，单侧 25 例，双侧 9 例，计 43 耳。其中男性 24 人，女性 10 人，平均年龄为 47（25～62）岁。34 人中，30 人有近期眩晕发作，并伴有恶心、呕吐，剩余 4 人的病史较长，早期有眩晕发作。经低压低氧舱治疗后，随访 1～3 年（平均 1.4 年）。43 耳中有 8 耳（19%）至少在一个倍频程频率的听力改善超过 10 dB。其中听力增益最大者的各频率听力改善均达到 25 dB，3 个多月后恢复至先前水平，当再次接受低压低氧舱治疗后，各频率听力几乎又均获得了 20～25 dB 的听力增益改善，并可持续数周。另外 7 耳的听力增益在 10～20 dB，且多为低、中频部分，有 5 耳的听力改善持续了数日，剩余 2 耳的听力改善持续时间较长，最长达 1.5 年。同时发现，获得最大听力增益的频率为 500 Hz 处。30 例具有近期眩晕发作的患者在治疗后，有 9 例（30%）患者的眩晕得到了改善，眩晕发作频率减少或未再发生眩晕，其中 2 例患者的听力与眩晕症状同时得到了改善。

四、低频波动性感音神经性听力损失治疗

低频波动性感音神经性听力损失表现为低频听力下降，伴耳闷、耳鸣、眩晕、站立不稳等，是一种内耳性疾病，患者常有听力反复波动主诉，部分患者会发展转归为梅尼埃病，现在普遍认为两者均与内淋巴积水有关。人体内耳的耳蜗血管纹和前庭椭圆囊暗细胞产生内淋巴，单向流至内淋巴管和内淋巴囊，再被重新吸收。内淋巴循环中，微循环障碍及离子交换机制障碍可引起内淋巴液生成过多或吸收减少，而导致内淋巴积水。积水的机械压力作用于前庭、耳蜗的感觉上皮，以及代谢产物滞留，导致内耳性疾病发生，出现相应的听力下降。外耳与中耳的气压变化可对内耳产生作用，低气压环境对膜迷路和血管压力的影响与前庭导水管容积、压力变化速度和咽鼓管功能有关，中耳腔气压变化可显著抑制内淋巴积水豚鼠耳蜗的积水程度，并且压力的急剧变化对中耳解剖结构及内耳体液流动也有明显的影响，原因可能包括：①大气压的下降引起中耳和内淋巴相对正压，同时鼓膜上压力感受器感受压力变化，内耳和前庭导水管的血管充血减少，静脉回流增加，内淋巴回流增加。②压力变化经鼓膜、听骨链传递至耳蜗，通过前庭窗和窝窗位移，改变外淋巴循环，外淋巴液的位移刺激内淋巴循环。因此，这可能

是低压低氧舱治疗内淋巴积水引起的内耳性疾病的机制。

刘岩等采用低压低氧舱模拟低气压环境对 20 例低频波动性感音神经性听力损失患者进行治疗，治疗方案为 3 个循环，以 3 m/s 的速度从正常大气压降至 2 200 m 海拔气压水平（约 78.6 kPa），保持 5 min 后，以 1 m/s 的速度增压至 1 100 m 气压水平；随后以同样的速度完成第二、三个循环，最后以 1 m/s 的速度恢复至正常大气压。患者在 550 m 海拔以上气压水平以 150 L/h 的流速采用鼻吸管持续吸氧。每日治疗 1 次，5 次为 1 个疗程。轻度听力损失治疗 1 个疗程，中度听力损失一般治疗 2 个疗程，每疗程间休息 2 天。对比分析治疗前后患者纯音测听结果及耳闷堵、耳鸣主观症状程度变化。结果 20 例患者全身状态良好，在制订的最佳低压低氧舱治疗方案实验中无一例不良反应。听力损失治愈 7 例，显著改善 4 例，有效 1 例，无效 8 例，总有效率为 60%（12/20），其中 12 例轻度听力损失患者总有效率为 75%，8 例中度听力损失患者有效率为 37.5%。秩和检验分析结果显示轻度和中度听力损失两组患者听力疗效之间的差别存在统计学意义（$P < 0.05$），说明治疗效果与听力损失程度有关，听力损失越小，治疗效果越好。耳闷堵感治愈 17 例，占 85%，有效 2 例，占 10%，无效 1 例，总有效率为 95%（19/20）；耳鸣有效 12 例，无效 8 例，总有效率为 60%（12/20）。随访 4 ~ 6 个月，治疗有效的患者仅 1 例因上呼吸道感染后耳闷堵感复发，重复低压低氧舱治疗效果为有效。作为一种无创伤性治疗方法，应用低压低氧舱对低频波动性感音神经性听力损失有较好的治疗效果，尤其是可显著改善患者的耳闷堵感，具有重要的临床应用价值。

五、心脏保护作用

心脏是机体代谢旺盛的器官之一，心肌代谢的能量几乎完全依靠有氧代谢提供，对缺血缺氧十分敏感，较长时间严重缺血缺氧将导致心肌的损伤甚至坏死。缺血性心脏病是导致死亡的主要原因，每年造成约 740 万人死亡，缺血使心脏缺少关键性的氧气供应，处于缺氧状态，严重缺血缺氧引起 H^+/Na^+ 交换、H^+/Ca^{2+} 交换和 Na^+/Ca^{2+} 交换活跃，心肌细胞内 Ca^{2+} 代谢异常，Ca^{2+} 浓度升高，当缺血再灌注时，导致心肌细胞的钙超载，自由基生成增多，攻击生物膜引起心肌细胞的代谢和功能紊乱，使心肌组织严重损伤，导致心肌细胞大面积坏死，心肌细胞的死亡会导致心脏功能永久性降低。10% ~ 12% 的低氧培养可使乳鼠心肌纤维细胞增生，细胞核抗原表达增加，可能诱发心肌病理性重构，心肌组织顺应性降低，舒缩功能下降，这一病理性改变会对心肌细胞的功能和人体健康带来消极影响。

低氧是缺血性心脏病产生的主要原因。而近年许多资料表明，间歇性低氧适应可提高心肌对应激、严重低氧、缺血再灌注等损伤的耐受力。在长期间歇性低氧的环境下，机体为了增加心肌的血氧供应，将发生以下适应性改变：①低氧使冠状动脉显著扩张，增加冠状动脉的血流，并可通过促内皮生长因子等血管生长因子的形成和释放，刺激心肌毛细血管生长、侧支循环增加，从而改善心肌血供。②低氧明显增加血细胞比容、红细胞计数、血红蛋白含量，进而增加血液的氧含量。③在全身性低氧时，体循环血管床舒张，以优先维持心、脑等重要器官的供氧。

间歇性低氧适应使心血管系统的结构和调节功能发生改变，耐缺氧能力提高。李强等报道，应用低压低氧舱进行间歇性低压氧训练 10 天后，安静时心率和舒张压降低，每搏输出量、心输出量、心指数明显增加，在完成同等负荷时，心肌表面氧分压明显增高，而心率改变不明显，血管外周阻力降低，而顺应性提高，由此认为间歇性低氧训练可明显提高心脏功能。Valle 等研究显示间歇性低压低氧明显改善严重冠心病患者的心肌灌注，分析原因可能与心脏毛细血管增生、冠状动脉血流量增加有关。

目前研究表明，在不同模式的间歇性低氧模型中均观察到间歇性低氧的心血管保护效应。Meerson 等的研究证实，经过隔天相当于海拔 4 000 m 的低压低氧处理（每次 5 h，总共 40 天），可增加大鼠心脏对抗缺血再灌注损伤的能力，减少心肌梗死面积和心律失常的发生；另外，在离体心脏灌流的工作中发现，间歇低氧适应可以增加心脏对再灌注损伤和 42℃热刺激的耐受性，并认为不同亚型的热休克蛋白（HSP）参与了这种保护作用。Kolar 等的工作也证明，大鼠经过 24～32 天，每天模拟海拔 5 000 m 高度的低压低氧处理 5 h 后，无论在离体心脏缺血再灌注损伤模型，还是在整体冠状动脉结扎缺血再灌注损伤模型中均发现，间歇性低氧预适应可以增加心肌对缺血再灌注损伤的耐受力，表现为改善缺血后心功能的恢复，减少心肌梗死面积，减轻再灌注心律失常的发生。Mohan 等则利用每天常压低氧（氧浓度 8%～8.5%）12 h，连续 21 天的间歇性低氧处理模型发现，间歇性低氧预适应可以使豚鼠离体心肌组织对随后严重的低氧/无氧（氧浓度分别为 10%、5%、0%）刺激的抵抗力明显提高。表现在改善缺血后心功能的恢复，减少心肌梗死面积，减轻再灌注心律失常的发生，改善离体心脏经过 30 min 全心缺血后心肌收缩和舒张功能的恢复，有效防止缺血再灌注引起的心肌线粒体损伤和 mtDNA 片段缺失，具有对抗肾上腺素和乌头碱诱发的整体和离体大鼠心律失常的作用，减轻缺血再灌注诱导的心肌细胞凋亡等。

近年来，Rakusan 等发现相对短时间的慢性间歇性低氧可导致发育大鼠心室血管增生。作为毛细血管生长指征的陷窝蛋白 –1（caveolin–1），呈现与毛细血管密度平行的增加。这种血管增生反应可被血管紧张素 Ⅱ 的 1 型受体（angiotensin Ⅱ type 1 receptor，AT1）阻断剂完全取消，说明 AT1 受体通路在冠状动脉血管增生中起重要作用。

间歇性低氧训练可以减轻心肌缺血时的钙超载程度。龙超良等将实验大鼠置于常压低氧舱内每天 14 h，不同低氧环境（14.5%、12.6% 氧含量）模拟高住低练，4 周后大鼠血浆心钠素水平显著升高；心肌低氧诱导因子 –1 mRNA 表达显著增加，提高心肌细胞对急性缺血缺氧的耐受能力；心肌细胞线粒体密度增高和线粒体内膜及嵴的表面密度增大，间歇性低氧训练组比对照组的细胞色素氧化酶在心肌、肝、脑中的活性分别提高了 40.5%、41.7% 和 20.2%，证明间歇性低氧训练增强了组织中的细胞色素氧化酶的活性，从而刺激了呼吸链氧化通路，使机体的有氧代谢能力得到了加强；间歇性低氧训练心肌线粒体有氧代谢相关酶中琥珀酸脱氢酶活性明显升高，心肌微血管增生，心肌纤维增粗，收缩蛋白增多；大鼠心肌血管内皮细胞生长因子 mRNA 的表达水平提高，促进心肌血管内皮细胞分裂、增殖和血管生成，并增加心肌血管的通透性，心肌血流量显著增加。其他学者的研究表明，间歇性低氧抗心肌缺血 / 缺氧损伤的机制可能与下列因素有关：①改善心肌代谢能力，减轻 ATP 耗竭；②增加心肌毛细血管密度，改善心肌供血；③增强心肌抗氧化酶活性，增加心肌对氧自由基的抵抗力；④使大鼠左心室乳头肌动作电位时程及有效不应期明显延长，这可能是间歇性低氧抗心律失常作用的电生理学基础；⑤通过对一些蛋白表达和功能的影响作用于心肌细胞，如影响 HSP 的表达，增加蛋白激酶 C 多种同工酶的表达和转位，影响凋亡相关蛋白 Bcl–2 和 Bax 的表达和转位等；⑥通过 PKC、KATP 及 Na^+–K^+ATPase 等更好地维持缺血再灌注过程中 Na^+ 和 Ca^{2+} 的稳定。

急性心肌梗死是冠心病临床发生率的标志性疾患。青海省人民医院内科年均收治急性心肌梗死患者仅占同期内科住院人数的 0.31%，其中世居高原者仅占 27%。西藏自治区人民医院心电图室统计，约 1 万份心电图有 1 例藏族急性心肌梗死，藏族急性心肌梗死发病率极显著低于我国平原城市人群发病率。对 420 例藏族尸检发现，虽动脉粥样硬化发生较普遍，占 66.6%，但冠状动脉粥样硬化 Ⅲ

级以上病变符合冠心病诊断的仅28例，占6.7%。对青海地区711例藏族尸检发现，符合冠心病者16例，占2.3%。其中生活于海拔2 500~4 000 m藏族60例，仅6例有主动脉粥样硬化，其中4例是Ⅰ级，无1例有冠心病。藏族人群冠心病及急性心肌梗死发生率较低，除藏族特有饮食因素影响外，高原低氧适应过程中冠状动脉Ⅱ级以下血管大量增生，在心肌细胞间形成极为丰富的侧支循环，侧支供血能力明显增加，高原低氧适应过程中心肌对低氧耐力的增强，同时抗凝血系统活动的增强抑制血栓等因素均与藏族冠心病低发有关。

Wu T Y等已经证明，急性低氧暴露时正常人和冠心病患者均可增加冠状动脉血流，并观察早期冠心病患者在低压低氧舱内相当于海拔4 000 m高原的14次间歇性低氧康复治疗。结果显示，经核磁检测患者心肌灌注均获明显改善，心肌缺血、心律失常和心室晚电位均有好转，因而认为高原低氧环境可作为冠心病患者康复的手段。

Burtscher等发现，短周期间歇性低氧（每周进行3~5次，每次3 min低氧与3 min常氧的交替间歇性低氧训练，共3周）训练使老年男性冠心病患者和男性健康老年人氧代谢能力增强，对运动的耐受性增强。

2006年，delPilar研究了6例患有严重冠心病的男性患者（年龄在53岁以上）。所有患者均生于海平面环境，经14次暴露于间歇性低压低氧（相当于模拟海拔4 200 m）环境，使用运动灌注成像对比基线和缺氧处理后评估心肌灌注。结果显示心肌灌注明显改善，治疗后任意单元的总压积分得分从治疗前的9.5降至4.5（$P < 0.05$）。治疗后没有任何心肌损伤的证据，间歇性低压低氧改善了重症冠心病患者的心肌灌注。研究结果表明，暴露于间歇性低压低氧可能是一种替代治疗慢性冠心病的有效手段。

总之，间歇性低氧适应具有较长时间的保护效应，且具有对机体不良影响较少、方法简便、易于在高原以外地区应用等优点。因此，间歇性低氧适应有着非常重要的实际应用价值，另外，间歇性低氧可能是一种独特的非药物性提高心脏对低氧耐受的有效措施，可应用于缺血/缺氧疾病，在临床实践中具有良好的前景。

六、对血脂代谢的影响

机体脂肪的代谢与健康有密切联系，脂质代谢的紊乱可引起肥胖、高脂血症等，导致心血管疾病的发生。血脂是血液中各种脂类物质的总称，其中最重要的是三酰甘油（TG）和总胆固醇。无论是胆固醇含量增高，还是三酰甘油的含量增高，患冠心病的危险性均明显增高。机体在低氧条件下氧气供应不足，氧化还原酶系统活性降低，三羧酸循环受阻，糖酵解增强，脂肪被动员用于肌肉的氧化供能，脂肪消耗增多，血脂浓度降低。同时低氧环境下小肠对脂肪的吸收明显降低，因此，低氧会导致血脂浓度降低。脂蛋白是血脂在血液中的存在、转运及代谢形式，包括高密度脂蛋白胆固醇（HDL-C）和低密度脂蛋白胆固醇（LDL-C），其中HDL-C的主要作用是将肝以外组织中的胆固醇转运到肝进行分解，它被认为是抗动脉粥样硬化因子；而LDL-C则是致动脉粥样硬化因子，其主要作用是将胆固醇运送到外周血液。有研究报道，40名志愿者经30天低压低氧舱间歇性低氧干预后，血清HDL-C水平升高，而LDL-C无明显变化，表明间歇性低氧干预方式可提高血清HDL-C水平。间歇性低氧使HDL-C水平升高可能与血清脂蛋白脂肪酶（LPL）有关，LPL是脂蛋白代谢的关键酶，有研究证实间歇性低氧可以显著提高其活性，LPL活性的增强引起HDL浓度的升高。

早在20世纪50年代，就有Peru报道高原居住者（4 000 m）心肌梗死发生率明显较低，研究发现生活在高海拔地区的人（暴露于缺氧）心脏的冠状动脉和外周分支比生活在海平面的人要多。2002年，Tin'kov等以46名男性冠心病患者为研究对象，30人有心肌梗死病史，16人经动态心电图监测有缺血性发作记录。患者在低压低氧舱经低氧习服，在3个月和6个月复查，总胆固醇下降7%，3个月总胆固醇下降9%并持续6个月，低密度脂蛋白水平在低氧习服后下降，但最突出的变化在3个月（13%）和6个月随访（11%）。在极低密度脂蛋白（VLDL）、TG水平发现了相似的变化，在治疗结束时下降了26%，在3个月下降了37%。与脂质代谢异常有关的冠心病患者，血浆脂质在低压低氧舱经低氧习服模式坚持6个月有益效果明显。经低氧习服可改善冠心病患者血脂代谢，包括降低血胆固醇和低密度脂蛋白、升高高密度脂蛋白。

1999年的一项研究显示，世居高原的藏族人血脂特点是血清高密度脂蛋白明显增高，而低密度与极低密度脂蛋白则较低。高密度脂蛋白对动脉粥样硬化的发生具有保护作用，可将胆固醇从周围组织运走，减少血管壁的脂质沉积。载脂蛋白中的Apo-A-I是HDL的主要载脂蛋白，参与人体胆固醇的逆向转运。而Apo-B是LDL的主要载脂蛋白，能反映动脉粥样硬化的易患性。藏族人血浆中Apo-A-I增高而Apo-B减低，ApoB/ApoA-I比值下降。另外，藏族人血浆中软脂酸含量降低而亚油酸含量增高均有利于抗动脉硬化。

目前研究表明，低压低氧舱间歇性温和低氧习服对人体脂类代谢具有有益的影响。Ling 的数据表明，在氧分压 15% 的低压低氧舱中每周 3 次共 4 周每次 60 min 跑台运动与常氧对照组比较，间歇低氧组有更加明显的体脂减轻，血液中三酰甘油减少更加显著。

七、减轻体重效应

近年来，随着经济的快速发展，人们的生活水平提高，高能量的饮食造成了肥胖人群的增加，近年我国的肥胖人数占总人口数的比重也不断增加。肥胖是一种由多种原因引起的慢性代谢疾病，世界卫生组织（WHO）将年轻男性体脂百分比超过 20%、女性体脂百分比超过 30% 定义为肥胖。肥胖是由多种复杂因素相互作用引起的，发病机制复杂。近年来研究者发现，高原环境下由于机体缺氧会出现食欲抑制和体重下降的现象。随后有研究表明，人工低氧环境下机体亦会出现体重下降、增长停滞或增长速率降低的现象。

一项调查表明，青藏高原 1 626 名成年男性藏族牧民体重指数平均为 21.8 kg/m^2，1 374 名女性藏族牧民体重指数平均为 22.6 kg/m^2，虽然饮食摄入的食物热量、蛋白质和脂肪充足，但世居高原的藏族牧民却极少发生肥胖症。Lippl 等观察到肥胖者处于 2 650 m 海拔高度 1 周即可由于食欲减退，降低每餐食物摄入量，增加基础代谢率等因素而导致体重减轻。因此，20 世纪 60 年代以来随着高原训练兴起和人工模拟低氧训练的推广，使肥胖机体在低氧环境下减轻体重成为可能。目前相关研究表明，利用低压低氧舱进行间歇性低氧训练可通过增加能量消耗而导致体重减轻。低氧训练有较好的减轻体重的效果，低压低氧舱配合适度运动正成为最健康、最有效的减轻体重的方法。

间歇性低氧训练与体育运动相结合具有更强大的体重减轻效应，Netzer 等随机选取 20 名肥胖受试者，平均体重指数为 33.1 kg/m^2，分为低氧组（氧含量 15%）及常氧组（氧含量 20.9%），进行一个时长为 8 周的训练计划，低氧组每周在低压低氧舱内进行 3 个低氧循环，每个循环时长 90 min，两组没有任何饮食方面的差异。8 周后结果显示，低氧组体重减轻 1.14 kg，常氧组体重减轻 0.03 kg，低氧组体重减轻更加明显。

Wiesner 等也报道 45 名无糖尿病及胰岛素抵抗的肥胖受试者，分为常氧组（$n = 21$，氧含量为 21%）和间歇性低氧组（$n = 24$，氧含量为 15%），进行每天 60 min，每周 3 次共 4 周平板训练，两组的最大摄氧量表现出相似的改善，但间歇性低氧组表现出更大的体脂含量的降低。

Kong 等随机将 22 名 17 ~ 25 岁的年轻肥胖受试者（体重指数 > 27.5 kg/m^2）分为常氧组（氧含量为 21%）和间歇性低氧组（氧含量为 14.5% ~ 16.5%），间歇性低氧组进行每周 3 次，每次 2 h 的低氧暴露，共 4 周，同时结合低热量饮食及耐力训练。两组均表现出体重的减轻，但间歇性低氧组的体重减轻程度更加显著，同时间歇性低氧组的收缩压及平均动脉压出现更加显著的改善。这些实验数据均支持利用低压低氧舱进行间歇性低氧训练是一种肥胖人群减肥的有效辅助手段。

间歇性低氧暴露也可明显调节食欲，Bailey 报道 12 名健康男性低压低氧舱 3 h 的间歇性低氧暴露，引起明显的食欲下降，以及血清中酰化饥饿激素含量的下降，酰化饥饿激素是饥饿刺激下胃内产生的一种肽类激素，它能调节食欲、促进进食。

八、降低高血压作用

一项对高原地区人群高血压患病情况的普查统计（共调查高原世居藏族 20 356 人，居住海拔 3 050 ~ 5 188 m）显示，拉萨地区高血压患病率为 22.2%，可能与饮食习惯摄入高盐饮食相关。除拉萨外，四川甘孜（患病率 4.49%）及甘肃甘南（患病率 3.5%）均属较低发区，青海 6 个民族自治州（平均患病率 1.99%）也属低发区，藏区人口高血压患病率与我国平原地区人群高血压平均患病率 7.7% 相比明显较低。高原低氧环境的适应过程中体循环外周阻力降低，大量侧支开放和毛细血管的增生是影响血压的因素。

20 世纪 70 年代，苏联在海拔 1 600 ~ 2 200 m 的高加索山区，建立高山疗养院，用于治疗高血压和冠心病。研究发现，利用高山气候治疗 10 例血压明显增高（达 220/120 mmHg）的高血压患者，从平原到高原居住的 2 ~ 3 周，患者血压包括收缩压和舒张压均逐步下降，其中收缩压下降更加明显，下降范围在 20 ~ 70 mmHg，仅一人血压无变化。另 21 例冠心病并有高血压者血压指标也有降低，且血压下降的同时脉压波动较小，因此研究者认为在高原环境导致血压降低并非心收缩功能减退，而是高原低氧环境适应过程中，慢性低氧使血管侧支循环开放，毛细血管增生，组织循环改善，血管外周阻力降低所致。我国学者也通过观察 42 例轻度高血压患者从平原到海拔 3 500 ~ 4 905 m 唐古拉山地区工作后，36 例患者的血压一过性升高后经 13 ~ 32 天逐步降低至平原地区正常值，并在高原工作 6 个月内血压保持稳定。

在高原留居一定时间后，随人体对低氧环境的代偿和适应，血管紧张素转换酶活性下降，有效阻止了肾素引起的血管紧张素Ⅱ形成和醛固酮的分泌，从而防止血管收缩及大量水钠潴留，使心输出量逐渐减少，血压出现不同程度的降低。

Hoit等对不同海拔藏族居民的血压进行调查分析，发现高原世居人群动脉血压比平原居民低，且高海拔比低海拔血压偏低，收缩压和舒张压呈逐渐降低趋势，且在某些情况下两者下降至平原以下，可能与长期居住于高原者交感神经兴奋性降低而副交感神经激活、低氧环境诱导一氧化氮产生增加血管平滑肌舒张、侧支循环和血管形成增加及红细胞和血红蛋白水平较高有关。

李珣等对汉族男性青年久居高原不同时段血压进行观察，高海拔低氧环境对移居者血压呈持续负性影响，在移居高原 0.5 ~ 18 年，收缩压、舒张压、脉压平均值均较平原正常值显著下降。其机制可能为：慢性低氧直接抑制心肌收缩力，导致心输出量下降，主要影响收缩压；也可使外周阻力血管扩张，舒张压下降；最终导致脉压同步下降。

目前研究证明间歇性低氧具有抗高血压作用。Shatilo等将两组健康的 60 ~ 74 岁老年人作为研究对象，在低压低氧舱中经过每次 5 min 低氧（氧含量 12%），5 min 常氧，每天重复 4 次共 10 天的间歇性低氧实验后，结果显示间歇性低氧可引起血压的下降，下降均值为（7.9 ± 3.1）mmHg。Ailey 将 34 名受试者分为常氧组（$n = 16$，氧含量 20.9%）和低氧组（$n = 18$，氧含量 16%），低氧组在低压低氧舱中进行每次 20 ~ 30 min 每周 3 次共 4 周的间歇性低氧训练。结果显示，低氧组间歇性低氧训练可明显降低收缩压，下降均值为（10 ± 9）mmHg。

Serebrovskaya 的研究证实，在低压低氧舱中保持氧分压为海平面氧分压的 10% ~ 14%，每次 15 min，每次间隔 4 h，30 天的间歇性低氧实验后，受试者收缩压降低 10 ~ 30 mmHg，舒张压降低 10 ~ 15 mmHg。间歇性低氧的抗高血压作用可能与间歇性低氧诱导血管内皮的 NO 生成有关，NO 是公认的具有细胞保护作用的血管舒张剂，间歇性低氧刺激诱导低氧诱导因子 –1 的增加，NO 合成的关键酶一氧化氮合酶（iNOS）基因作为低氧诱导因子 –1 的靶基因随之发生上调，使血管内皮细胞 NO 合成量明显增加，引起血管舒张，降低外周阻力，进而产生抗高血压作用。因此低压低氧舱间歇性低氧训练被视为一种有益的降低全身血压的辅助疗法。

九、老年病的康复

相关研究表明，世界长寿地区都在高山地区。这些长寿地区的共同特点是，环境保持着高山原始的生态系统，空气和水清新，较少污染，人们多从事体力劳动，进低热量饮食，但大多有饮酒习惯，体型清瘦者多，性情乐观，长者在家庭中依然有权威地位，百岁老人大多有家族史。我国青藏高原的长寿老人除与上述长寿地区有相似因素外，还与高原低氧环境中，人体发育延迟，性成熟期延缓，生命周期延长及心脑血管疾病和恶性肿瘤的低发病率有关。

最近的一项随机对照实验，对 34 名 60～70 岁均无身体和认知方面疾病的健康退休老年人进行监测，随机分为常氧对照组（$n = 17$）和间歇性低氧组（$n = 17$），间歇性低氧组在低压低氧舱进行 10 min 低氧、5 min 常氧交替的间歇性低氧训练，每周 3 次，实验时间共 6 周，间歇性低氧训练的同时伴随耐力训练，结果发现间歇性低氧组认知能力明显增强，生活质量较常氧对照组明显增加。

2017 年的一项研究，40 例 65 岁以上的多发疾病患者在老年康复中心一周期间，被分为低氧组或常氧组。低氧组的患者 30 min 的时间内在常压低氧舱完成跑步机 7 次训练（$FiO_2 = 15.27\%$），10～30 min 主动训练，以心率为峰值氧耗量（VO_2 峰值）的 80% 进行训练。常氧组进行类似的训练（$FiO_2 = 20.94\%$）。患者在达到目标心率时所需的体力活动显著降低（与对照组相比，28%，$P = 0.043$），心肺参数在组间无显著性差异。进而得出结论，3 000 m 海拔的耐力训练对运动系统的应激作用较小，而产生相似的生理应变（即心率）。低氧训练有助于老年患者的康复。

间歇性低氧还能减少神经系统损伤，预防和治疗多种神经系统疾病，并且提高中枢神经系统功能。研究发现，间歇性低氧可以对柠檬酸亚铁导致的大鼠黑质纹状体的氧化损伤起到保护作用，可能与间歇性低氧可以激活机体的抗氧化防御系统（谷胱甘肽和超氧物歧化酶）有关。另有报道发现，间歇性低氧可以通过激活酪氨酸羟化酶（TH）和肽基甘氨酸 α- 单加氧酶（PAM），而生成神经递质多巴胺（DA）和 α- 酰胺肽，并使得帕金森病患者的自主呼吸能力得到明显改善。另外，间歇性低氧还可以通过诱导成年大鼠海马组织脑源性神经营养因子（BDNF）的表达而具有抗抑郁功能。除此之外，间歇性低氧还提高了树突棘相关 Rap 特异 GTP 酶的表达，从而增强了大鼠海马的长时程增强效应，阻止阿尔茨海默病大鼠模型的神经元变性损伤，具有神经元保护作用。

Tsai 等以啮齿类动物为研究对象，7 天温和的间歇短暂性脑动脉闭塞处理诱导大脑间歇性缺氧，引起海马趾神经发生，突触形成增加，增加脑源性神经生长因子的表达，明显改善空间学习和长时程记忆能力。基于上述临床与基础实验观察，Tarumi T 等认为应用低压低氧舱进行间歇性低氧习服训练可作为一种有希望的治疗手段，用于减轻老年人大脑的老化程度。

十、糖尿病的辅助治疗

糖尿病前期是指空腹血糖升高，血糖高于健康人但未达到糖尿病的诊断标准，即餐后 2 h 血糖超过正常的 7.8 mmol/L，但尚未达到 11.1 mmol/L 的糖尿病诊断标准（或空腹血糖在 6.2 ~ 7.0 mmol/L），也称糖耐量异常或空腹葡萄糖受损，是正常人向糖尿病过渡的中间状态。目前研究表明经低氧适应后，骨骼肌细胞膜上葡萄糖转运蛋白（glucose transporter，GLUT）的数量及其转运能力、葡萄糖摄取能力增强，细胞内与糖代谢有关酶含量增加，因此，间歇性低氧是一种有效的改善糖代谢的治疗手段。

2017 年的一项研究，以 7 名健康和 11 名前驱糖尿病的男性和女性（年龄 44 ~ 70 岁）为受试对象，在低压低氧舱中以氧含量 12% 的条件进行了 3 周低压低氧训练，每周间歇性低氧训练 3 次，每次时长 5 min，经历 4 次循环，间歇期常氧时长 5 min。发现间歇性低氧训练对糖尿病前期患者葡萄糖代谢的稳态具有有利的影响，间歇性低氧训练可降低糖尿病前期患者空腹血糖水平及标准口服糖耐量实验期间血糖浓度，血糖调节最显著的积极影响发生在低压低氧训练终止 1 个月后。间歇性低氧训练也可明显增加机体对急性低氧的耐受，改善呼吸系统和循环系统功能指标。间歇性低氧训练增加健康人及前驱糖尿病人群血液中白细胞 HIF-1 的 mRNA 表达，但在前驱糖尿病人群 HIF-1 的 mRNA 表达增加更加滞后。HIF-1 的靶基因 mRNA 表达最大变化发生在低压氧训练终止 1 个月后，这种变化与降低血糖水平的最大效应发生时间是一致的，较高的 HIF-1 mRNA 表达正相关于较高的低氧耐受及更好的血糖稳态，Tetiana 等据此认为在低压低氧舱中间歇性低氧训练可防止 2 型糖尿病的发生。

Mackenzie 等以 8 名 2 型糖尿病患者为受试对象，7 ~ 14 天内在氧含量 14.6% ± 0.4% 的低压低氧舱中完成每次 60 min、每天 4 个循环的间歇性低氧训练。结果显示，间歇性低氧训练能够明显增加胰岛素敏感性，改善糖耐量，并发现间歇性低氧和运动在改善 2 型糖尿病患者的胰岛素敏感性中存在交互作用。中等强度运动可刺激急性和中期的胰岛素敏感性的改善，间歇性低氧可提高葡萄糖的利用率，改善运动后胰岛素抵抗，当运动和间歇性低氧共同作用时效果更加明显。间歇性低氧运动能改善胰岛素抵抗大鼠血脂代谢，增加肌肉含量而降低脂肪含量，使其胰岛素敏感性增加，胰岛素抵抗得到改善。

十一、脊髓损伤康复作用

Trumbower 等应用低压低氧舱对 13 名脊髓不完全离断损伤患者进行氧含量 9% 条件下、15 组重复的间歇性低氧训练，每组低氧时长 60~90 s，间歇期为常氧时长 60 s。低氧训练期间与常氧对照期间相比，低氧训练期间患者最大等长踝跖屈肌转矩明显增加 82%±33%，并且效果能在以上基础上保持 90 min 以上，踝跖屈肌肌电图活动随踝跖屈肌转矩明显增加而增加，两者呈正相关（$r=0.5$，$P<0.001$）。

Hayes 等报道，应用低压低氧舱对 19 名慢性脊髓不完全离断损伤患者进行氧含量 9% 条件下的间歇性低氧训练，训练周期 5 天，每天进行 15 组重复的间歇性低氧训练，每组低氧时长 90 s，间歇期为常氧时长 60 s，结果显示间歇性低氧训练除了使肢体运动功能增强外，也促进呼吸运动功能的恢复，增加呼吸气流。

Tester 等报道，8 名脊髓不完全离断损伤患者（颈部脊髓损伤 $n=6$，胸部脊髓损伤 $n=2$）进行氧含量 8% 条件下的间歇性低氧训练，低氧时长 2 min，间歇期为常氧时长 2 min，实验周期为连续 10 天，另外 4 名脊髓不完全离断损伤患者接受常氧对照处理，可观察到间歇性低氧训练组在间歇性低氧训练完成后 30 min 出现每分通气量的明显增加，而常氧对照组则无此变化，这种变化在间歇性低氧训练开始 2 天后出现，并保持至实验结束的第 10 天。

在最近的一项随机对照研究中，按照美国脊椎损伤协会病损分级标准定为 C 级（损伤平面之下一半以下关键肌的肌力 3 级）与 D 级（损伤平面之下一半以上关键肌的肌力 3 级）的脊髓不完全离断损伤患者，在低压低氧舱中以氧含量为 9% 条件连续进行 5 天间歇性低氧训练，每天间歇性低氧训练采取 1.5 min 间歇性低氧与 1.5 min 常氧交替的 15 个循环，连续进行 5 天间歇性低氧训练结束之后 3 周内每周再进行 3 次上述条件下的间歇性低氧循环训练，45 min 的支撑体重的平板运动训练，结果显示间歇性低氧训练可增加两组患者的步速及耐久力，并在随后的 3 周间歇性低氧训练期间步速得以维持而耐久力得以增强。这一实验结果强烈支持反复间歇性低氧暴露能够改善运动功能并且有助于运动能力的恢复，但并不能改善脊髓不完全离断损伤患者的站立平衡。

动物实验证实，脊髓半切断损伤动物模型（C2 级）在低压低氧舱（氧含量 10.5%）条件下进行间歇性低氧训练 7 天，每天 10 个 5 min 低氧 5 min 常氧交替循环。结果显示 7 天后呼吸运动功能及前肢运动功能均明显改善，呼吸运动功能改善的原因是在未损伤的横膈膜运动通路增加了突触可塑性及运动神经元中脑源性神经生长因子和脑趋化神经因子与促神经营养因子 −3 的受体 TrkB 蛋白的增加，在模型动物的运动通路中也有相同的变化。因此应用低压低氧舱进行间歇性低氧治疗，为严重的神经系统损伤性疾病的运动功能恢复提供了一种新型的康复工具。

十二、改善睡眠障碍

进行间歇性低压低氧对睡眠障碍影响的研究，招募睡眠障碍志愿者。使用睡眠监测仪来筛选睡眠障碍志愿者 60 人，以入睡时间 > 30 min，睡眠时间 < 6 h，早醒或每晚觉醒次数超过 2 次为遴选标准，存在至少一种以上症状且每周出现 3 次以上者可纳入研究。本次实验结果显示，睡眠障碍志愿者进行低压低氧舱体验 15 天，明显缩短睡眠障碍者的入睡时间；明显延长睡眠障碍者的睡眠持续时间；增加了睡眠障碍者深睡眠、中睡眠比例，减少清醒比例；夜间觉醒次数明显减少。睡眠障碍志愿者进行低压低氧舱体验 15 天，9 名服用助眠药志愿者中 5 人停药，3 人用药剂量减半。睡眠障碍志愿者进行焕能舱体验 15 天，日间心慌、疲惫、头痛、肌肉酸痛感明显减轻，且部分志愿者反映日间头脑清醒，疲劳缓解，效率更高。

睡眠障碍者通过低压低氧舱模拟高原环境的体验，改善了睡眠状况。关于间歇性低压低氧改善睡眠的报道很少，改善睡眠的机制还有待进一步研究。

低压低氧舱还具有增加肝的解毒能力和增强机体免疫力等作用。某些国家已将低压低氧舱作为某种治疗手段，称之为低压低氧舱疗法或低压低氧舱训练，适用于某些疾病如多种药物不敏感的心肌病、帕金森病、放射性损伤、情感性疾病、某些呼吸系统职业病和慢性肾炎、肾病综合征等疾病的辅助治疗，也收到较好效果。

第三节　低压低氧舱应用禁忌证

机体生命活动所需的氧不能得到充足的供给会导致机体器官、组织和细胞的供氧不足，引起生理乃至病理性变化，造成机体损伤并可危及生命。低氧刺激的强弱跟身体的损伤程度成正比，同时还要看机体自身对低氧的承受能力强弱。因此，在各种疾病急性期，病情发展迅速，症状比较严重时，不应使用低压低氧舱，避免病情加重。下列情况应避免使用低压低氧舱。

1. 呼吸系统疾病　急性呼吸道感染如肺炎未控制者、急性上呼吸道阻塞、窒息、慢性阻塞性肺疾病、肺气肿、肺大疱、肺结核病变活动期、空洞性肺结核、未经处理的自发性气胸、张力性气胸、纵隔气肿等肺部疾患，由于呼吸功能障碍，呼吸运动减弱，致肺泡通气量减少，或弥散障碍、通气 / 血流比例失调，导致 $PaCO_2$ 升高，PaO_2 降低，血液通过肺摄取的氧减少，动脉血氧含量降低，多伴随低氧血症。此类呼吸性缺氧疾病如未经治疗情况，使用低压低氧舱可加重机体低氧，故不可使用低压低氧舱。

2. 中枢神经系统疾病　脑出血、脑梗死、脑积水、脑水肿、癫痫、脑疝等中枢神经系统疾病，由于中枢神经系统对缺氧最为敏感，脑质量仅为体重的 2%，而脑耗氧量占总耗氧量的 23%，脑完全缺氧 5~8 min 后可发生不可逆的损伤。缺氧可使脑组织发生细胞肿胀、变性、坏死及脑间质水肿等形态学变化，是由于缺氧使脑微血管通透性增高所致。因此，在此类中枢神经系统疾病如果应用低压低氧舱会导致脑血管扩张、脑细胞及脑间质水肿，可使颅内压增高加重脑组织损伤，由此引起头痛、呕吐、烦躁不安、惊厥，严重者可导致昏迷、死亡。此类疾病在未经治疗的情况下，不可使用低压低氧舱。

3. 心脏疾病　先天性心脏病如房间隔缺损、室间隔缺损、动脉导管未闭等，虽然正常人动脉血中也掺有部分静脉血，但血量较少，仅占心输出量的 2%~3%，但此类疾病患者右心的静脉血可部分经缺损处流入左心，导致肺动静脉血解剖性分流增加。静脉血分流入动脉增多，甚至可达到心输出量的 50%，PaO_2 可降到 50 mmHg 以下。此类疾病患者机体严重缺氧，在未经治疗的情况下，不可使用低压低氧舱。

4. 血液系统疾病　如溶血性贫血、地中海贫血、缺铁性贫血、巨幼细胞贫血、单纯红细胞再生障碍性贫血、再生障碍性贫血等各种类型贫血，因红细胞数量减少或血红蛋白性质改变，使血氧容量降低，血液运输氧功能下降，导致机体缺氧。此类疾病使用低压低氧舱会进一步降低 PaO_2，减少弥散入动脉血中的氧含量而加重机体缺氧，在未经治疗的情况下，不可使用低压低氧舱。

5. 一氧化碳（CO）中毒　血红蛋白与一氧化碳结合可生成碳氧血红蛋白（HbCO）。一氧化碳与血红蛋白结合的速度虽仅为氧与血红蛋白结合速率的 1/10，但 HbCO 的解离速度却为 HbO_2 解离速度的 1/2100，因此，CO 与 Hb 的亲和力比 O_2 与 Hb 的亲和力大 210 倍。当吸入气体中含有 0.1% CO 时，血液中的 Hb 可有

50% 转为 HbCO，从而使大量 Hb 失去携氧功能；CO 还能抑制红细胞内糖酵解，使 2,3-DPG 生成减少，氧解离曲线左移，HbO_2 不易释放出结合的氧；HbCO 中结合的 O_2 也很难释放出来。由于 HbCO 失去携带 O_2 和妨碍 O_2 的解离，从而造成组织严重缺氧。在正常人血中大约有 0.4% HbCO。当空气中含有 0.5% CO 时，血中 HbCO 仅在 20~30 min 就可高达 70%。因此 CO 中毒时，不可使用低压低氧舱，否则会加重损害。

6. 高铁血红蛋白血症　当亚硝酸盐、过氯酸盐、磺胺等中毒时，可以使血液中大量（20%~50%）Hb 转变为高铁血红蛋白（methemoglobin，$HbFe^{3+}OH$）。高铁 Hb 形成是由于 Hb 中二价铁在氧化剂的作用下氧化成三价铁，故又称为变性 Hb 或羟化 Hb。高铁 Hb 中的 Fe^{3+} 因与羟基牢固结合而丧失携带氧的能力。另外，当 Hb 分子中有部分 Fe^{2+} 氧化为 Fe^{3+}，剩余吡咯环上的 Fe^{2+} 与 O_2 的亲和力增高，氧离曲线左移，高铁 Hb 不易释放出所结合的氧，加重组织缺氧。临床上常见的是食用大量新腌咸菜或腐烂的蔬菜，由于它们含有大量硝酸盐，经胃肠道细菌作用将硝酸盐还原成亚硝酸盐并经肠道黏膜吸收后，引起高铁 Hb 血症，患者皮肤、黏膜（如口唇）呈现青灰色。患者可因缺氧，出现头痛、衰弱、昏迷、呼吸困难和心动过速等症状。因此，此类疾病在未经治疗的情况下，不可使用低压低氧舱。

7. 血管疾病　如血管狭窄、动脉粥样硬化、脉管炎、动静脉血栓形成等，动脉狭窄或阻塞，导致动脉血灌流不足引起组织缺氧，而静脉血回流受阻则会引起血流缓慢，微循环淤血，导致动脉血灌流减少，也会引起组织缺氧，因此，此类疾病在未经治疗的情况下，不可使用低压低氧舱。

8. 循环系统功能障碍　如心力衰竭、休克等疾病。心力衰竭时由于心输出量减少和静脉血回流受阻，而引起组织淤血和缺氧。休克时由于微循环缺血、淤血和微血栓的形成，动脉血灌流急剧减少，而引起缺氧。此类疾病不仅组织缺氧，组织内代谢产物也不能及时运出，因此在未经治疗的情况下，不可使用低压低氧舱。

9. 中毒　如氰化物、硫化氢、磷等引起的组织中毒。各种氰化物，如 HCN、KCN、NaCN、NH_4CN 等可由消化道、呼吸道或皮肤进入体内，迅速与氧化型细胞色素氧化酶的三价铁结合为氰化高铁细胞色素氧化酶，使之不能还原成还原型细胞色素氧化酶，以致呼吸链中断，组织不能利用氧。硫化氢、砷化物等中毒也主要由于抑制细胞色素氧化酶等而影响了细胞的氧化过程。因此，此类疾病在未经治疗的情况下，不可使用低压低氧舱。

10. 严重高原反应　如急性高原肺水肿，表现为呼吸困难、咳嗽、血性泡沫痰、肺部有湿啰音、皮肤黏膜发绀等症状。缺氧会引起外周血管收缩，回心血量增加和肺血流量增多，加上缺氧性肺血管收缩反应使肺血流阻力增加，导致肺动脉高压。肺的微血管壁通透性增高，如补体 C3a、LTB_4 和 TXB_2 等血管活性物质可能导致微血管内皮细胞损伤和通透性增高。同时，肺血管收缩强度不一使肺血流分布不均，在肺血管收缩较轻或不发生收缩的部位，肺泡毛细血管血流增加、流体静压增高，引起压力性肺水肿，影响肺的换气功能。此类疾病如果应用低压低氧舱可使 PaO_2 进一步下降，加重缺氧。PaO_2 过低可直接抑制呼吸中枢，使呼吸抑制，肺通气量减少，导致呼吸衰竭。

11. 耳部疾病　如卡他性中耳炎、化脓性中耳炎等。卡他性中耳炎常因鼻及鼻窦炎、扁桃体炎等炎症性阻塞或航空、潜水等气压骤变引起咽鼓管阻塞，通气及引流功能障碍，导致非化脓性浆液渗出性炎症。化脓性中耳炎是细菌感染引起的中耳黏膜的急性化脓性炎症。此类疾病如果应用低压低氧舱会导致鼓膜充血、穿孔，因此在未经治疗的情况下，不可使用低压低氧舱。

12. 气体栓塞类疾病　如减压病，头颈、胸壁和肺的大静脉遭受创伤，空气造影等。减压病是由于溶解于血液内的气体迅速游离引起的气体栓塞。头颈、胸壁和肺的大静脉遭受创伤时空气进入具有负压的静脉。分娩或流产时由于子宫强烈收缩，空气被挤入破裂的子宫壁静脉窦，若短时间内大量气体进入血管，空气与血液可在右心房和右心室心脏搏动作用下混合形成泡沫状血液，阻塞于右心室和肺动脉干出口，严重时可导致血液循环中断；若少量气体进入血管，由于气泡表面上的液体的表面张力，使血液的流动受到阻碍，可能造成管道堵塞，血液无法流动。此类疾病如果应用低压低氧舱会增加氮气等气体从血液中的析出，因此在未经治疗的情况下，不可使用低压低氧舱。

13. 厌氧菌感染类疾病　如气性坏疽、破伤风、厌氧菌性骨髓炎、厌氧链球菌性肌炎等。由于厌氧菌缺乏完整的代谢酶体系，其能量代谢以无氧发酵的方式进行，是一类在无氧或低氧条件下比在有氧环境中生长好的细菌，这类细菌感染性疾病如果应用低压低氧舱会增加细菌繁殖速度，加重、加快病情进展，此类疾病不可使用低压低氧舱。

14. 精神性疾病　如精神分裂症、狂躁抑郁性精神病、偏执性精神病、吸食毒品或服用其他精神活性物质伴发的精神障碍等。此类疾病患者思维紊乱、行为缺乏目的性、幻觉妄想、往往无自控能力，常常受到幻觉的影响做出一些危险动作，导致突发行为改变，可能出现自杀、自伤、出走、伤人毁物等精神症状。因此，此类疾病在未经治疗的情况下，不可使用低压低氧舱。

第四节 低压低氧舱应用展望

有关低氧研究，我国科研院所、高等学校和临床单位已积累了大量的工作经验和宝贵资料，也取得了不少成绩。近年来有关低氧与健康问题的研究，已引起我国生物医学研究领域的兴趣。随着世界科技、经济和社会的进步，人口、资源、环境和健康是 21 世纪人类面临的四大问题和难题。而"低氧与健康"为主题的学术研究，就蕴含在这四大问题之中。我国要实现中华民族的伟大复兴，人民健康是重要的先决条件。为了保证人民健康，利用我国已有的低氧资源（环境设备、人才成果）开展低氧与健康研究是非常必要的。应当制定低压低氧舱发展战略，开展以增强健康水平为目的的低氧基础和应用相结合的研究，建立"低氧与健康研究中心"，普及低氧与健康关系的科学知识。

低压低氧舱一方面可以开展低氧习服训练，在已经建好的低压低氧舱基础之上开展大规模的低氧训练，并逐渐摸索出一套高原预习服训练方案。以往人们进入高原后，不得不承受高原恶劣环境给人造成的种种不适。这种被动的局面要持续到人体对高原低氧环境逐渐适应之后。在低压低氧舱帮助下，由于可以在平原上模拟高原的环境，因此在未进入高原之前，先进入低压低氧舱进行低氧习服训练，使得人体逐渐适应缺氧的环境，对今后进入真正的高原环境将有促进作用。实践证明，这种低氧习服训练是非常有效的，未来可对进西藏人员以高原预习服训练方案为依据进行抗缺氧习服训练。

高原地域的特征是日照时间长，光照强烈，空气稀薄，气候干燥，气压低，含氧量仅为平原的 60%，人类进入高海拔地区，没有习服的人群会因为海拔的快速升高，来不及适应当地的环境，出现体内氧气供应不足的现象，表现为头痛、头昏、失眠、乏力、眼花、耳鸣，甚至恶心、呕吐、胸闷、呼吸困难、心慌、水肿等症状，称为高原反应。有少数人发生高原肺水肿，即咳出稀薄的粉红色或白色泡沫痰，呼吸急促，心慌、胸闷、发绀、两肺满布湿啰音。高原性缺氧引起肺动脉压升高是高原肺水肿的重要因素，此外，缺氧可使肺毛细血管通透性升高，也是引起肺水肿的重要原因。严重者甚至可发生高原脑水肿，出现阵发性抽搐，大小便失禁，瞳孔缩小而固定，昏迷而危及生命。高原昏迷发生的机制，主要是由于缺氧，氧化过程出现障碍，能量供应减少，导致脑细胞功能降低。缺氧进一步加重细胞内水肿，还可以造成血管内皮细胞水肿，使脑微循环障碍。严重缺氧还可引起呼吸中枢兴奋性降低，二氧化碳分压升高，使脑血管失去自行调节，组织间液和脑脊液生成增多。高原昏迷的许多临床症状是由缺氧和颅内压升高所引起的。

对在海拔 3 000 m、3 700 m、3 900 m 和 4 500 m 以上四个不同海拔的人群进行高原流行病学研究，发现高原病发病率分别为 57%、64%、89%、100%，说明海拔越高，高原反应的发病率就越高。青藏铁路建成通车全长 1 956 km，95% 以上线路海拔大于 2 500 m，低氧环境对铁路运营职工生理健康带来明显影响，在未来可使用低压低氧舱开展低氧习服训练，对于提高铁路运营职工劳动能力，保障青藏铁路安全运营具有重要意义。

高原环境所引起的高原反应历来严重威胁着进驻高原部队官兵的身体健康和生命安全。在未来可使用低压低氧舱开展低氧习服训练，对于改善部队官兵驻防条件，保障驻防官兵健康，提高战斗力具有重要意义。

为促进西藏地区经济发展，增进西藏与内地经济文化交流，近年来有大批援藏干部进入西藏学习工作。在未来可使用低压低氧舱开展低氧习服训练，降低高原环境对援藏干部健康和工作的影响。随着青藏铁路顺利通车，前往高原地区从事科学考察、探险旅游、体育训练及经济开发等的人员越来越多。在未来可使用低压低氧舱开展低氧习服训练，为短期在西藏工作、生活或旅游者提供抗高原反应的保健手段，保障入藏者身体健康，因而会产生良好的社会影响。

另一方面可以应用低压低氧舱进行低氧耐力的评估。低氧耐力评估一直是对飞行员、登山运动员等进行体能检测的一项重要指标。研究表明：运动员通过低氧训练红细胞数量明显增多，低氧耐力明显提高。在体育界，低氧或高原训练是提高运动成绩的重要手段，已经普遍展开，但是高原驻训对场地要求高，花费巨大，另外我国地域辽阔，并非所有运动员都有进驻高原训练的机会，因此未来应用低压低氧舱进行低氧耐力训练，可成为快速提高运动成绩的最佳手段。还有文献报道，它对高血压、哮喘、冠心病、梅尼埃病、脊髓损伤后的呼吸功能恢复等有一定的疗效。目前低压低氧舱已经在体育运动、医疗保健、航空航天，乃至日常生活等诸多领域有广泛应用。

低压低氧舱是模拟高原环境最好的装备，但是低压低氧舱的建造耗资巨大，并不适合于普及应用。而且低压低氧舱存在着安全隐患，一方面在低压低氧舱高度下降过程中会对人的鼓膜产生损伤，另一方面人如果在舱内有严重不适时并不能马上出来得到及时的治疗。经过了技术改进的低压低氧舱已经作为一种非手术辅助治疗手段进入千家万户。

　　应用低压低氧舱进行间歇性低氧适应具有较长时间的保护效应，且具有对机体不良影响较少、方法简便、易于在高原以外地区应用等优点。另外，低压低氧舱是一种独特的非药物性疗法，是提高机体对低氧耐受的有效措施，可应用于缺血／缺氧疾病，降低患者痛苦、减少患者经济负担，在临床实践中具有较好的应用前景。

参考文献

[1] 蔡青，叶益新，蔡英年.慢性缺氧对大鼠心功能、心肌肌原纤维蛋白和 Ca^{2+}-ATP 酶活性的影响 [J].基础医学与临床，1993（3）：33–36.

[2] 桂芹，孔祥英，黎永学.低压缺氧治疗哮喘临床疗效观察 [J].重庆医学，2000（1）：25–27.

[3] 孔祥英，桂芹，白家驷.低压低氧治疗对哮喘豚鼠的影响 [J].中国病理生理杂志，2001（6）：71–73.

[4] 李经邦，焦宏钧.420 例藏族成人尸检中冠状动脉粥样硬化的观察 [J].中华医学杂志，1978，58（7）：429–432.

[5] 李强，高伟.间歇性低氧训练对健康成年人心血管机能的影响 [J].生理通讯，1999，18（7）：32.

[6] 李卫平，郑蔓莉，张守正.我国优秀竞走运动员模拟高原训练的应用研究 [J].山东体育学院学报，2004（2）：34–36.

[7] 李珣，李素芝，黄跃.汉族青年男性移居高原后血压变化特点 [J].高原医学杂志，2009，19（S1）：21.

[8] 刘岩.低频波动性听力损失自我检测软件与低压低氧舱治疗的研发和临床应用研究 [D].北京：中国人民解放军总医院，2015.

[9] 龙超良，周智，尹昭云.急、慢性缺氧对大鼠心功能的影响 [J].航天医学与医学工程，1999（4）：35–37.

[10] 屠道同，卜风珍，程仲谋，等.青海地区 711 例尸检分析 [J].高原医学杂志，1994，5（4）：25–27.

[11] 万嘉珍，李治初.低压舱内训练提高人体 PWC–（170）机能的研究 [J].中华劳动卫生职业病杂志，1985（4）：212–215，250–251.

[12] 万利.低压低氧舱与正常训练运动员血乳酸、血氨比较及分析 [J].浙江体育科学，2004（2）：88–90.

[13] 熊建平，毕延芹，孔祥英. 模拟高原低压低氧舱治疗对哮喘缓解期豚鼠血清皮质醇和 CD^{4+} T 淋巴细胞的影响 [J]. 重庆医学，2004（4）：500-502.

[14] 薛胜峰. 高住高练低训对赛艇队运动员乳酸代谢能力的影响 [J]. 体育科技，2010，31（4）：74-75，84.

[15] 杨海平. 一种新型常压低氧舱的研制 [D]. 济南：山东大学，2012.

[16] 张鑫生，何芝清，刘大林. 高原地区急性心肌梗死某些特点的探讨 [J]. 临床心血管病杂志，1985（Z1）：25-26.

[17] Bailey D M, Davies B, Baker J. Training in hypoxia: modulation of metabolic and cardiovascular risk factors in men [J]. Med Sci Sports Exerc, 2000, 32（6）：1058-1066.

[18] Bailey D P, Smith L R, Chrismas B C, et al. Appetite and gut hormone responses to moderate-intensity continuous exercise versus high-intensity interval exercise, in normoxic and hypoxic conditions [J]. Appetite, 2015, 89：237-245.

[19] Belaidi E, Beguin P C, Levy P, et al. Prevention of HIF-1 activation and iNOS gene targeting by low-dose cadmium results in loss of myocardial hypoxic preconditioning in the rat [J]. Am J Physiol Heart Circ Physiol, 2008, 294（2）：H901-908.

[20] Brugniaux J V, Schmitt L, Robach P, et al. Eighteen days of "living high, training low" stimulate erythropoiesis and enhance aerobic performance in elite middle-distance runners [J]. J Appl Physiol, 2006, 100（1）：203-211.

[21] Bränström K J, Grenner J. Hypobaric pressure exposure effects on cochlear frequency selectivity in fluctuating, low-frequency hearing loss [J]. J Laryngol Otol, 2009, 123（7）：710-717.

[22] Burtscher M, Pachinger O, Ehrenbourg I, et al. Intermittent hy poxia increases exercise tolerance in elderly men with and without coronary artery disease [J]. Int J cardiol, 2004, 96（2）：247-254.

[23] Chapman R F, Karlsen T, Resaland G K, et al. Defining the "dose" of altitude training: how high to live for optimal sea level performance enhancement [J]. J Appl Physiol, 2014, 116（6）：595-603.

[24] Clerici C M, Matthay A. Hypoxia regulates gene expression of alveolar epithelial transport proteins [J]. J Appl Physiol, 2000, 88（5）：1890-1896.

[25] Cogo A, Fisher R, Schoene R. Respiratory diseases and high altitude [J]. High Alt Med Biol, 2004, 5（4）：435-444.

[26] del Pilar Valle M, Carcía-Godos F, Woolcott O O. Improvement of myocardial perfusion in coronary patients after intermittent hypobaric hypoxia [J]. J Nucl Cardiol, 2006, 13（1）：69-74.

[27] Densert B, Arlinger S, Odkvist L M. New technology to control symptoms in Menière's disease [J]. Acta Otolaryngol, 2000, 120（5）：672-674.

[28] Fujimoto N, Matsubayashi K, Miyahara T, et al. The risk factors for ischemic heart disease in Tibetan high landers [J]. Jap Heart J, 1999, 50（1）：27-34.

［29］Fulco C S, Rock P D, Cymerman A. Improving athletic performance: is altitude residence or altitude training helpful?［J］. Aviat Space Environ Med, 2000, 71（2）: 162–171.

［30］Fulco C S, Rock P D, Cymerman A. Maximal and submaximal exercise performance at altitude［J］. Aviat Space Environ Med, 1998, 69（8）: 793–801.

［31］Gess B, Schricker K, Pfeifer M, et al.Acute hypoxia upregulates NOS gene expression in rats［J］. Am J Physiol, 1997, 273（3 Pt 2）: R905–R910.

［32］Hayes H B, Jayaraman A, Herrmann M, et al. Daily intermittent hypoxia enhances walking after chronic spinal cord injury: a randomized trial［J］. Neurology, 2014, 82（2）: 104–113.

［33］Heath D, Willians D R. High-Altitude Medicine and Pathology［M］. Oxford: Oxford University Press, 1995.

［34］Hoit B D, Dalton N D, Erzurum S C, et al. Nitric oxide and cardiopulmonary hemodynamics in Tibetan highlanders［J］. J Appl Physiol. 2005, 99（5）: 1796–1801.

［35］Jelkman W. Erythropoietin: structure, control of production, and function［J］. Physiol Rev, 1992, 72（2）: 449–489.

［36］Katayama K, Matsuo H, Ishida K, et al. Intermittent hypoxia improves endurance performance and submaximal exercise efficiency［J］. High Alt Med Biol, 2003, 4（3）: 291–304.

［37］Kayser B, Verges S. Hypoxia, energy balance and obesity: from pathophysiological mechanisms to new treatment strategies［J］. Obes Rev, 2013, 14（7）: 579–592.

［38］Kong Z, Zang Y, Hu Y. Normobaric hypoxia training causes more weight loss than normoxia training after a 4-week residential camp for obese young adults［J］. Sleep Breath, 2014, 18（3）: 591–597.

［39］Levin B D, Stray-Gundersen J. "Living high–training low": effect of moderate-altitude acclimatization with low-altitude training on performance［J］. J Appl Physiol, 1997, 83（1）: 102–112.

［40］Levine B D. Intermittent hypoxic training: fact and fancy［J］. High Alt Med Biol, 2002, 3（2）: 177–193.

［41］Levine B D, Stray-Gundersen J. Dose-response of altitude training: how much altitude is enough// Hypoxia and Exercise［M］. New York: Springer, 2006: 233–247.

［42］Ling Q, Sailan W, Ran J, et al. The effect of intermittent hypoxia on bodyweight, serum glucose and cholesterol in obesity mice［J］. Pak J Biol Sci, 2008, 11（6）: 869–875.

［43］Lippl F J, Neubauer S, Schipfer S, et al. Hypobaric hypoxia causes body weight reduction in obese subjects［J］. Obesity, 2010, 18（4）: 675–681.

［44］Liu Y, Steinacker J M, Dehnert C, et al. Effect of "livinghigh-training low" on the cardiac functions at sea level［J］. Int J Sports Med, 1998, 19（6）: 380–384.

［45］Lovett-Barr M R, Satriotomo I, Muir G D, et al. Repetitive intermittent hypoxia induces respiratory and somatic motor recovery after chronic cervical spinal injury［J］. J Neurosci, 2012, 32（11）:

3591-3600.

[46] Mackenzie R, Elliott B, Maxwell N, et al.The effect of hypoxia and work intensity on insulin resistance in type 2 diabetes [J]. J Clin Endocrinol Metab, 2012, 97 (1): 155-162.

[47] Manukhina E B, Goryacheva A V, Barskov I V, et al. Prevention of neurodegenerative damage to the brain in rats in experimental Alzheimers disease by adaptation to hypoxia [J]. Neurosci Behav Physiol, 2010, 40 (7): 737-743.

[48] Meerson F Z, Malyshev I Iu, Zamotrinski A V, et al. Cardioprotective effects of adaptation to restraint stress and hypoxia [J]. Kardiologiia, 1992: 32 (5): 43-48.

[49] Navarrete-Opazo A, Alcayaga J, Sepulveda O, et al. Repetitive intermittent hypoxia and locomotor training enhances walking function in incomplete spinal cord injury subjects: a randomized, triple-blind, placebo-controlled clinical trial [J]. J Neurotrauma, 2016, 34 (9): 1803-1812.

[50] Netzer N C, Chytra R, Kupper T. Low intense physical exercise in normobaric hypoxia leads to more weight loss in obese people than low intense physical exercise in normobaric sham hypoxia [J]. Sleep Breath, 2008, 12 (2): 129-134.

[51] Powell F L, Garcia N. Physiological effects of intermittent hypoxia [J]. High Alt Med Biol, 2000, 1 (2): 125-136.

[52] Pramsohler S, Burtscher M, Faulhaber M, et al. Endurance training in normobaric hypoxia imposes less physical stress for geriatric rehabilitation [J]. Front Physiol, 2017, 20 (8): 514.

[53] Rakusan K, Chvojkova Z, Oliviero P, et al. ANG II type I receptor antagonist irbesartan inhibits coronary angiogenesis stimulated by chronic intermittent hypoxia in neonatal rats [J]. Am J Physiol Heart Circ Physiol, 2007, 292 (3): H1237-H1244.

[54] Robach P, Schmitt L, Brugniaux J V, et al. Living high-training low: effect on erythropoiesis and aerobic performance in highly-trained swimmers [J]. Eur J Appl Physiol, 2005, 96 (4): 423-433.

[55] Rusko H K, Tikkanen H O, Peltonen J E. Altitude and endurance training [J]. J Sports Sci, 2004, 22 (10): 928-944.

[56] Samaja M. Hypoxia-dependent protein expression: erythropoietin [J]. High Alt Med Biol, 2001, 2 (2): 155-163.

[57] Satake T. Cardiac and pulmonary responses in men under hypoxic conditions [J]. Int J Biometeorol, 1967, 11 (1): 129-33.

[58] Schega L, Peter B, Torpel A, et al. Effects of intermittent hypoxia on cognitive performance and quality of life in elderly adults: a pilot study [J]. Gerontology, 2013, 59 (4): 316-323.

[59] Serebrovska T V, Portnychenko A G, Drevytska T I, et al. Intermittent hypoxia training in prediabetes patients: Beneficial effects on glucose homeostasis, hypoxia tolerance and gene expression [J]. Exp Biol Med, 2017, 242 (15): 1542-1552.

[60] Serebrovskaya T V. Intermittent hypoxia research in the former soviet union and the commonwealth of independent states: history and review of the concept and selected applications [J] . High Alt Med Biol, 2002, 3 (2): 205–221.

[61] Serebrovskaya T V, Manukhina E B, Smith M L, et al. Intermittent hypoxia: cause of or therapy for systemic hypertension? [J] . Exp Biol Med, 2008, 233 (6): 627–650.

[62] Shatilo V B, Korkushko O V, Ischuk V A, et al. Effects of intermittent hypoxia training on exercise performance, hemodynamics, and ventilation in healthy senior men [J] . High Alt Med Biol, 2008, 9 (1): 43–52.

[63] Shatylo V B, Serebrovska T V, Gavalko V A. Acute hypoxic test in patients with prediabetes [J] . High Alt Med Biol, 2016, 17 (2): 101–107.

[64] Sooronbaev T M, Altymysheva A T, Shabykeeva S B, et al. Effect of theophylline on respiratory function in patients with chronic obstructive lung disease [J] . Probl Tuberk Bolezn Legk, 2006 (7): 13–16.

[65] Tarumi T, Zhang R. Cerebral hemodynamics of the aging brain: risk of Alzheimer disease and benefit of aerobic exercise [J] . Front Physiol, 2014, 5: 6.

[66] Terrados N, Melichna J, Sylven C E. et al. Effects of training at simulated altitude on performance and muscle metabolic capacity in competitive road cyclists [J] . Eur J Appl Physiol, 1988, 57 (2): 203–209.

[67] Tester N J, Fuller D D, Fromm J S, et al. Longterm facilitation of ventilation in humans with chronic spinal cord injury [J] . Am J Respir Crit Care Med, 2014, 189 (1): 57–65.

[68] Tin'kov A N, Aksenov V A. Effects of intermittent hypobaric hypoxia on bloodlipid concentrations in male coronary heart disease patients [J] . High Alt Med Biol, 2002, 3 (3): 277–282.

[69] Tjernström O, Casselbrant M, Harris S, et al. Current status of pressure chamber treatment [J] . Otolaryngol Clin North Am, 1980, 13 (4): 723–729.

[70] Trumbower R D, Jayaraman A, Mitchell G S, et al. Exposure to acute intermittent hypoxia augments somatic motor function in humans with incomplete spinal cord injury [J] . Neurorehabil Neural Repair, 2012, 26 (2): 163–172.

[71] Tsai Y W, Yang Y R, Sun S H, et al. Post ischemia intermittent hypoxia induces hippocampal neurogenesis and synaptic alterations and alleviates long-term memory impairment [J] . J Cereb Blood Flow Metab, 2013, 33 (5): 764–773.

[72] Valle P M, Garcia-Godos F, Woolcott O O, et al. Improvement of myocardial perfusion in coronary patients after intermittent hypobaric hypoxia [J] . J Nucl Cardiol, 2006, 13 (1): 69–74.

[73] van Deelen G W, Hulk J, Huizing E H. The use of the underpressure chamber in the treatment of patients with Menière's disease [J] . J Laryngol Otol, 1987, 101 (3): 229–235.

[74] van Deelen G W, Hulk J, Huizing E H. The use of the underpressure chamber in the treatment of

patients with Menière's disease ［J］. J Laryngol Otol, 1987, 101（3）: 229–235.

［75］Vinnikov D, Khafagy A, Blanc P D, et al. High-altitude alpine therapy and lung function in asthma: systematic review and meta-analysis ［J］. ERJ Open Res, 2016, 2（2）: 00097–2015.

［76］Vogt M, Puntschart A, Geiser J, et al. Molecular adaptations in human skeletal muscle to endurance training under simulated hypoxic conditions ［J］. J Appl Physiol, 2001, 91（1）: 173–182.

［77］Wahl P, Schmidt A, Demarees M, et al. Responses of angiogenic growth factors to exercise, to hypoxia and to exercise under hypoxic conditions ［J］. Int J Sports Med, 2013, 34（2）: 95–100.

［78］Wiesner S, Haufe S, Engeli S, et al. Influences of normobaric hypoxia training on physical fitness and metabolic risk markers in overweight to obese subjects ［J］. Obesity, 2010, 18（1）: 116–120.

［79］Wilber R L. Current trends in altitude training ［J］. Sports Med, 2001, 31（4）: 249–265.

［80］Wilber R L, Stray-Gundersen J, Levine B D. Effect of hypoxic "dose" on physiological responses and sea-level performance ［J］. Med Sci Sports Exerc, 2007, 39（9）: 1590–1599.

［81］Workman C, Basset F A. Post-metabolic response to passive normobaric hypoxic exposure in sedentary overweight males: a pilot study ［J］. Nutr Metab, 2012, 9（1）: 103.

［82］Wu T Y, Ding S Q, Liu J L, et al. Who should not go high: chronic disease and work ataltitude during construction of the Qinghai-Tibet railroad ［J］. High Alt Med Biol, 2007, 8（2）: 88–108.

［83］Wu T Y. Low prevalence of systemic hypertension in Tibetannative high landers ［J］. ISMM Newsletter, 1994, 4: 5–6.

［84］Wu X F, He L Q, Huang P G, et al. Observation of effects in hypobaric hypoxia cure child asthma ［C］. Taibei: The Fourth Symposium On Hypoxia Across The Strait, 2006.